物理感觉从悟到通

范洪义 吴 泽
潘宜滨 范 悦 著

中国科学技术大学出版社

内 容 简 介

本书为《物理感觉启蒙读本》的后续篇，旨在帮助读者在初具物理感悟的基础上，析理沁透，通灵洞彻，贯识融会，成为对中学阶段物理问题能抓住本质、一语道破天机的人。本书强调从悟到通，“通”字落实在选题上，则联类不穷，引申推广；落实在解题上，则体现简约直捷，一题多解，举一反三，类比旁证，并腾挪贯通到多个物理领域。本书既可作为中学生的参考书，也可作为教科书来学，其中不少例题属于作者编纂的有简明答案的生动巧妙问题。本书在讲述物理知识时常附带文学与历史故事的喧染，故也可作为文史理哲通俗读本，供有兴趣的人阅读。

图书在版编目（CIP）数据

物理感觉从悟到通/范洪义等著. —合肥：中国科学技术大学出版社，2022.4
ISBN 978-7-312-0-05408-2

Ⅰ. 物…　Ⅱ. 范…　Ⅲ. 物理学—青少年读物　Ⅳ. O4-49

中国版本图书馆CIP数据核字（2022）第041879号

物理感觉从悟到通
WULI GANJUE CONG WU DAO TONG

出版　中国科学技术大学出版社
安徽省合肥市金寨路96号，230026
http://press.ustc.edu.cn
https://zgkxjsdxcbs.tmall.com

印刷　合肥华苑印刷包装有限公司

发行　中国科学技术大学出版社

开本　710 mm×1000 mm　1/16

印张　16

字数　253千

版次　2022年4月第1版

印次　2022年4月第1次印刷

定价　58.00元

前　言

本书从培养学生的物理通感的角度，将“观物取象”和“化意为象”契合起来。强调解答物理题时要从悟到通，从对题意刹那间的感觉中撷取与心所思相契合的意象，在恍惚中默而识出约定俗成的物理观念，酝酿出朦胧的虚拟物象和似稳的数学符号，再通过演绎来显现题目之结果。读者倘能如此积久用心，就能蕴藉物理通感，成竹在胸，自成经纬。表现为解题思维敏捷，识断精审之念自然逸出，笔峭引证处以简练出之，尽享推演之趣。进而行规矩入巧，不滞不执，施圆通之妙，候变通之恒，变则通，通则灵，成为有物理觉悟的人。

本书是《物理感觉启蒙读本》的后续篇，写作的宗旨是强调从悟到通。“通”落实在选题上，则体现联类不穷，引申推广；落实在解题上，则体现简约直接，一题多解，举一反三，触类旁通，并可贯通到多个物理领域。本书的例题有张皇幽眇之功，异人之所同，详人之所略。本书的特点是物理分析追溯原始、回归至简，语约中的，意赅见深，联类触旁，授人以渔，更有介绍求振动简正模式的新方法。适合喜欢琢磨的人翻阅，尤其是对于初学物理者有启动心窍之功效。

本书既可作为中学师生的参考书，也可以作为高校文理教材，其中很多例题是属于有简明答案的简单问题，然唯深思熟虑者才能体会其易中有难，所以对于研究生和物理教师（无论是哪一级的）都有参考意义，所谓“导率迪师引也”。

本书在写作过程中得到翁海珥、刘晓光、范峻的协力支持，深表谢意。

谨以此书送给我相濡以沫的妻子翁海光。

范洪义

2022 年 1 月于中国科学技术大学

目　录

前言 ·· i

绪论 ·· 1

第 1 章　物理通感的酝酿 ···································· **12**

1.1　通过做题消除尴尬心理，酝酿物理通感 ···················· 12

1.2　"吃透"公式之物理意义——从悟到通的必由之路 ········ 18

1.3　深入和广泛了解物理常数 ································ 29

1.4　对尺度和数量级的认识 ·································· 30

1.5　能预料解决物理问题所需的物理量个数 ·················· 32

1.6　古诗中表现的物理通感 ·································· 37

1.7　《水浒传》故事中的物理知识 ···························· 42

1.8　物理通感："自然入理"还是"理入自然" ················ 43

1.9　谈爱因斯坦的物理通感 ·································· 47

第 2 章　类比弹簧振动和单摆摆动的心得 ·················· **49**

2.1　振动频率平方值的物理意义 ······························ 49

2.2　从能量角度考虑振动系统的频率 ·························· 61

2.3　从运动瞬时量考虑振动系统的频率 ························ 67

2.4　从单摆引申出去的思考 ·································· 72

第 3 章 研究振动系统简正频率的新方法:范氏波动法 ········ 90

3.1 拟波动方程的提出 ········ 90

3.2 多自由度的不连续体系的简正振动 ········ 91

第 4 章 物理通感的深层次体现 ········ 100

4.1 能从自然现象中抽象出物理问题,体现物理通感 ········ 100

4.2 能对自然现象的本质一语道破,体现物理通感 ········ 109

4.3 把不同性质的物理感觉结合起来做成测量仪器, 体现物理通感 ········ 119

4.4 能将物理现象及过程用数学建模者,有物理通感 ········ 122

4.5 物理通感体现在对已有知识的新阐述 ········ 124

4.6 物理和化学的通感 ········ 127

4.7 物理和数学的通感 ········ 128

4.8 物理和文学的通感 ········ 131

4.9 物理诊题和通变 ········ 133

第 5 章 物理通感——从人感官之综合感觉讲起 ········ 136

5.1 通感是人之感觉的综合、交汇和潜沈印象 ········ 136

5.2 生理感觉引起的物理通感 ········ 138

5.3 从经天纬地的经历中获得物理通感 ········ 140

5.4 观察动物世界酝酿物理通感 ········ 143

第 6 章 物理通感的特点 ········ 146

6.1 物理通感是简约的 ········ 147

6.2 物理通感得益于研习物理的“以大观小”法 ········ 154

6.3 物理通感是否体现马赫的思维经济原则? ········ 156

6.4 物理通感反映了人性与物性的和谐 ········ 157

6.5　物理通感是与时俱进的……159
6.6　物理通感敏捷之自我检测……160

第7章　物理通感的培养……167
7.1　物理通感的产生基于至简至美……169
7.2　物理通感是托物寓感,来自善于和勤于观察……173
7.3　物理通感产生于多问自己一个为什么……181
7.4　物理通感融会于特征量的记忆和近似估计……183
7.5　物理通感仰仗浅入深出引入新物理概念……184
7.6　物理通感落实在对物理公式的口述与默写……186
7.7　成果积累有利于滋养物理通感……187
7.8　“正身以俟时”滋养物理通感……189
7.9　“从悟到通”是一个追寻糊涂难的过程……191
7.10　学写咏物诗有利于培养物理通感……194
7.11　散步中酝酿物理通感……196
7.12　数理推导过程中闪现物理通感……198
7.13　猜多种体裁的谜有助于训练物理通感……200
7.14　听音乐增强物理通感……201

第8章　形形色色的物理通感……203
8.1　物理通感将物理知识融会贯通、博陈通新……203
8.2　物理通感体现通元识微、简要清通……206
8.3　物理通感鲜见豁然贯通、一通百通……210
8.4　物理通感重视守恒与对称的关系……214
8.5　寓正出奇的物理通感……217
8.6　虚功原理是一种物理通感……220

8.7 在经典相空间中引入系综是一种物理通感 ············ 223

第 9 章 用物理通感解题举例 ································ 225

9.1 能识别匀变过程还是瞬变过程 ······························ 225

9.2 能抓住本质的东西展开讨论 ································ 229

9.3 能融会贯通相似的物理公式 ································ 232

9.4 通感体现在化繁就简、举一反三 ···························· 235

9.5 通感体现在灵活使用量纲分析问题和贯通物理各个分支 ······ 238

9.6 物理通感落实在解决工程问题 ······························ 239

后记 ·· 243

绪　论

明末清初的陆世仪（江苏太仓人）提倡认知应持名物度数的态度（依靠数学物理），他说："有必待学而知者，名物度数是也。假如只天文一事，亦儒者所当知，然其星辰次舍，七政运行，必观书考图，然后明白，纯靠良知，致得去否？"

关于如何学而得知，他认为"悟处皆出于思，不思无由得悟；思处皆缘于学，不学则无可思。学者，所以求悟也；悟者，思而得通也"，即完美的思考须从悟到通。

与陆世仪几乎同时代的王船山也说："……见理随物显，唯人所感，皆可类通……"

晋代的陆机在《文赋》中写有："体有万殊，物无一量。纷纭挥霍，形难为状。"他这是讲文体的多变。以笔者看来，当下也应有一《理赋》，节短韵长，有俯视一切之感，能描述物理研究的特点。

格物者，从实入微，从微趋彰，因彰至畅，制畅以约，调约以和，征实于理。故格物致知难矣。

其一难：物有表同而质异，亦有表异而质同。耳目之感，未必真象；肌肤之觉，未尝不惑；逢境缘偶，未尝不谬。

其二难：物之理，直而能曲，浅而能深，精微阔大，义蕴深沈，须思而得之。而当今研理之人，内心所悟，时有壅塞，奈何曲碎论之。即便是优等生，也难免有簸弄不动，霸才无主之感。

其三难：物理涵盖宇宙，包罗万象，"观夫兴之托喻，婉而成章，称名也小，取类也大"。而学研之人，多歧亡羊，寻虚逐微，不能详察形侯，通而彻之。

其四难：物性活，非人之应变能及，难免渐以因陈，胶柱鼓瑟。

其五难：理学，艺术也。不能以艺术观究物理，殆也。故一齐之傅功高，众楚之咻易杂（比喻正确的观点或意见势孤力单，反对者多，理解支持的人很少。只俟时迁,反对者渐渐老去,才被年轻人接受)。

其六难:物理发展至今,较成熟的有牛顿力学(分析力学)、统计力学、电动力学和量子力学,周匝详明非具大本领者不办。嗟乎,理学之难精、难和,由来久矣,大多数人读这四大力学后脑子里所存的仅是如同庄稼地被马队践踏后的感觉,一片凌乱狼藉,有所得的不过是一些马蹄的痕迹。唯不存功夫行迹之心,才偶有真获也。

有诗为证:

物理之妙在于简,造物本意忌琐繁。
曲径通幽欲捋直,深渊卧龙也觉浅。
公式形换左右代,定理咀嚼首尾甜。
谁言物性即人性,直觉几曾闪脑间。

在中学和大学的物理教育中,笔者常常看到这样的事情:学生对于可套用物理公式的习题尚有能力解答,但面对那些实际生活中形形色色的物理系统所呈现的现象就懵得束手无策了。懵在不知如何将普遍的理论用在这具体特殊的现象中,不知与所面对问题相关的物理量是什么,不多不少有几个,于是列不出相应的数学式与已知的物理定律关联起来,推阐不清,欲解不能。所谓“夫既心识其所以然,而不能然者,内外不一,心手不相应,不学之过也。”这也好比学美术的人只会临摹,却不能写生,所谓意态由来画不成。

临摹者无须考虑为什么要如此打轮廓、分色调,但如果在他面前摆着的是真实的物体,他就看不到清晰的轮廓线和显著的明暗。而有写生功底的人,对绘画采取创造的态度,他须把纸变成想象的空间。他在动笔之前,对所绘之物要酝酿一些明确的概念,此物在空间中是怎样放置的,与周围其他东西比较主次如何?它身上的光亮明暗是如何凸显它的存在和景深的?他的眼睛就需要有视觉的立体训练,有在平面上表现立体的本领。类似的,物理学习者要训练从现象中抽象出公式并加以应用的本领,需要物理感觉和想象力,从已知的物理现象想开去,把脑中意念嵌入某个适合它的物理公式中,先想深远处,再收回来想想原来的思路是否是捷径。所谓疏通而曲畅之。大物理学家如费曼,能直接在脑中以物理图像为单元思考和推导问题,非一朝一夕之功也。

然而,写生与做物理题是有大区别的。写生一幅画始终要保持一个视点,而解物理题可以用多个视点,高手者,还会变通着来解题,从变中寻求恒定不变的东西。

2018 年，笔者和吴泽出版了《物理感觉启蒙读本》一书，此书一上市场，便受高校及中学师生的由衷欢迎。但也有人奇怪，范先生不写科研前沿论文，怎么干起中学老师的活来了，是不是搞科研江郎才尽了。其实，我们这本书，不光是中学师生可读，所有关心物理的人读后都会或多或少地获益。而作者的动机就是要说明，要使得飘忽无影、游移不定的思考比较靠谱，需仰仗人的超逻辑思维的物理感觉。就笔者自己在学研物理的经历而言，走过的不少荆棘之路被渐渐淡忘，最后只记得最简洁的通向成功之路，那是靠物理感觉识别的路。至于这感觉本身，也是来无影去无踪的，但终觉得有些规律可循，于是总结自己 50 年来的学研经验写就了那本书来告诉年轻人。鉴于绝大多数的人没有意识到物理感觉的真实性和及时捕捉它的必要性，所以起此书名为《物理感觉启蒙读本》。

有人或曰，范洪义同志有什么资格奢谈“启蒙”。作者的回答是，某虽不才，但也有独领风骚、举世瞩目之贡献，即提出有序算符内的积分方法来发展量子力学的数理基础，此成果上已追大物理学家狄拉克，下将启教历届众多学生学量子算符积分。在量子力学教科书上占一席之地，绝非追求时髦、昙花一现之辈能成就也。

苏轼曾写道：“竹之始生，一寸之萌耳，而节叶具焉。自蜩腹蛇蚹以至于剑拔十寻者，生而有之也。今画者乃节节而为之，叶叶而累之，岂复有竹乎？故画竹必先得成竹于胸中……”此话提醒我们，从学习物理到解物理题，就需一开始就了解每一个物理定理之始生，人们是怎样感觉到它的，即培养物理感觉。这符合爱因斯坦写过的：“……结论几乎总是以完美的形式显现在读者眼前。读者不会感到探索和发现的喜悦，也溯源不出思想的形成，于是就很难清晰地理解全貌。”

“片言可以明百意，坐驰可以役万景。”有定识，然后可以读书。物理学家的睿智在于自悟渐通，渐入佳境，其目光能通透复杂现象而感觉到冥冥之中的天意（规律），慧觉圆通，随变所适，不滞不涩，融通无碍，此所谓物理通感也。有通感，则解惑顺畅也。

众所周知，在自然界中，物与物之间可以有感应，如静电和磁场感应。动物与自然现象可感应，如月出惊山鸟；又如中国科大校友何海平（浙江籍，学材料物理出身）所写的《咏蝉》中说明动物敏感于时令：

入夏蝉声急且繁，不分日盛与宵阑。
拼将泥下三年苦，换得枝头一月欢。
出处自依时令转，死生何计鸟虫餐。
但留遗蜕堪明目①，俾见浮生粲亦难。

动物与动物之间可感应，如兔死狐悲，狐假虎威；人和人之间可感应，如“心有灵犀一点通”。人和天可感应，如历史记载，荆轲入秦刺秦皇，燕太子送之易水上，精诚格天，白虹贯日。

三国时期，曹丕当了皇帝，就想害曹植，把他送到山东东阿县。曹植英年早逝，墓葬在鱼山。鱼山地貌奇特，有褶皱石头层（图 0.1），为挤压地质现象，这难道是天公早就预示了曹丕挤压曹植？

图 0.1

以此类推，物与人之心思之感应（物理感觉）是真实存在的，而且因人而异。例如，有两个平排相邻房间 A、B，笔者住在 A 间，吴泽住在隔壁 B 间，这两个房间都敞开着房门。笔者在 A 间叫一声吴泽，他所听到的叫声仿佛是从位于 B 间门口的波源传播而来的。对于吴泽而言，感觉位于门口的空气振动是声音的波源。这种感觉符合荷兰物理学家惠更斯波动理论：球形波面上的每一点（面源）都是一个次级球面波的子波源。光波对于狭缝或孔径的衍射也可以用这种方式处

① 中医认为蝉蜕有明目之功效。

理,但直观上并不明显,因为可见光的波长很短,因此较难体会到这种效应。

普朗克曾在他晚年写的《科学自传》中说:“我们的思维规律和我们从外部世界获得印象过程的规律性,是完全一致的,所以人们就可能通过纯思维去洞悉那些规律性。”物理感觉就是这思维规律的前奏。

还是拿惠更斯提出光的波动说(或脉搏说)的思想来注释普朗克的这句话。惠更斯认为光的行进是由于微粒的振动。他在《光论》一书中写道:“若有人把若干个大小相等极硬的物质球排成一条直线,使诸球相互接触。再用一个一样的 A 球去撞击排首第一个球。那么,排尾最后一球就在刹那间脱离队伍。而 A 球与队伍中的其他球纹丝不动。”这样的感觉使得惠更斯于 1678 年提出了光的波动原理:波前的每一点可以认为是产生球面次波的点波源,而以后任何时刻的波前则可看作这些次波的包络。

依此原理,惠更斯可以给出波的直线传播与球面传播的定性解释,并且推导出反射定律与折射定律。

在《物理感觉启蒙读本》一书中,我们已经对物理感觉的含义、萌生和培养以文理交融的方式给予了阐述:“只有当对感觉赋予物理概念并在记忆中相对稳定下来(变为心官所能知),才可以说是(有象有物有精有信的)物理感觉。”人有辨别“客观的”现象和“主观的”现象的能力,没有经过感觉器官的感觉,却通过做思想实验,借助推理、类比等产生心知,也是物理感觉。

在物理学界,玻尔被称为善于应用半透明阴影的大师——物理学中的仑勃朗(荷兰油画家,笔者注)。我们认为这实际上是在夸奖他物理感觉敏感。苏联物理学家朗道评论玻尔说:“爱因斯坦的作品是经典的完成之作,而玻尔的则是不断在修改、不断在完善的未完成作品。”我们认为这实际上就是感觉从有象有物到有精有信的过渡。

这里说一个爱因斯坦心动而生物理感觉的故事。1907 年,爱因斯坦坐在专利局的办公室里,忽然想到如果一个人自由降落,他不会感觉到自身的重量。爱因斯坦写道:“我的心一惊,这个想法给我留下了深刻的印象,这使我走向引力理论,是一生中最绝妙的想法。我认识到,对一个从屋顶自由下落的观察者来说,是没有任何引力场的,如果下落的人又抛下别的物体,那么这些物体相对于他来说处于静止或匀速运动状态,因此,这位观察者有理由称自己处于静止或匀速运动状态。”爱因斯坦把身体自由落下的生理感觉经过心思发展为物理感觉了。

唐朝的六祖慧能也有关于心动的故事。当他被问到风卷飘旗是风在动,还是旗在动,他回答说是心在动,这带有神秘主义的色彩。须知道,学物理与学禅不同,那么如果换成问物理学家这个问题,他对此现象的“心动”体现在何处呢?

那位物理学家会首先考虑建立旗帜表面的颤动方程

$$\frac{\partial}{\partial t}F(x,y,z,t)+\boldsymbol{v}\cdot\boldsymbol{n}=0$$

(这里的 $\boldsymbol{v}$ 代表风速,$\boldsymbol{n}$ 是垂直于旗面的单位矢量。)
和气流强加给旗帜的约束方程

$$F(x,y,z,t)=0$$

再往下讲解,要用到不少流体力学知识,这超出本书涉及的知识范围。

具体来说,人的物理感觉还应该包括:对多种现象的归纳是否意识到有新的物理量,如何记录它,它是如何变换的,它又受其他什么因素的影响,在什么情形下它又不变。此物理量有何新应用,能解释什么,如何将感性认知上升到理论认知,等等。

例如,对于气体自发地从有序转变到无序,德国物理学家克劳修斯感觉到内中有一个称为熵的“转变含量”(或混乱度)在起作用。

又如,1948 年香农提出了“信息熵”的概念,这是香农从热力学中借用过来的。热力学中的热熵是表示分子状态混乱程度的物理量。香农用信息熵的概念来描述信源的不确定度。所谓信息熵,是一个数学上颇为抽象的概念,在这里不妨把信息熵理解成某种特定信息的出现概率。香农第一次用数学语言阐明了概率与信息冗余度的关系,解决了对信息的量化度量问题。而信息熵和热力学熵是紧密相关的。将信息进行销毁是一个不可逆过程,所以销毁信息是符合热力学第二定律的。而产生信息,则是为系统引入负(热力学)熵的过程,所以信息熵的符号与热力学熵应该是相反的。

又如,惯性力是一种物理感觉,是在变速参照系中静止物体受到的力。虽然它没有相应的施力物体,但会引起生理感觉。例如,高血压的人在紧急制动的车中就有风险,其脑中的血在制动时会受惯性力而对血管制造麻烦。进一步说,相对于惯性系做直线运动的质点,相对于旋转体系，其运动轨迹是一条曲线。从旋转系看，就感觉到有一个力迫使质点走此曲线，此即科里奥利力，所以它也是物理感觉，不是真正的力，因为它没有相应的施力物体。我们所处的地球是旋转体系，所以在地球上有纬度的地方发射东西，都要考虑科里奥利力。

我国明末清初的学者方以智有“穷理极物之僻”。他研究物理有两个鲜明的特点：一是总结和发展前人的知识，如他自己所云“且劈古今薪，冷灶自烧煮”；二是在日常生活中观察物性细腻，如他仔细地记录了用比重的差异从混合矿石中分离各类金属的方法，以及用莲子、桃仁、鸡蛋、饭豆试验盐卤浓度的方法等。这说明他已经具备物理通感，这可以从他的著作《物理小识》看出。

爱因斯坦更是一位有物理通感的天才，基于旋转参考系可以加一个惯性力等效成惯性系，他从数理考虑，认为惯性力可以导致空间的弯曲；他观测自由下落的电梯又将惯性力与引力等效，最终提出广义相对论的基本思想——引力等价于空间弯曲。

唐代柳宗元说：“物不自美，因人而彰。”物理是因为我们人去研究它，欣赏它，有了物理感觉，才彰显美的。

1. 再谈何谓物理通感

我们先拿在西周时期古人造字来说明什么是通感。甲骨文的形声造字法即体现了古人的视觉与听觉的通感，它突破了无形可象的困境。形声字是在象形字、指事字、会意字的基础上形成的，是由两个文或字复合成体，由表示意义范畴的意符（形旁）和表示声音类别的声符（声旁）组合而成。形声字是最能多产的造字形式。例如，蛛：蜘蛛，一种节肢动物的名字，八足向外伸展，躯干在中心。“虫”表示虫类，即动物的类别；“朱”表示形状，即蜘蛛外形，兼表示字音。篆书中的“朱”字与现在的“朱”字是不相同的，仔细观察，当你把篆书中的“朱”字的中心交叉点放大后会发现，其形态与蜘蛛确实很相近。

而物理通感是把不同性质的物理感觉综合起来，使之左右逢源地关联，举一反三地引申，似曾相识地暗示，如拍电影的蒙太奇手法那样适时地在脑中切换表象，以达到新境界。

换言之，物理通感是将“观物取象”和“化意为象”契合起来，在观察自然现象中心灵融万象。这方面的高手在此基础上就能创造物理意境，有点睛欲飞之妙。

那么,物理意境与诗的意境有共同点吗?

唐代的诗人王昌龄认为:“诗有三境:一曰物境。欲为山水诗,则张泉石云峰之境,极丽极秀者,神之于心,处身于境,视境于心,莹然掌中,然后用思,了然境象,故得形似。二曰情境。娱乐愁怨,皆张于意而处于身,然后用思,深得其情。三曰意境。亦张之于意而思之于心,则得其真矣。”我们认为,了然境象、思之于心是解物理题的必由之路。

物理学家玻尔说:“就原子论方面,语言只能以在诗中的用法来应用,诗人也不太在乎描述的是否就是事实,他关心的是创造出新心像(image,就连物理学家通常所说的电子像粒子,既是心像,也是隐喻)。”正如东坡月黑看湖光,升庵(指明代杨慎)更深看新月,俱于人所不到处得妙境那样,伟大的物理学家,例如牛顿、菲涅尔、哈密顿、爱因斯坦、玻尔和费米等,也是在常人没有感觉到的地方觉察到了什么,其物理通感似乎是与生俱来的,所以他们创造了物理意境。

我们不妨用爱因斯坦称赞发现量子力学不相容原理的泡利的话来说明何谓物理通感。爱因斯坦说:“他对相对论的理解力,熟练的数学推导,深刻的物理洞察力,使得物理明晰化的能力,表达的系统性,对语言的把握,对该问题的完整处理和相应评价,实在令人钦佩。”这就总结了一个有物理通感的人才的特征。

2. 物理学发展史本身是从悟到通的过程

先说“悟”。古人曰:“悟者吾心也,能见吾心便是真悟。”这说的是理解的重要性。对于同一件东西,不同的人也许有不同的理解。在理解光的本性方面,牛顿悟到了粒子性,惠更斯悟到了波动性。看到爱因斯坦的光电效应的文章,德布罗意悟到了波粒二象性。

“悟”是物理理论进步的起端。例如,笔者自学量子力学,先是悟出了要对不对称的 ket-bra 符号实现积分。想出了积分方法后,经过几十年的从悟到通,通透出了:抓住自然界不生不灭这条显而易见的规则就可以理解为什么会出现量子力学这门学科,不生不灭蕴含了产生算符和湮灭算符的不可对易性,由此即可求出真空投影算符的正规乘积形式,导致有序算符内积分方法的诞生,把牛顿–莱布尼茨积分和对狄拉克符号积分的界限打通,能另辟蹊径研究表象理论,发展相干态和压缩态理论,构建纠缠态表象,把经典正则变化直接用积分操作映射为量子力学幺正算符。此所谓独家之悟通,便有独诣之语。

又如在讨论算符排序时，笔者悟出将它与量子化方案结合起来考虑，即每一种算符排序规则对应于经典函数的一种量子对应，再用有序算符内的积分就可以方便地导出所需的算符排序结果。再如，笔者将波恩的量子力学的概率假设和发展狄拉克符合法融通，给出了表象完备性的正规乘积算符排序之正态分布。此所谓将旁敲侧击法和通体翻空法相结合了。

所以说，学研过程中，博闻强记容易，迭床架屋也易，通解彻悟困难，别出心裁更难。能将各种相互作用之理论统为一，如爱因斯坦生前想做的那样，难上之难也。可谓"雪里烟村雨里滩，看之如易作之难"矣。

3. 如何培养从悟到通的能力

顾名思义，"通"字贯彻在解具体物理问题中，是从初始到终了的思维畅通。切忌臆想一些虚假的命题或概念来混淆视听。我们常常可以见到一些中学物理参考书出物理练习题如同出英文托福考试的理解题那样，设了很多"坑"，以似是而非来迷惑学生，既浪费时间和精力，又节外生枝。

参照古人所说的"学问以澄心为大根本"，我们的经验是：

(1)把物理理论看作"诗境"，体会隐喻和比兴。境象非一，虚实横生，故人之构思须贯穿众象而揣摩各种形式，辩学术直须穷到简处。

(2)如同看虚虚实实的山水画那样，以高远、平远和深远的观点窥探同一个物理公式的奥秘。自普通物理知识来理解理论物理原理那样的自下而上的仰望称为高远；讨论与之平行或相似的理论称为平远；而揣摩物理公式的推广及演绎称为深远。

(3)尽量从已知物理的角度理解新物理学，找到共通的东西。这就需要将现有的材料有机地组织在一起，从中发现新视角及新阐述。

(4)推物理理论要结合数学(最好自创新数学，甚至引入新的数学符号)推导，也须穷到尽处，从数学公式来悟物理意义。

(5)学成广博之后，更撮其精要，复而归于简约。这个从广博至简约是需绞尽脑汁的，是培养"悟"的必由之路。正如孟子说的"博学而详说之，将以反说约也"。

总之，从悟到通就像看山水画能听到水声，看画中人物似见有动，而整幅画面通灵，饶有趣也。

从悟到通能力的培养历程可以用德国物理学家亥姆霍兹的话总结:"1891 年我解决了几个数学和物理学上的问题,其中有几个是欧拉以来所有大数学家都为之绞尽脑汁的……但是,我知道,所有这些难题的解决,几乎都是在无数次谬误以后,由于一系列侥幸的猜测,才作为顺利的例子中的逐步概括而被我发现。这就大大削减了我为自己的推断所可能感到的自豪。我欣然把自己比作山间的漫游者,他不谙山路,缓慢吃力地攀登,不时要止步回身,因为前面已是绝境。突然,或是由于念头一闪,或是由于幸运,他发现一条新的通向前方的蹊径。等到他最后登上顶峰时,他羞愧地发现,如果当初他具有找到正确进路的智慧,本有一条阳关大道可以直达顶巅。"

4. 再说通的境界

纵观物理史,如德国物理学家马克思 · 冯 · 劳厄(Max von Laue,1912 年发现了晶体的 X 射线衍射现象,并因此获得诺贝尔物理学奖)指出的那样:在物理学史中总是一再出现两种一直完全互不相关的、由两类不同的研究者所关心的物理学思想范围——例如光学和热力学,或者是伦琴射线的波动理论和晶体原子理论——它们不期而遇并且自然地相结合。……这些相互结合的理论,即使不包含完全的真理,终究也包含了与人类的附加因素无关的客观真理的一种重要的内核。否则,他们的结合只能够解释为奇迹。物理学史的思想必须是把这样的事件尽可能明晰地刻画出来。

不同的物理思想(量子力学先驱的众家之言)不期而遇并且自然地相结合迸发出新思想,就是物理通感。综观量子力学的诞生到现状,就是一个从悟到通的发展进程。普朗克把长波辐射和短波辐射的能量曲线融通,德布罗意把粒子和波融通,爱因斯坦把原子发射光的量子化和光在传播过程中量子化融通,玻尔把光谱线的整数规律与电子轨道之间的量子跃迁融通,海森伯、薛定谔在自己悟到的领域都力求做透、做深、做通、做美。所谓不通一艺莫谈美。然后,又有狄拉克创造特别符号,既能反映德布罗意波粒二象,也融通薛定谔表象和海森伯表象。玻恩的概率波解释可以同时将德布罗意波粒子二象性、海森伯不确定性和薛定谔方程之解融通,可谓将物理感觉上升到物理通感。范洪义的有序算符内的积分方法也起到融通的作用,如首次将牛顿–莱布尼茨积分与对狄拉克 ket-bra 积分贯通,能把经典变换自然过渡到量子幺正变换,把量子力学的玻恩概率假设用表象完备性的有序算符的正态分布显示、把量子纠缠与表象形式融通等。

中国古代文论有心物交融说，意出于刘勰《文心雕龙》："写气图貌，既随物以宛转；属采附声，亦与心而徘徊。"此说，一方面要求以物为中心，以心服从于物；另一方面又要求用心去驾驭物。乍一看，这似乎矛盾，其实，它们却相辅相成地发展。如果仅仅以心为主，用心去驾驭物，就会流于妄诞，违反真实。仅仅以物为主，以心屈服于物，就会陷入奴从、抄袭现象。所谓"随物宛转""与心徘徊"，可以用来反映培养与体验物理通感的心路历程。

"通"的最高境界：

（1）能围绕一个中心问题而建构一个庞大的思维体系的方法，如量子力学的围绕发展狄拉克符号的有序算符内的积分方法。

（2）能使用简单理论模型去解释微妙而复杂的现象。

第1章　物理通感的酝酿

物理通感所谓者:“都来此事,眉间心上,无计相回避。”

物理通感的初步表现便是心像。

明代王阳明在《答顾东桥书》写道:“物理不外于吾心。外吾心而求物理,无物理矣。”(请结合普朗克常数 h 的发现体会这句话,h 太小,人的感官觉察不到,是靠普朗克的“心之官则思”而得。)其弟子王时槐为之注解:“阳明以意之所在为物,此意最精。盖一念未萌,则万境俱寂,念之所涉,境则随生。”“意之所在为物,此物非内非外,是本心之影也。”明代儒学家刘宗周更进一步说“心以物为体,离物无知。今欲离物以求知,是张子(宋代儒学家张载)所谓反镜索照也。然则物有时而离心乎?曰:无时非物。心在外乎?曰:唯心无外。”(反镜索照:以笑对镜镜亦笑,哭颜对镜镜亦哭,你眼里的世界是什么样子,你就活在什么样的世界中。)此所谓见理随物显,唯人所感。物理学也应该是不外于吾心的学问吧!

1.1　通过做题消除尴尬心理,酝酿物理通感

除了天才,物理通感的培养不是一朝一夕的事情,而是逐渐陶冶的过程。做物理题能陶冶我们如何思考和感知。但要知道物理题无常形,以至于做题人常形之失察,止于失察而不能病其全,但若常理用之不当,则举废之矣。故以常理(物理定律)去规摹之,不可不谨慎也。

面对物理题,初学者常有三种尴尬:

第一种是如身处悬崖边,插不下一足。

第二种是胡子眉毛一把抓,乱做一气。隐隐地觉得有结论可得,却不透脱,欲弃之,却又执着,放过又不愿,进退两难,很是尴尬。

第三种是尴尬如掉在烂泥里，越动越陷落，立不定脚跟。

第一种情形说的是解题者根本不知对此题如何下手，该引入什么（几个）物理量作为开锁的"钥匙"，有什么公式或守恒定律可套。

白云禅师（不是近代人，不知其生平详细）曾有一个偈语："蝇爱寻光纸上钻，不能透处几多难。忽然撞着来时路，始觉平生被眼瞒。"盲目地做物理题，就像苍蝇乱撞也。

初学者如何能消除此尴尬心理得以从悟到通呢？有几个步骤：

（1）尝试以另一个角度重新阐释此问题。

（2）能否先解决一个与此问题类似但稍许容易些的问题。

（3）能否将此问题推到极限，处理一个相关的特例。

（4）尝试解答此问题的一部分。

（5）做完题，三"反刍"，进一步理解题解的物理意义，进一步改善其表达形式，进一步推广。

现举一例说明初学者不知如何下手做题。

如图 1.1 所示的一辆马车在加速，弹簧原长为 l，弹性系数为 k，质量为 m 的物体与马车车厢的地面无摩擦，问：马车加速度为多大时，乘客看到弹簧的振动规律如常？

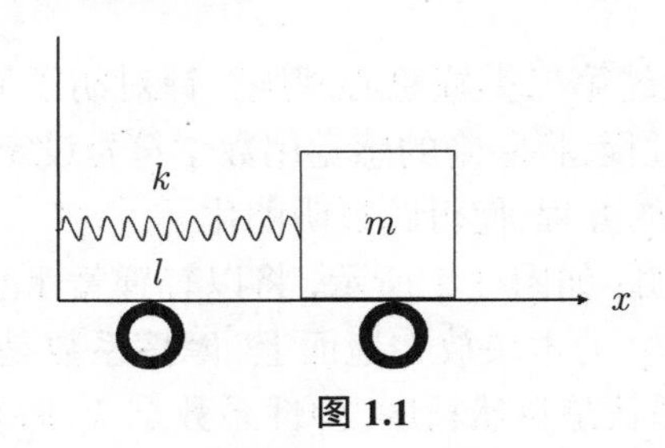

图 1.1

此题如没选好参照系，就如悬空在陡崖上，不知如何处理，即不知如何将马车加速度与弹簧的振动关联起来。而一旦想好了参照系，正确运用惯性力的概念，则解此题不难。

我们选马车中的人为参照物，设 x 是他看到的物体的坐标，X 是马车相对于地面的坐标，可列出其运动方程

$$m\ddot{x} = -k(x-l) - m\ddot{X}$$

其中，$m\ddot{X}$ 是惯性力。于是立刻看出，当马车加速度 $\ddot{X}$ 为

$$\ddot{X} = \frac{kl}{m}$$

时，$m\ddot{x}=-kx$，即弹簧的振动规律得以重现，被乘客看到。

做完此题后一定要想一想能否推广，经过思考后，列出如下的题目。

卡车以加速度 a 运动，一个质量为 m 的均匀球，半径为 r，置于一个卡车的平板上做无滑滚动，问：球心相对于卡车的加速度？

无滑滚动表明有摩擦力 f，如上题那样取非惯性系，球受惯性力 $-ma$，人在卡车上看球心坐标是 x，球面绕质心转过的角度是 ϕ，列出力和力矩方程

$$m\ddot{x}=f-Ma$$
$$I\ddot{\phi}=fr,\quad I=\frac{2}{5}mr^2$$

球的转动惯量 $I=\frac{2}{5}mr^2$，无滑滚动说明存在约束

$$\dot{x}=-r\dot{\phi}$$

联立以上方程，得到球心相对于卡车的加速度为

$$\ddot{x}=-r\ddot{\phi}=-\frac{5}{7}a$$

再说如何能超越第二类尴尬心理呢？针对胡子眉毛一把抓的情形，仔细分析物理过程，将隐隐的感觉用数学符号设定一个物理量，并尽量列出此量有关的方程，使得题目明朗化。

举例说明：如图 1.2 所示，将以轻弹簧水平相连的两个质量分别为 m_1 和 m_2 的木块放在地面上，摩擦系数是 μ，m_2 在右边，$m_2>m_1$。起初，弹簧是自然长度，弹性系数是 k，后来 m_2 受右向的水平力 F 作用，使得整个系统缓慢地向右运动，当 m_2 移动了 1 m 时，问：F 作用力做的功起码是多少？

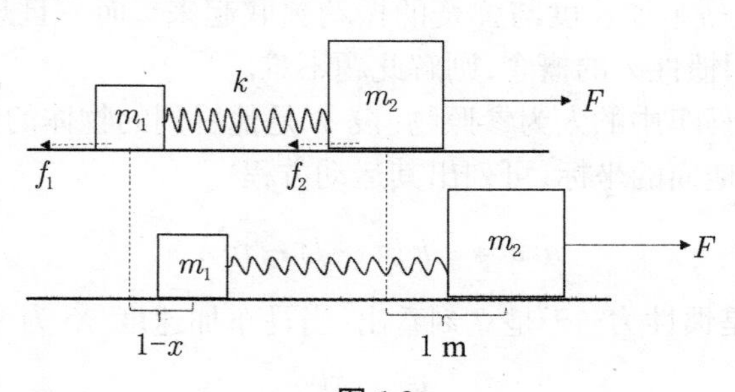

图 1.2

先从物理感觉来思考,分析如下:按题意,系统缓慢地向右运动,"缓慢"两字使人想象到轻弹簧在运动中必有伸长。另外,题目问的是 F 作用力起码做的功,"起码"两字表明 m_2 移动了 1 m 时, m_1 还没有走到 1 m,要让 m_1 移动,弹簧上的张力起码要克服地面对 m_1 的阻力 $m_1 g\mu = f_1$。作图,设 m_2 移动了 1 m 时,弹簧伸长了 x(这个做法便是将隐隐的感觉用数学符号设定了一个物理量),则

$$x = \frac{m_1 g\mu}{k}$$

扣去弹簧伸长 x, m_1 实际向右移动了 $(1-x)$ m 。先计算 m_1 和 m_2 各向右移动了 $(1-x)$ m 克服摩擦所做的功是

$$(m_1+m_2)\,g\mu\,(1-x) = (m_1+m_2)\,g\mu\left(1-\frac{m_1 g\mu}{k}\right)$$

另一方面弹簧伸长 x,力 F 做的功一部分转化为弹簧能

$$\frac{1}{2}kx^2 = \frac{1}{2}\frac{m_1 g\mu}{x}x^2 = \frac{(m_1 g\mu)^2}{2k}$$

还要再补上 m_2 移动了 x m 克服摩擦消耗的功

$$m_2 g\mu x = m_2 g\mu\frac{m_1 g\mu}{k}$$

总的功 W

$$\begin{aligned}
W &= (m_1+m_2)\,g\mu\left(1-\frac{m_1 g\mu}{k}\right)+\frac{(m_1 g\mu)^2}{2k}+m_2 g\mu\frac{m_1 g\mu}{k}\\
&= m_1 g\mu\left(1-\frac{m_1 g\mu}{k}\right)+m_2 g\mu+\frac{(m_1 g\mu)^2}{2k}\\
&= (m_1+m_2)\,g\mu-\frac{(m_1 g\mu)^2}{2k}
\end{aligned}$$

当 $k=200\,\mathrm{N/m}, m_1=20\,\mathrm{kg}, m_2=30\,\mathrm{kg}$ 时, $x=\dfrac{m_1 g\mu}{k}=\dfrac{1}{5}$ m

$$W = 100-4 = 96\,(\mathrm{J})$$

推广的思考题:如图 1.3 所示,把质量分别为 m_1 和 m_2 的两个物体放在一块长木板上,长木板质量是 M,长木板与地面无摩擦,与两个物体的摩擦系数都是 μ,用力 F 将长木板抽动平移 1 m,问: F 作用力做的功起码是多少?

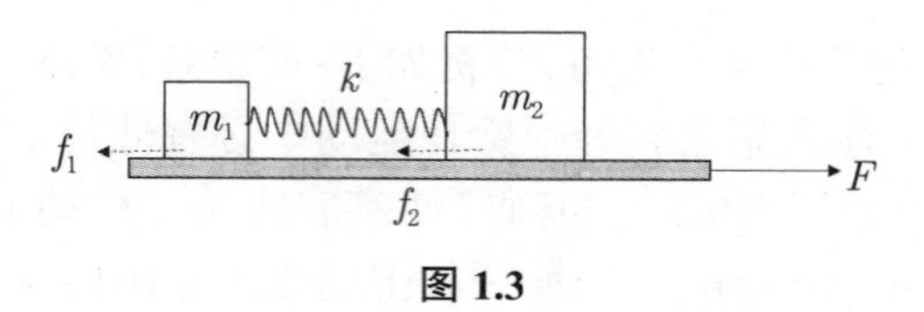

图 1.3

陷于第三种做题的尴尬大都是由于对题中隐含的已知条件没有参透，故而如掉在烂泥里，行不动了。

如图 1.4 所示中的滑轮是无摩擦、无重量的。动滑轮悬挂的物体的质量是 m。假设平台上质量为 M 物体的加速度是 A，求作用于平台上物体的摩擦力 f 和绳子的张力 T。

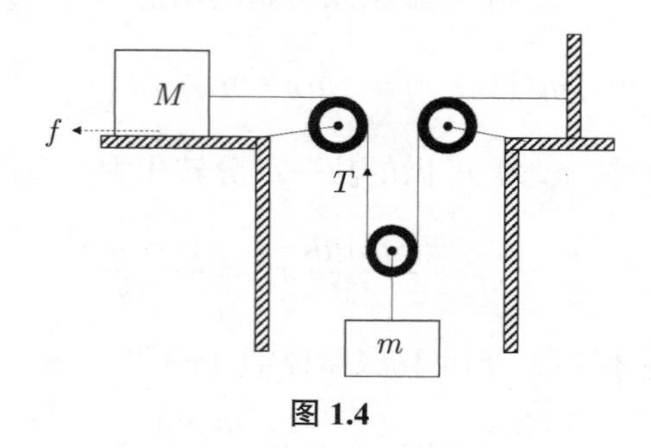

图 1.4

初学者容易列出

$$MA = T - f$$
$$ma = mg - 2T$$

再往下就不知所措了。这时需要参透的已知条件（隐含在图中）是约束关系，

$$a = \frac{A}{2}$$

这里 a 是动滑轮悬挂的物体 m 的加速度。这是因为如果平台上的物体向右走了 1m，那么由于两边定滑轮的连接方式，m 只是下落了 $\frac{1}{2}$ m。联立以上三式得到

$$\frac{MA}{4} = \frac{mg}{2} - T$$

解得摩擦力

$$f = \frac{mg}{2} - (M + \frac{m}{4})A$$

绳子的张力

$$T=\frac{m\left(g-\dfrac{A}{2}\right)}{2}$$

如图 1.5 所示，一均匀立方体，比重为水的 2 倍，其一顶尖系在铰链 O 中，可自由旋转，在水中旋入 α 角时得以平衡，求 α。

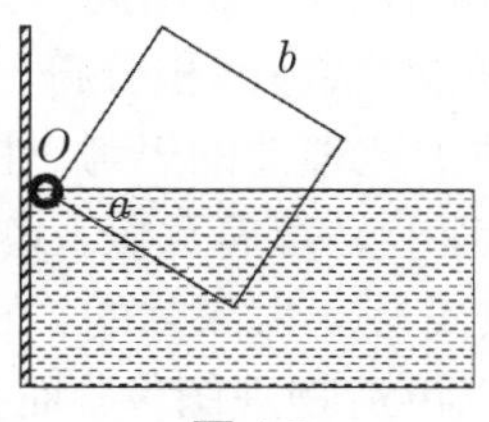

图 1.5

答案是 68.5°。提示：立方体密度为 $\rho_{物}$，重为 $\rho_{物}b^3$，它浸在水中部分受浮力为 $\rho_{水}\dfrac{b^3}{2}\tan\alpha$，对于 O 点，让重力矩等于浮力矩，才能平衡。

清代书法家王文治（图 1.6 是其书法作品）曾总结作书人的心境与状态："心则通矣，入于手则窒；手则合矣，反于神者离。无所取于其前，无所识于其后，达之于不可迕，无度而有度，天机阖辟，而吾不知其故。"（摘自姚鼐的《快雨堂记》）笔者对这段话的粗浅理解是：心里明白该怎样写了，但一上手就不能挥洒自如；即使手合于心了，写出来也是貌合神离。没有什么可取在前，也没有什么体会在后，所达到的不过是无可奈何的，无度而有度，是天机之变，而我不懂得这是什么道理。王文治又总结道："书之艺……勤于力者不能知，精于知者不能至也。"

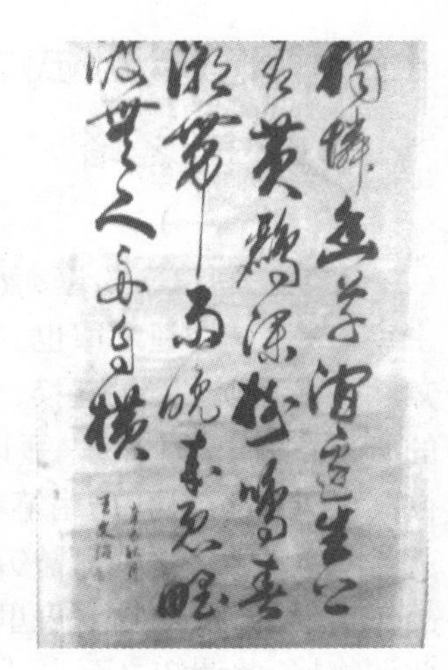

图 1.6

王文治的体会符合苏东坡的论述："有道而不艺，则物虽形于心，不形于手。"

解物理题何尝不是如此，心中无图像，无轮廓，无数量级；即便是心中恍惚有了这些，却不能用手笔推导出来；即便用手推导得到结果了，也不一定有物理意义，与原先的目标相离。做题前，没有什么可借鉴的，做完也没有太多新意，只是为做而做而已。

所以常人学习物理，就需要被启蒙，在一开始就注意有意识地培养物理感觉，渐渐进入对物理有通感的境界。有通感，方知物理之趣，从兴趣到志趣的醍醐灌顶乐乎于心。

如今，出物理竞赛题的倾向是要用高等数学运算，而本书所举例题至多是用了微积分的概念（微分、积分符号)，以便简洁地说清楚问题。我们主张中学阶段注重纯理性的思考，主张以简单的思想指导解题，所以本书的特点在物理上是言简意赅，浅中见深。

说起物理题，有见似浅易实为深刻的，在似乎是天真的题里深入钻研、重新构思，往往可以再造物理图像。而要做成如此，部分取决于个人的物理通感。

对已知规律的引申和想象，对尺度、限度（数量级）的认识，对不确定性的忍受，对近似的宽容，这些都体现了物理通感。而面对物理现象的细查慎思，善于提出好的问题，则是熏陶物理通感的好机会。

1.2 “吃透”公式之物理意义——从悟到通的必由之路

天地之间奇事纷繁，然必有一至奇而不自奇者以为源，而且为之主宰，这就是物理定律也。学物理，需“吃透”物理定律或公式之意义，知其来龙去脉、因果互换，然后穷其极端，引申和想象，这是从悟到通的必由之路。宋代的朱熹说：“格，至也。物，犹事也。穷至事物之理，欲其极处无不到也。”用笔者的理解就是要“吃透”的意思。更具体说，就是“因其已知之理而益穷之，以求至乎其极。至于用力之久，而一旦豁然贯通焉，则众物之表里精粗无不到，而吾心之全体大用无不明矣。此谓物格，此谓知之至也。”

作为一个研究量子力学理论超过半个世纪的人，笔者一直注意量子力学到经典力学的“回返”，“咀嚼、反刍出新滋味”，试图从新的角度“吃透”经典力学公式的物理意义，“咀嚼到简”，回到本源，并在“吃透”后引申。便可针对题之真际，锲刻而入，澈髓洞筋，鞭辟而出。

下面举例说明如何“吃透”公式之物理意义。

1. 诗解虚位移原理和达朗贝尔原理

从牛顿第二定理引申而来的虚位移原理和达朗贝尔原理可以用两句诗句来描述：

天上虚传织锦梭，人间哪得支机石。

解释如下：首先笔者把经典物理量划分为“即时物理量”和“累积物理量”，前者是后者的微元。

（1）牛顿第二定理是针对“即时物理量”而言的，即瞬息变化的量，$F = ma$，一旦力作用，便有加速度；一旦力撤去，便保持惯性运动。若想象有虚的反演力作用使得动态系统而静下来（可谓“人间哪得支机石”来平衡），则称为达朗贝尔原理。用静力学中研究平衡问题的方法来研究动力学问题，一般要引入惯性力。达朗贝尔原理体现“即时物理量”观点处理问题，要点是：

在每个瞬时，作用在每个质点上的主动力、约束反力和假想的惯性力（力矩）在形式上组成平衡力系。

如图 1.7 所示，一个用长为 L 的直杆做成的圆锥摆，以恒定角速度 ω 绕通过杆的一端 O 的竖直轴转动，求稳定情形下角速度 ω 与杆偏离竖直线的角度 ϕ 的关系。

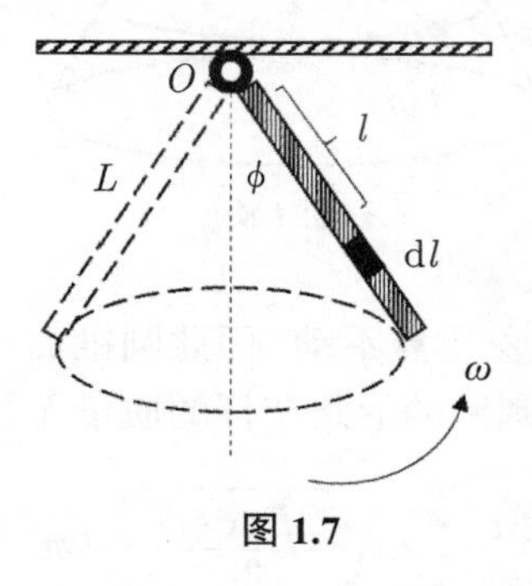

图 1.7

设想一个幽灵抱着这根杆一起转，他看到角度的偏离，就认为有一个惯性离心力作用此杆的质心，在杆上离开 O 点 l 处单位长 $\mathrm{d}l$ 的杆元受的惯性力是 $\rho S\mathrm{d}l \cdot l\sin\phi \cdot \omega^2$，此惯性离心力对 O 点造成的力矩是

$$\rho S\mathrm{d}l \cdot l\sin\phi \cdot \omega^2 \cdot l\cos\phi$$

这里 $\rho S\mathrm{d}l$ 是杆的元质量。总力矩(对上式从 0 到 L 简单积分)为

$$M = \frac{1}{3}L^2\omega^2 m\sin\phi\cos\phi$$

由达朗贝尔原理,它与重力矩 $\frac{1}{2}Lmg\sin\phi$ 平衡,故得到

$$\cos\phi = \frac{3g}{2L\omega^2},\quad \omega = \sqrt{\frac{3g}{2L\cos\phi}}$$

分析:① 此结果表明圆锥的形状与杆的质量无关。② 利用此结果,可以测量重力加速度。

此题可以转换为另一问题:

如图 1.8 所示,质点在长为 L 的直杆做成的圆锥摆的内表面上运动,其轨迹是距离锥顶为 h 的水平面,求运动周期。

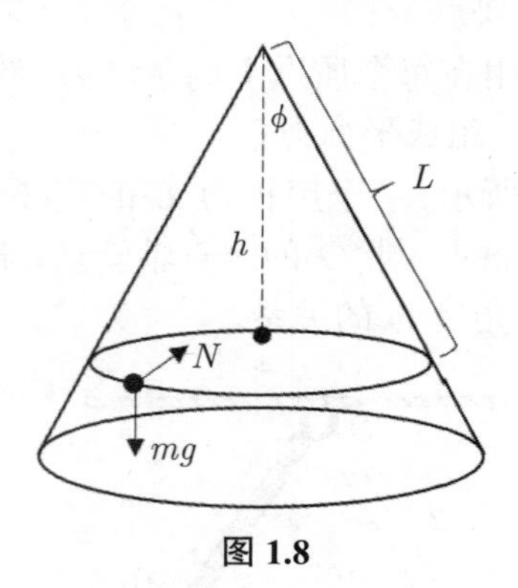

图 1.8

参考上题,想象质点不动,而此圆锥面是一根直杆以恒定的角速度扫出来的,而且圆锥的形状与杆的质量无关,于是得到

$$T = \frac{2\pi}{\omega} = 2\pi\sqrt{\frac{2L\cos\phi}{3g}} = 2\pi\sqrt{\frac{2h}{3g}}$$

注意:用一根绳子做的单摆扫出的圆锥运动的周期是 $2\pi\sqrt{\frac{L\cos\phi}{g}}$。

如图 1.9 所示,路面上一辆汽车以加速度 a 加速,车重为 mg,重心离前后轮的距离相等都是 l,重心高于地面 h。求汽车前、后轮对地面的压力 N_1 和 N_2。

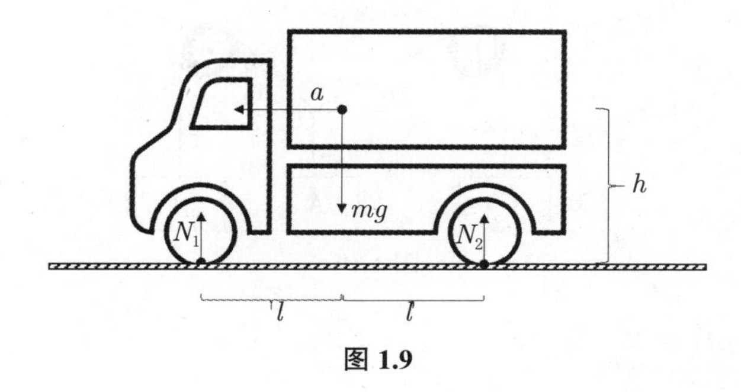

图 1.9

由达朗贝尔原理,引入惯性力$-ma$,对于后轮作支点来说,惯性力产生的力矩和其他力矩平衡

$$N_1 \cdot 2l + mah - mgl = 0$$

所以

$$N_1 = \frac{mg}{2} - \frac{mah}{2l}, \quad N_2 = mg - N_1$$

（2）经典力学的守恒定律是对“累积物理量”而言的，如能量守恒，动能和势能都是在运动过程中累积得到的。说到动能 $\frac{1}{2}mv^2$，其中的速度 v 是经过一段时间的加速才有的，转动能 $\frac{1}{2}I\omega^2$ 中的角速度 ω 则是经过一段时间的角加速才可言之。而势能（包括弹性势能和重力势能）都是需要位移的积累才有，$\int F\mathrm{d}x = \int kx\mathrm{d}x = \frac{1}{2}kx^2 = V$。将静态想象运动起来，每个运动自由度在不破坏约束的情形下各自做虚位移（可谓“天上虚传织锦梭”，梭是处在运动状态），成为虚位移原理。其要点是：在理想约束下，作用在 n 个自由度系统上的主动力 $\boldsymbol{F}_i$ 在任何虚位移中所做的元功（即小位移 $\delta \boldsymbol{r}_i$）之和等于零。

$$\sum_{i=1}^{n} \boldsymbol{F}_i \cdot \delta \boldsymbol{r}_i = 0$$

此公式说明，系统中的主动力之间是相互牵制的，原本是和谐平衡的多自由度系统，其中一个动了一下，其余的就要跟着动，所谓“牵一发而动全身”也。而所谓理想约束，指的是约束反力在虚位移上不做功，或所做虚功之和为零。

图 1.10 中物体 C 的质量是一个单位，求平衡时静物体 A 和 B 的质量。

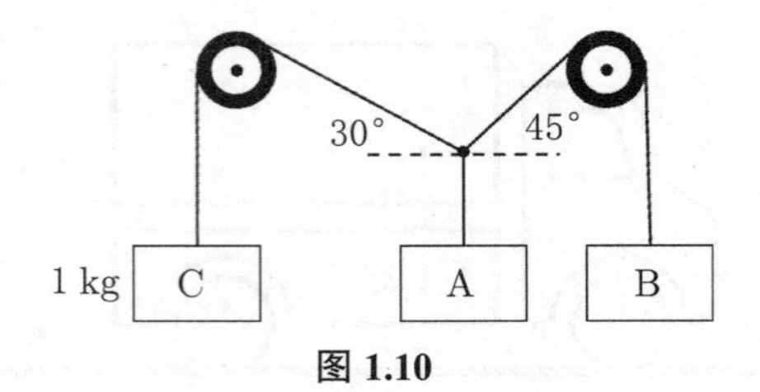

图 1.10

💡 $M_{\mathrm{A}}=\dfrac{1}{\sqrt{2}}+\dfrac{\sqrt{3}}{2}$，$M_{\mathrm{B}}=\dfrac{\sqrt{3}}{2}$。

（3）而动量 mv 和角动量 $mvr=mr^2\dfrac{v}{r}=I\omega$既可作为“累积物理量”（相对于加速度）看待，也可作为“即时物理量”处理（相对于能量），因为 $\dfrac{\mathrm{d}}{\mathrm{d}v}\left(\dfrac{1}{2}mv^2\right)=mv$，$\dfrac{\mathrm{d}}{\mathrm{d}\omega}\dfrac{1}{2}I\omega^2=I\omega$。

现在举例说明结合达朗贝尔原理和虚位移原理解题。

如图 1.11 所示，一个重力为 Q 的楔子（楔角 α）受力 F 向右运动，其斜面向上抬起一个重力为 P 的杆（如图 1.11 所示，杆是约束在导轨中，只能上下无摩擦运动），不计其他摩擦，求杆的加速度。

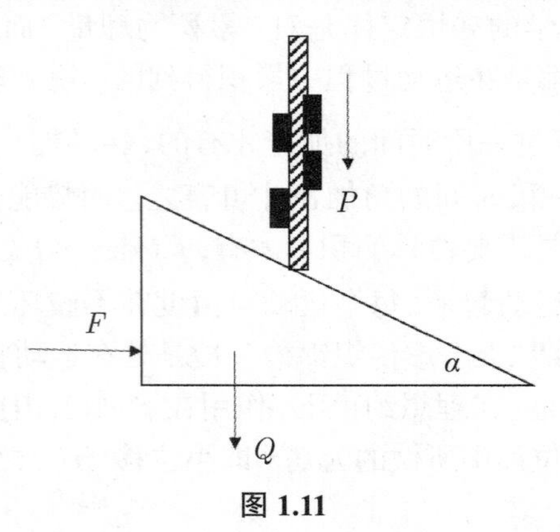

图 1.11

💡 用达朗贝尔原理，引入两个惯性力，一个是对楔子的 $f_1=\dfrac{Q}{g}a_q$，方向向左；另一个是对杆的 $f_2=\dfrac{P}{g}a_g$，方向向下。再分别引入楔子的虚位移 Δs_q 和杆的虚位移 Δs_g，由虚功原理列出平衡方程

$$\left(F-\frac{Q}{g}a_q\right)\Delta s_q-\left(P+\frac{P}{g}a_g\right)\Delta s_g=0$$

而

$$\Delta s_q\tan\alpha=\Delta s_g,\qquad a_q\tan\alpha=a_g$$

所以

$$F-\frac{Q}{g}a_q=\left(P+\frac{P}{g}a_q\tan\alpha\right)\tan\alpha$$

即

$$F-P\tan\alpha=\left(\frac{P}{g}\tan\alpha+\frac{Q}{g}\right)a_q$$

故

$$a_q=\frac{F-P\tan\alpha}{P\tan\alpha+Q}g$$

杆的向上加速度

$$a_g=\frac{F-P\tan\alpha}{P\tan\alpha+Q}g\tan\alpha$$

可见外力 F 一定要大于 $P\tan\alpha$,才能使楔子右进。试与下题比较。

如图 1.12 所示,洒水车水箱长 L m,高 H m。求车起动时,对于盛水深度已知的情形下,加速度 a 不能超过多少可避免水溢出。

洒水车水箱不能装满水,因为水会晃荡。在某个加速度 a 的情形下,水面已经处在如图 1.12 所示的一个斜面,倾斜角为 α,是个极限状态,水受重力和虚的惯性力,由虚位移方法,可知水体质心运动方程

$$ma+mg\tan\alpha=0$$

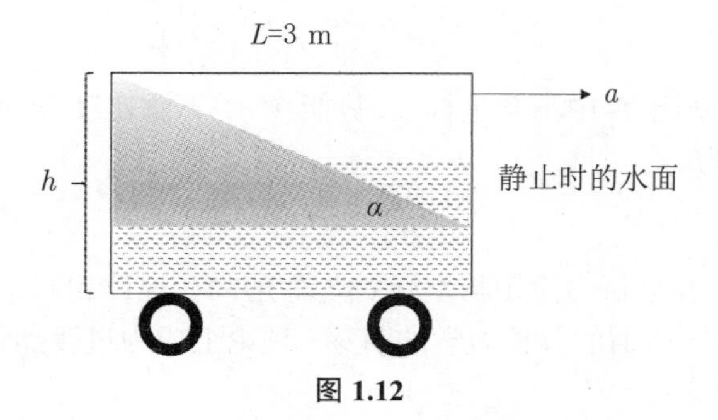

图 1.12

故 $\dfrac{a}{g}=-\tan\alpha$,所以水溢极限的自由液面方程为

$$z=-\frac{a}{g}x$$

这里 z 是水爬高的最高高度,即水箱高度减去静止时的盛水深度。加速度大小满足

$$|a|<\frac{z}{x}g$$

设水箱壁高 1.8 m,盛水深 1.2 m,水爬高的最高高度是 0.6 m,由图 1.12 可知对应的 x 距离水箱中线 1.5 m 处,

$$|a| < \frac{0.6}{1.5} \times 9.8 = 3.92\ (\mathrm{m/s^2})$$

2. "即时物理量"和"累积物理量"的互换——分析力学的萌芽

为了将"即时物理量"和"累积物理量"这两种量融会贯通,以往的经典物理学家(其代表是拉格朗日和哈密顿),用积分法将"即时物理量"转化为"累积物理量"处理。

如想象质点(或粒子)运动起来,已经走过了一段路或有了一定的速度 v,有了动能 T 和势能 V,定义了后来以他们名字命名的拉格朗日量($L = T - V$)和哈密顿量($H = T + V$),再用微商回到"即时物理量"的方程。

$L = T - V$ 的意思就是动能来自势能的消耗,在运动过程中,应该尽量保持这种消耗极小(最小作用量原理)。

最简单的情形,$T = \frac{1}{2}mv^2$, $V = \frac{1}{2}kx^2$,有

$$\begin{aligned}\frac{\mathrm{d}}{\mathrm{d}t}\frac{\partial L}{\partial v} &= \frac{\mathrm{d}}{\mathrm{d}t}\frac{\partial}{\partial v}\left(\frac{1}{2}mv^2\right)\\ &= \frac{\mathrm{d}}{\mathrm{d}t}mv = -kx = \frac{\partial L}{\partial x}\end{aligned}$$

一般来说,动能 T 中不含坐标 x,势能 V 中不含速度 v,所以上式中将 L 改写为

$$\frac{\mathrm{d}}{\mathrm{d}t}\frac{\partial T}{\partial v} = -\frac{\partial V}{\partial x}$$

而动量 mv 在分析力学中与坐标(位置)并肩,地位相同,可以作为广义坐标。此即所谓的分析力学的萌芽(理论上成为过渡到量子力学的桥梁)。

可见,经典力学的通感就体现在灵活使用"即时物理量"与"累积物理量",这分别对应着达朗贝尔原理之虚构力,虚功原理之沿着虚位移做功。

聪明过人的法国数学家兼物理学家拉格朗日 19 岁那年就发明了《分析力学》,他的通感是将力学科学看成是四维空间中的几何——三个笛卡尔直角坐标和一个时间坐标,就足以确定一个运动质点在时空中的位置。看待力学的这种方式,后来被爱因斯坦用到广义相对论,被

狄拉克和费曼用到量子力学。拉格朗日踌躇满志，对自己的方程十分得意，他对牛顿的敬意，带有一点温和的讽刺味道，他说："牛顿无疑是特别有天才的人，但是我们必须承认，他也是最幸运的人——找到建立世界体系的机会只有一次。"他又说："牛顿是多么幸运啊，在他那个时候，世界的体系仍然有待发现呢！"

言外之意，牛顿没有发明"分析力学"。

其实，笔者认为牛顿定律形式的力学与分析力学是各显神通，用牛顿定律可以对解题过程中的每一步骤赋予物理意义，解题思路可多变。而分析力学总是从拉格朗日量出发写下运动方程，比较程式化，但它对于解很错综复杂的力学系统较牛顿形式有效。

对于具体的物理系统，往往同时考虑其"即时物理量"和"累积物理量"。

如图 1.13 所示，光滑地面上有一个倾角为 α 的大斜坡段，质量为 M，其光滑的斜面上有一个重力为 m 的小三角块，开始时两者静止。求小三角块无阻尼滑下时，大斜坡段的加速度以及小三角块的加速度。

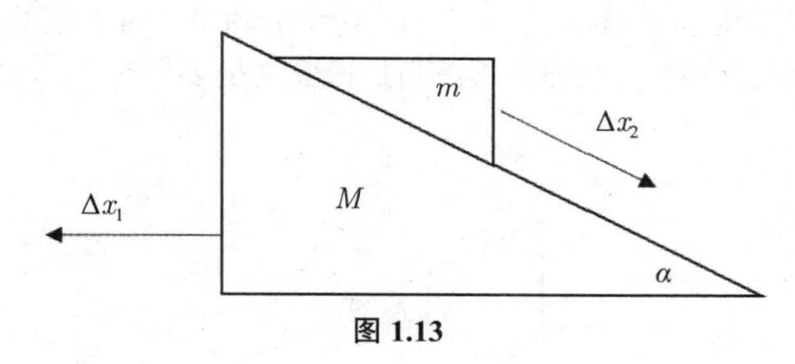

图 1.13

这是个"即时物理量"与"累积物理量"的综合问题。

小三角块滑下，该系统质心不变，当小三角块在斜面上位移了 Δx_2 时，大斜坡段在水平方向向左移动了 Δx_1（累积物理量）

$$M\Delta x_1 = m(\Delta x_2 \cos\alpha - \Delta x_1)$$

相应的有加速度（即时物理量）之间的关系

$$Ma_1 = m(a_2 \cos\alpha - a_1)$$

这里的 a_1 是大斜坡段的加速度，加速度 a_2 的方向是沿着斜面的，是小三角块相对于大斜坡段的相对加速度。

另一方面,小三角块受到的"即时力"中,有下滑力,有牵连惯性力 $ma_1\cos\alpha$(方向沿着斜面向右,这是由于大斜坡段向左运动),所以

$$mg\sin\alpha + ma_1\cos\alpha = ma_2$$

与前式联立解之,得到大斜坡段的加速度

$$a_1 = \frac{mg\sin\alpha\cos\alpha}{M + m\sin^2\alpha}$$

小三角块的加速度(方向沿着斜坡)

$$a_2 = g\sin\alpha\frac{M+m}{M + m\sin^2\alpha} > g\sin\alpha$$

说明由于 M 物块的逆向运动,m 物块的加速度增加了,这是符合直觉的。特别地,当 M 很大,$a_2 \approx g\sin\alpha$。

这里我们引进虚拟惯性力是为了在非惯性系也能使用牛顿定律,这也是一种物理通感。

引申题:如图 1.14 所示,如果将上题的小三角块改为一个圆柱体(半径为 r,质量为 m),问:它无滑动滚下时引起的大斜坡段的加速度是多少?圆柱体的下滚角加速度又是多少?

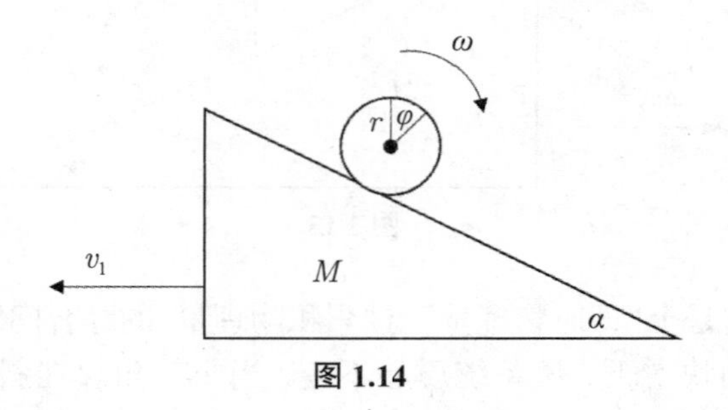

图 1.14

想象圆柱体转过 φ 角,此刻圆柱体的角速度达到 ω,其质心的下滑速度是 $r\omega$,大斜坡段的速度是 v_1,水平方向的动量(累积物理量)守恒的关系是

$$Mv_1 = m(r\omega\cos\alpha - v_1)$$

故

$$v_1 = \frac{mr\omega\cos\alpha}{M+m}$$

能量（累积物理量）守恒的关系

$$
\begin{aligned}
mg\sin\alpha(r\varphi) = & \frac{1}{2}Mv_1^2 + \frac{1}{2}m\left(r\omega\cos\alpha - v_1\right)^2 \\
& + \frac{1}{2}m\left(r\omega\sin\alpha\right)^2 + \frac{1}{2}\left(\frac{1}{2}mr^2\right)\omega^2
\end{aligned}
$$

这里，$mg\sin\alpha(r\varphi)$ 是圆柱体转过 φ 角的势能减量，转化为大斜坡段的动能 $\frac{1}{2}Mv_1^2$、圆柱体的质心动能 $\frac{1}{2}m\left(r\omega\cos\alpha - v_1\right)^2 + \frac{1}{2}m\left(r\omega\sin\alpha\right)^2$，以及圆柱体绕质心的纯转动能 $\frac{1}{2}I\omega^2, I = \frac{1}{2}mr^2$ 。联立这两个式子，得到

$$
\begin{aligned}
mg\sin\alpha(r\varphi) &= \frac{1}{2}\left(M+m\right)v_1^2 + \frac{3}{4}mr^2\omega^2 - mr\omega\cos\alpha v_1 \\
&= \frac{3}{4}mr^2\omega^2 - \frac{\left(mr\cos\alpha\right)^2}{2\left(M+m\right)}\omega^2
\end{aligned}
$$

两边对时间微商，注意 $\frac{\mathrm{d}}{\mathrm{d}t}\varphi = \omega$，就给出

$$
g\sin\alpha = \left(\frac{3}{2}r - \frac{mr\cos^2\alpha}{M+m}\right)\frac{\mathrm{d}\omega}{\mathrm{d}t}
$$

所以圆柱体的下滚角加速度是

$$
\frac{\mathrm{d}\omega}{\mathrm{d}t} = \frac{g\sin\alpha}{r}\frac{2(m+M)}{3\left(M+m\right) - 2m\cos^2\alpha}
$$

再由 $\frac{\mathrm{d}v_1}{\mathrm{d}t} = \frac{mr\cos\alpha}{M+m}\frac{\mathrm{d}\omega}{\mathrm{d}t}$ 给出大斜坡段的加速度

$$
a_1 = \frac{\mathrm{d}v_1}{\mathrm{d}t} = \frac{mg\sin 2\alpha}{3\left(M+m\right) - 2m\cos^2\alpha}
$$

我们再用“累积物理量”解答如下的问题。

如图 1.15 所示，质量为 M 的均匀厚木板，放在两个均匀圆柱体（半径为 r）上。厚木板一头受水平拉力 F 作用，使得圆柱体夹在厚木板和地面之间滚动，求木板的加速度。

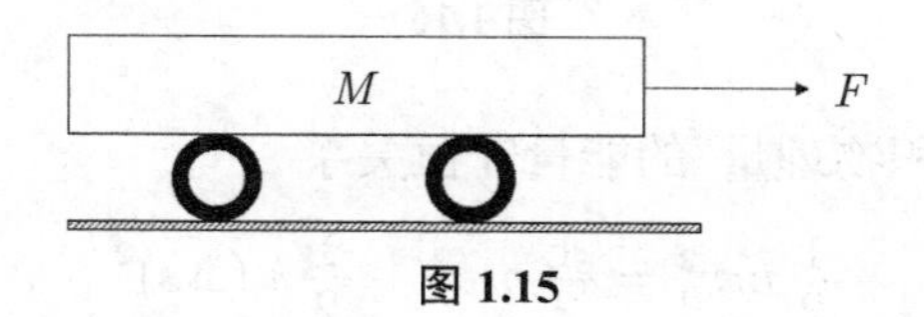

图 1.15

设想拉力 F 作用了一段时间 Δt，厚木板累积到有一定的速度 v，有动能 $\frac{1}{2}Mv^2$ 。两个圆柱也积累到有一定的能量，包括质心平动能和转动能，因为是无滑动滚动，圆柱上缘与板的接触点速度是 v，故质心速度是 $\frac{v}{2}$，角速度

$$\omega = \frac{v}{2R}$$

设圆柱体半径是 r，转动惯量 $\frac{1}{2}mr^2 = I$，转动能 $\frac{1}{2}I\omega^2$，总动能为

$$\begin{aligned} T &= \frac{1}{2}Mv^2 + 2\cdot\frac{1}{2}m\left(v/2\right)^2 + 2\cdot\frac{1}{2}\left(\frac{1}{2}mr^2\right)\left(\frac{v}{2r}\right)^2 \\ &= \left(\frac{1}{2}M + \frac{3}{8}m\right)v^2 \end{aligned}$$

代入上述“累积物理量”的微分方程得到

$$\frac{\mathrm{d}}{\mathrm{d}t}\frac{\partial T}{\partial v} = \frac{\mathrm{d}}{\mathrm{d}t}\left(M + \frac{3}{4}m\right)v = F$$

于是加速度

$$\frac{\mathrm{d}}{\mathrm{d}t}v = \frac{F}{M + \frac{3}{4}m}$$

我们再举一个角动量守恒和能量守恒共融的例子。

如图 1.16 所示，光滑水平面上有一根长为 s 的轻弹簧，一端固定于 O 点，另一端连一质量为 m 的物体，处在原长位置。物体忽然被外部施与一击，其初速 v_0 与弹簧轴线垂直，当弹簧伸长 Δs 时求物体运动的速度 v。

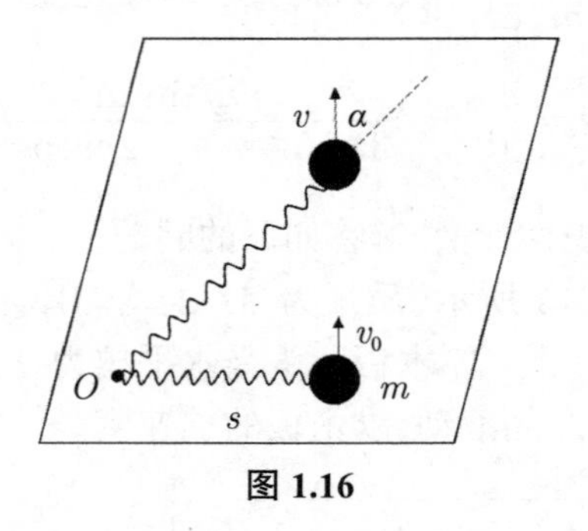

图 1.16

由“累积物理量”的能量守恒关系

$$\frac{1}{2}mv_0^2 = \frac{1}{2}mv^2 + \frac{1}{2}k\left(\Delta s\right)^2$$

对固定点的角动量守恒

$$smv_0 = (s+\Delta s)\, mv\sin\alpha$$

α 是物体的速度方向对弹簧轴线的偏离角。联立以上两式给出速度的大小是

$$v=\sqrt{v_0^2-k\,(\Delta s)^2/m}$$

方向角为

$$\sin\alpha=\frac{sv_0}{(s+\Delta s)\,v}=\frac{sv_0}{(s+\Delta s)\sqrt{v_0^2-k\,(\Delta s)^2/m}}$$

1.3　深入和广泛了解物理常数

要使得我们的物理通感可靠，不出格，就必须受已知的物理常数的约束。所以一个优秀的物理学家应对物理常数有深入和广泛的了解，它是怎么出现在物理公式中的，又是怎样测量的。特别是对可用于好几个物理领域的常数，更加需要了解它的定义与来源。

例如，阿伏伽德罗常数。

国际上规定，一摩尔任何物质所包含的结构粒子的数目都等于 0.012 kg 的碳-12 所包含的原子个数，即阿伏伽德罗常数 $N=6.02\times10^{23}\ \mathrm{mol}^{-1}$。碳-12 原子核质量的 $\frac{1}{12}$ 在科学计量上最接近一个中子或者质子的质量。碳-12 原子核性质较为稳定，是作为参照基准最佳选择。

最简单测阿伏伽德罗常数的方法是将一滴油酸（体积 V 已知）落在撒有石松子粉额静止水面上，滴油铺开张成油膜，其面积 S 可测，于是油膜的厚度就可算得，已知油脂在水面上为单分子层（认为是油酸的一个分子直径），不计分子间距，每个油脂分子的横截面积就可算得。再被 S 除，就得到粒子的数目，这就是单分子膜法测定阿伏伽德罗常数 N。

借助于阿伏伽德罗常数，可以确定在电解实验中出现的基本电荷。

阿伏伽德罗定律指出，在相同温度和压强下，一摩尔任何气体所占的体积 v 都相同（例如，在标准状态下，一摩尔的任何气体的体积都是 22.4 升），令 $R=pv/T$，是理想气体常数。定义玻尔兹曼常量是

$k=R/N$,系热力学的一个基本常量,或说气体常数 R 等于玻尔兹曼常数乘以阿伏伽德罗常数。爱因斯坦从布朗运动推出 τ 时刻粒子移动的平均平方距离 $<\Delta x^2>$ 的公式,反映了流体的分子性质和观察到的宏观粒子的扩散之间的关系

$$<\Delta x^2>=\frac{kT\tau}{3\pi\eta r}$$

这里,r 是粒子的半径,η 是流体的黏滞系数,T 是温度,k 是玻尔兹曼常数,所以由此公式又可以测量阿伏伽德罗常数。

以上这些就是关于阿伏伽德罗常数的通感。对于普朗克常数的了解也是如此,尤其要知道它应用的广泛性。

1.4 对尺度和数量级的认识

物理通感在于能提出正确的问题。明代李哲说:“学者但恨不能疑耳,疑即无有不破者。”在一个课题面前,我们要分清主次,对主疑,对次糊涂,相当于取近似到几级,高阶小便删之。

德国物理学家劳厄有一次和一个学生讨论晶体光学的散射,劳厄只关心晶格间距的数量级,以此判断晶体是否可以作为 X 射线的天然光栅。这是把光学知识融会贯通到晶格研究的范例。劳厄和他的助手把一个垂直于晶轴切割的平行晶片放置在 X 射线源和照相底片之间,发现底片上有规则的斑点,与劳厄推导的衍射方程吻合。此举证实了 X 射线的波动性,也可用来确定晶格点阵,故劳厄得到诺贝尔奖。人称劳厄有“光学嗅觉”。说到此,顺便举一个观察光学现象的问题。

晚上路过游泳池,无人游泳,但见池底有一个点光源,池深 h m,就想出问题:它照亮的水面有多大?

想到从水入射到与空气界面的光如果折回到水中,岸边的人就见不到光了,所以照亮的水面的尺度由发生全反射的情形决定。于是就应该用全反射的知识,这种情形下,光从水源进到空气的入射角 $\sin C=\frac{1}{n}$, n 是水的折射率,所以照亮的水面面积是以点光源为顶点的倒置锥形的底面积,如图 1.17 所示。

$$\cos^2 C=1-\frac{1}{n^2}$$

故而照亮的水面面积是

$$S=\pi(h\tan C)^2=\frac{\pi h^2}{n^2-1}$$

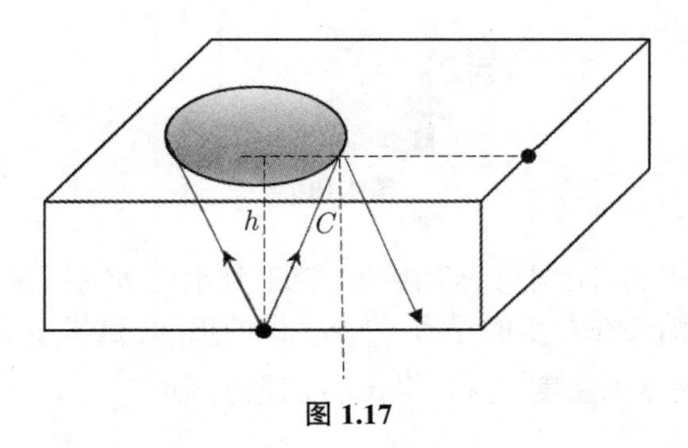

图 1.17

在日常生活中发现物理问题估计数量级的例子也不胜枚举。

去音乐厅听小提琴演奏，见乐队指挥突然示意第一小提琴手的弦轴松动了，因为他听出演奏家拉出的声音音调少了 1 Hz。设弦的张力原来是 10^6 dyn，定的音调是 396 Hz，那么现在弦的张力是多少？

我们知道一个弹簧振子的振动频率比例于$\sqrt{\frac{k}{m}}\left(\sqrt{\frac{kx}{mx}}\right)$，$kx$ 是弹力。类似地，对于拉紧的弦，振动频率比例于 $\sqrt{T}$，T 是弦上的张力，所以频率的变化

$$\frac{\Delta\nu}{\nu}=\sqrt{\frac{\Delta T}{T}}\approx\frac{\Delta T}{2T}$$

故而现在弦的张力比原来的 10^6 dyn 少了

$$\Delta T=2T\frac{\Delta\nu}{\nu}=2\times10^6\times\frac{(-1)}{396}=-5.05\times10^3\,(\,\mathrm{dyn}\,)$$

如果弦是缓慢松开的，每秒钟松开力是 10^3 dyn，那么，乐队指挥要辨别出弦轴的松动是在 5 s 以后。也就是说，他并不能马上发现第一小提琴手的弦轴松动了。

如图 1.18 所示，一个重为 mg 的胖子，从高台跳水，台离水面为 h，求他自由落下入水后，能沉下水面的高度 h'。

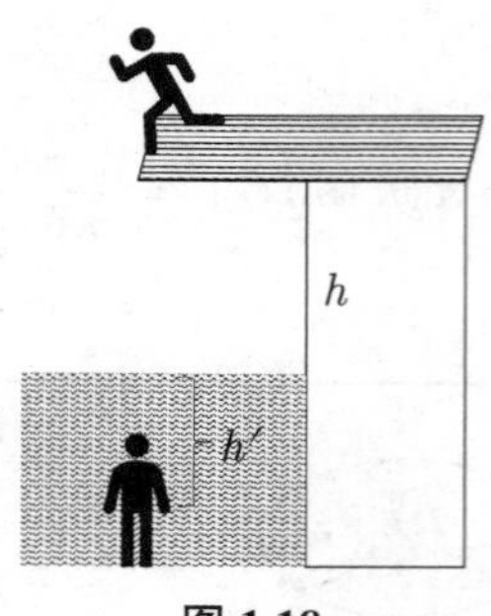

图 1.18

胖子的密度小于水的密度，沉下到水面 h' 处，速度为零，下降的势能被消耗在对水的浮力 $\frac{m}{\rho}\rho_0 g$ 做的负功，这里 ρ 是胖子身体的密度，ρ_0 是水的密度，所以 $\frac{m}{\rho}\rho_0 g$ 是浮力，则

$$mg(h+h') = \left(\frac{m}{\rho}\rho_0 g\right)h'$$

故

$$h' = \frac{\rho}{\rho_0 - \rho}h$$

再问：胖子从最低点再浮起来，所需要的时间是多少？

浮起来的时间等于他入水后的下沉时间。下沉的加速度由 $ma = mg - \frac{m}{\rho}\rho_0 g$ 确定，

$$a = \frac{\rho - \rho_0}{\rho}g$$

胖子从最低点再浮起来，所需要的时间是

$$t = \sqrt{\frac{2h'}{a}} = \sqrt{\frac{2h'\rho}{(\rho - \rho_0)g}} = \frac{1}{\rho_0/\rho - 1}\sqrt{\frac{2h}{g}} > \sqrt{\frac{2h}{g}}$$

比起胖子在空中的下落时间长得多。

1.5 能预料解决物理问题所需的物理量个数

构思问题本身需要物理通感，你观察到的物理数据足够答题了吗？须细察慎思。牛顿曾说：“寻求自然事物的原因，不得超出真实和

足以解释其现象者。”在另一场合，他又说：“自然界不做无用之事，若少做已经成功，多做便无用。”过多的物理量的引入，徒分心耳。所谓“理足而止”，笔者还特地去请篆刻家刻了一个图章（图 1.19）。

图 1.19

笔者到某毗邻山的公园旅游，山高 h 约为 125 m，见草地上方恰有氢气球从静止开始升空，过了 10 s，氢气球与山顶差不多高了。构思一个问题：设球壳质量为球内氢气质量的 3 倍，氢气温度与大气温度相同（在升空时设温度不变），求球内氢气压强 p。

图 1.20

这是一个力学（包括空气浮力）和物态方程的综合题。设 V 是气球体积，设气球排开的空气质量是 m_0，v 为空气的摩尔质量，p_0 是大气压强。由物态方程

$$p_0V = \frac{m_0}{v}RT$$

球内氢气质量 m，μ 为氢气的摩尔质量

$$pV = \frac{m}{\mu}RT$$

故

$$\frac{p}{p_0}=\frac{m}{\mu}\Big/\frac{m_0}{v}=\frac{v}{\mu}\frac{m}{m_0}$$

即

$$m_0=\frac{v}{\mu}m\frac{p_0}{p}$$

气球排开的空气重量是 $m_0 g$，由浮力原理，列出气球加速度 a 的方程

$$m_0 g-(3m+m)\,g=(3m+m)\,a$$

即

$$\left(\frac{v}{\mu}\frac{p_0}{p}-4\right)mg=4ma$$

另一方面，由运动学得到

$$a=\frac{2h}{t^2}=\frac{2\times 125\,\mathrm{m}}{100\,\mathrm{s}^2}=2.5\ \mathrm{m/s^2}$$

以及 $\mu=2\,\mathrm{g/mol}$，$v=29\,\mathrm{g/mol}$，得到

$$p=\frac{v}{\mu}\frac{p_0}{4\,(g+a)}g=14.5\times\frac{10}{4\times 12.5}p_0=\frac{145}{50}p_0$$

我们从最后的结果看到，此氢气球内的压强由两个已知可观察值就可估算出，一是气球上升的加速度，二是球壳质量与球内氢气质量的比例，而不需要再知道其他物理量了。如果一个人能预料需要解决物理问题的最少初始量，那么他的物理通感是很强的。

有的物理问题，在解题过程中必须引入的物理量后来在演算过程中可以消去，故它也是无须出现在题目的已知条件中。这可以训练预料解决物理问题所需的物理量个数的能力，而这是物理通感的体现。

如图 1.21 所示，要把一块板（重 mg）从一个重为 $M_{柱}$ 的圆柱体和地面中间用水平力 F 抽出来，板与地面的摩擦系数为 μ，抽的过程中，圆柱体只滚不滑，求板的加速度 a。

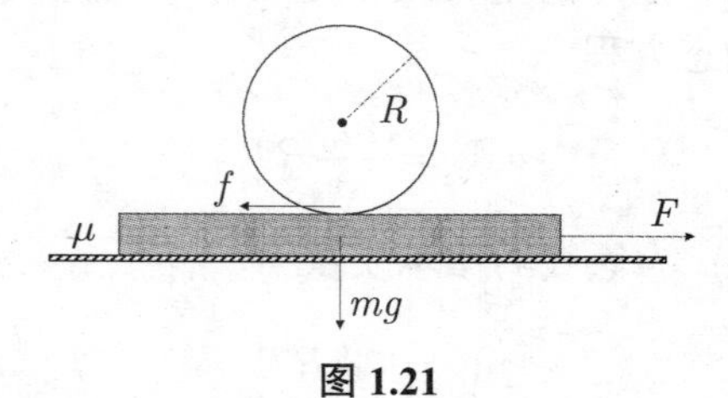

图 1.21

此题似乎少了已知条件，即半径为 R 的圆柱体和板之间的滚动摩擦系数没有被告知。然而，设圆柱体和板之间的摩擦力为 f，要注意圆柱体只滚不滑也是一个已知条件，由此可列出圆柱质心的牛顿方程

$$f = M_{柱}(a - R\beta)$$

这里，$(a - R\beta)$ 是对地面参照系圆柱体净加速度，β 是其角加速度。圆柱体转动惯量 $I = \frac{1}{2}M_{柱}R^2$，转矩方程

$$fR = I\beta = \frac{1}{2}M_{柱}R^2\beta$$

解出

$$2(a - R\beta) = R\beta$$

$$\beta = \frac{2a}{3R}$$

故而

$$f = \frac{1}{3}M_{柱}a$$

所以外力 F 似乎是对总质量为 $\left(\frac{1}{3}M_{柱} + M_{板}\right)$ 的物体用力，故而板的加速度

$$a = \frac{F - \mu\left(M_{柱} + M_{板}\right)}{\frac{1}{3}M_{柱} + M_{板}}$$

可见此题中无须将圆柱体和板之间的滚动摩擦系数作为已知量。

有的题似乎什么已知条件也没有给出，而实际上，你已经掌握的物理知识就是已知条件。

如图 1.22 所示，一根均匀重链条，单位长度的质量是 m，挂在墙上，其下端恰好接触一个天平秤。突然，其顶端自由释放，当落下 x 长度时，求天平秤读数的变化。

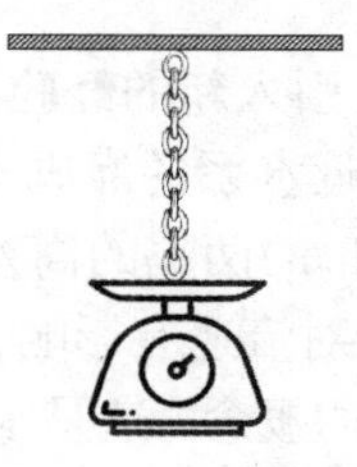

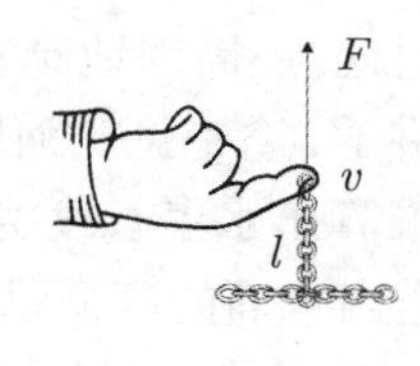

图 1.22

在已经落下 x 长链条的此刻,$\mathrm{d}t$ 内链条继续下落微小长度 $v\mathrm{d}t$,携带动量 $(mv\mathrm{d}t)\,v$,落到天平秤上静止,故动量变化率

$$\frac{\mathrm{d}p}{\mathrm{d}t} = mv^2$$

此刻链条的速度(运动学中的关于加速度的知识)

$$v^2 = 2gx$$

故天平秤受到的压力(考虑到已有 x 长的链条在天平秤上)

$$P = 2mgx + mgx = 3mgx$$

以上是变质量问题,说明 $F = ma$ 应改为 $F = \dfrac{\mathrm{d}p}{\mathrm{d}t}$。下面比较相反的过程。

用手抓住一根长度为 L 的链条一头,以恒定的速度 u 竖直上提。问:将链条一头提起 $l\,(l \leqslant L)$ 高时,手上的施力 F 是多少?

仍设单位长度链条的质量是 m,将链条一头提起 y 时,手上的施力 f

$$f - myg = \frac{\mathrm{d}p}{\mathrm{d}t} = \frac{\mathrm{d}\,(myv)}{\mathrm{d}t} = m\left(\frac{\mathrm{d}y}{\mathrm{d}t}v + y\frac{\mathrm{d}v}{\mathrm{d}t}\right)$$

以恒定的速度 u 竖直上提,故 $\dfrac{\mathrm{d}v}{\mathrm{d}t} = 0$, $\dfrac{\mathrm{d}y}{\mathrm{d}t} = v = u$

$$f = myg + mu^2$$

当 $y = l$ 时,手上的施力

$$F = mlg + mu^2$$

具体的物理问题,还需因地制宜,引入新的经验参量。例如,笔者出门到山东菏泽讲学,途中见黄河附近水系的灌溉水渠,仅知道渠中水的流速还无法推算出水渠长度为 L 的两端的高差,因为渠道壁面的粗糙程度和渠道内水面的高低都会对流速有影响,所以要引入渠道壁面的粗糙系数 n 以及水力半径 R 的概念(这是水力学中的一个专有名称,指某输水断面的过流面积与水体接触的输水管道边长(即湿

周）之比，与断面形状有关，常用于计算渠道隧道的输水能力）。水利专家们总结了明渠均匀流的流速公式为

$$v = C\sqrt{RH/L}$$

式中，H 是高差，L 是渠长，系数 $C = (1/n)R^{-1/6}$，是一个经验公式，由上式知流速不仅与高差有关，还与渠道的水力半径和渠壁的粗糙程度有关。如果渠道内还有层流，则流速公式还需修改。

1.6　古诗中表现的物理通感

有物理通感的人对物之变幻独具慧眼，情有独钟，颇有诗人气质，正所谓“含情而能达，会景而生心，体物而得神”。

诗圣杜甫是咏物抒情的写诗高手，在这方面历史上尚无有人能与之比肩。笔者近期专拣它的咏物诗念，发现其描述物理现象不但准确精到，更令人叫绝的是：

（1）能现物的气势和灵动。如“远鸥浮水静，轻燕受风斜”，（宋代的苏东坡特别赞赏这个“受”字用的活）；又如“众水会涪万，瞿塘争一门”（注：涪水在中国四川省中部，注入嘉陵江），众水会合是涌争瞿塘峡口，气势波澜壮阔。

（2）能体现物理知识，如“星垂平野阔，月涌大江流”，前一句体现了视觉的相对性，后一句则反映了引力和潮汐。不但如此，对于同一对象，星和月，杜甫又写出了“星临万户动，月傍九霄多”，他的思路是多么开阔。比起笔者写的“似曾相识每弯月，颠沛流离各自星”那样的平铺直叙，要高明得多。

（3）能咏哦出物态变化，如“山城含变态，一上一回新”，“锦江春色来天地，玉垒浮云比古今”，比起笔者写的“物以变换含理趣，人因思考长精神”要含蓄、流畅得多。

（4）虽描写物，也带有拟人的意境，如“濯日绝壁出，漾舟清光旁”（语出杜甫的《望岳》，图 1.23 为清代任伯年所作杜甫画像），这“濯日”是神来之笔，用得真是“前不见古人，后不见来者”。又如“葵花倾太阳，物性固难夺”。

图 1.23

（5）能体现庄子的观察者与被观察对象是否能统一的思想，如“水深鱼极乐，林茂鸟知归。”认为鱼儿的快乐是可以被观察的。而“水流心不竞，云在意俱迟”中的水流心不竞则说明运动参照系和静止系的区别。

杜甫观察到了丰富的千变万化的物理现象，指出“物理固难齐”“物理固自然”，这些都是酝酿物理感觉所需，但他毕竟不是物理学家，无怪他感叹“茫茫天地间，理乱岂恒数”，表达出了他要从变化中找出恒定不变规律的渴望。

我们学习研究物理的人，多读他的咏物诗，能够发展对物理相似性的想象力，提高对物理理论的抽象力，因为杜甫的诗“细推物理”，是最会玩风物、做比兴的，难道不是这样吗？

多读杜甫的诗，笔者才觉得“熟读唐诗三百首，不会作诗也会吟”的说法未免有些唐突。

再谈谈写景古诗中的色–声通感。

仔细阅读和欣赏中国古代写景的古诗中，色（光）和声这两个感觉（视觉和听觉）不时地会出现在古人的吟哦中，体现色中有相，籁中有声，是为色–声通感，给人以美的享受。如王维的“泉声咽危石，日色冷青松”（图 1.24 为北宋时期李公麟书法，其中有此诗句）。

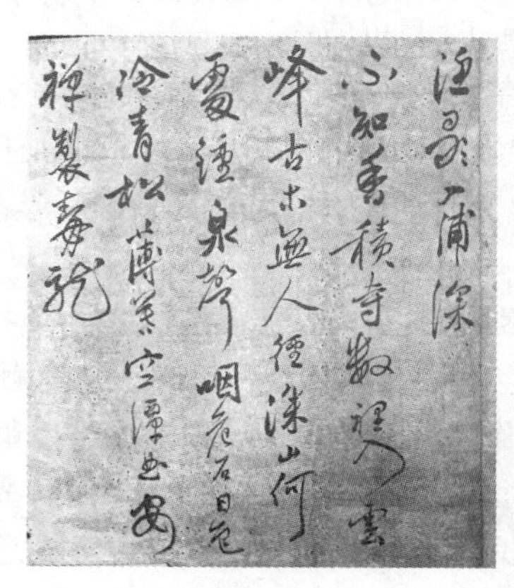

图 1.24

杜甫的“古墙犹竹色，虚阁自松声”。

这两例是显含“色”和“声”两字的。也有不明显含的，如：

韦应物的“日落群山阴，天秋百泉响。”阴天是灰色，泉响是流水辟空声。这两句好气派。

韩翃的“幽磬禅声下，闲窗竹垂阴”。

刘长卿的“官舍已空秋草绿，女墙犹在夜乌啼”。

李端的“废井虫鸣早，阴阶菊发迟”（图 1.25 图景暗合“废井虫鸣早”）。

图 1.25

陆游的“雨到菰蒲先有声，霜前草树已无色。”“拂檐高树借秋声，傍水断云含暮色”。

司空曙的“苔色遍春石，桐影入寒井”。桐影入井，笔者以为是无声胜有声。

偶然也有将色（光）和声缠在一起的，如韩愈的“微灯照空床，夜半偏入耳”。也有兼谈光和色的，如南宋的杨万里“月色如霜不粟肌，月光如水不沾衣”。更有将声与色（明）一起形象思维的诗，如白居易的“已衾讶枕冷，复见窗户明。夜深知雪重，时闻折节声”。

能将色和声融在一起并且与世情和谐的，笔者以为写得最好的是温庭筠的“鸡声茅店月，人迹板桥霜”。月和霜是白色，有冷凝和凄凉感，鸡声催促人生匆匆，都是“间道暂时人”。有情有境，看似无我之境，却也可以有我。

这里我们要特别提到明末清初的陆世仪，他提出“居敬穷理”“格物知之”等治学路径，力主实学，不尚虚谈。他曾测量光线的移动速度，用自己的呼吸周期作为时钟，写道：“卧病而起，静坐调息。见日光斜入帐中，如二指许，因以息候之，凡再呼吸，而日光尽矣。因念逝者之速如此，人安可一息不读书，不进德，为之悚然太息……”所以说，陆世仪是有物理感觉的人。

古人中还有一个具备物理通感的人是《杞人忧天》中刻画的“杞国人”，他头顶蓝天，却整天担心蓝天会崩塌下来，脚踏大地，却成天害怕大地会陷落下去，以致睡不着觉、吃不下饭。他还担心天上的太阳、月亮、星星会掉下来，惶惶不可终日。社会上流行的对此文的评价是：嘲笑了那种整天怀着毫无必要的担心和无穷无尽的忧愁，既自扰又扰人的庸人。认为人不必在不可知的事物上浪费心智。《列子》中是这样写的：

杞国有人忧天地崩坠，身亡所寄，废寝食者。

又有忧彼之所忧者，因往晓之，曰：“天，积气耳，亡处亡气。若屈伸呼吸，终日在天中行止，奈何忧崩坠乎？”

其人曰：“天果积气，日月星宿，不当坠邪？”

晓之者曰：“日月星宿，亦积气中之有光耀者，只使坠，亦不能有所中伤。”

其人曰：“奈地坏何？”

晓之者曰：“地，积块耳，充塞四虚，亡处亡块。若躇步跐蹈，终日在地上行止，奈何忧其坏？”

其人舍然大喜，晓之者亦舍然大喜。

其大意为：杞国有个人担心天地会崩塌，自身失去依存的地方，（于是）不吃不睡了。

又有一个担心他因为担心天地而出问题的人，就去劝他，说：“天啊，是聚集在一起的气体，气往哪里崩溃呢？你身体屈伸和呼吸，一直在天中进行,为何要担心它崩溃呢?"

那个人说:"天确实是聚集的气体,太阳、月亮、星星呢,它们就不会掉下来吗?"

劝导他的人说:"太阳、月亮、星星,也是气体中发光的气体,就算它们掉下来,也不可能伤到谁。"

那人说:"地塌了怎么办呢?"

劝导他的人说:"所谓地嘛,就是很多土块聚集,它填充了四方所有的角落,它还往哪里塌土块啊。你走路跳跃,终日是在这地上进行,为何还要担心地会塌呢?"

于是那人释然而开心,劝导他的人也释然而开心。

杞人真是个庸人吗?

笔者以为不是,他是我国历史上首位关心日月星宿会不会坠地的人,比起英国的牛顿观察苹果落地而想起作用于天体有引力早了几千年。要知道,导致牛顿发现他的理论的,正是他自己发问:月亮也会掉下来吗?

牛顿想,也许月亮是不停地往下掉,它服从的定律与使石块掉到地上的是同一个定律,但月亮不会撞上地球是因为地球弯转的曲率消除了这个下落的运动。牛顿论述,想象某人在高山顶上抛出一块石头,其速度快到足以绕地球一圈后再击中此人的后脑。月亮就是这样运动而不掉下的。

杞人如此朴素、原始的物理考虑居然至今还被当下的人耻笑,而且作为语文教材叫小孩读,笔者不免为之抱不平。相对于杞人被作为庸人被小孩耻笑,那位"忧彼之所忧者"(劝解杞人释怀者)却被作为正面人物得到肯定,正是本末倒置了啊。"忧彼之所忧者"说的"日月星宿……只使坠,亦不能有所中伤"是胡说,大流星若撞击地球,难道不是灾难吗?

北宋的沈括通过长期细致地观察,提出了地磁偏角的理论,说"以磁石磨针锋,则能指南,然常微偏东,不全南也"。他还给石油命了名。

明代的徐霞客是有物理通感的人,他首先注意到植物与环境的关系,观察在不同的地形、气温、风速条件下,植物生态和种属的不同情况,认识到地面高度和地球纬度对气候和生态的影响。

1.7 《水浒传》故事中的物理知识

《水浒传》的作者施耐庵是有物理知识的人，例如，他写王进打败史进，就是在史进奔跑中突然对其虚晃一棒，看史进收不住脚步（控制不了惯性），再给以实在的攻击。再看第七十四回，讲燕青想去太安州和号称擎天柱的任原相扑（图 1.26），宋江劝阻道："贤弟，闻知那人身长一丈，貌若金刚，约有千百斤气力。你这般瘦小身材，总有本事，怎地近傍得他。"燕青道："不怕他长大身材，只恐他不着圈套。常言道：相扑的有力使力，无力斗智。非是燕青敢说口，临机应变，看景生情，不倒的输与他那呆汉。"

图 1.26

果然，燕青把任原撺下台去，看其中的细节：

当时，燕青做一块儿蹲在右边，任原先在左边立个门户。燕青则不动掸。初时，献台上各占一半，中间心里合交。任原见燕青不动掸，看看逼过右边来。燕青只瞅他下三面。任原暗忖道："这人必来算我下三面。你看我不消动手，只一脚踢这厮下献台去。"

任原看逼将入来，虚将左脚卖个破绽，燕青叫一声："不要来！"任原却待奔他，被燕青去任原左胁下穿将过去。任原性起，急转身又来拿燕青，被燕青虚跃一跃，又在右胁下钻过去。大汉转身终是不便。三换换得脚步乱了。燕青却抢将入去，用右手扭住任原，探左手插入任原交裆，用肩胛顶住他胸脯，把任原直托将起来，头重脚轻，借力便旋，五旋旋到献台边，叫一声“下去”！把任原头在下，脚在上，直撺下献台来。这一扑，名唤作鹁鸽旋。

这段故事中我们可以体会到的物理知识有：

（1）“大汉转身终是不便。三换换得脚步乱了”，说明任原的转动惯量大。

（2）燕青“用右手扭住任原，探左手插入任原交裆，用肩胛顶住他胸脯，把任原直托将起来”，说明燕青知道力矩的有效使用——支点、重点和力点。尤其是用力在任原交裆，抓住要害，使其无还手之力。

（3）借力旋五旋，提高转动加速度，用惯性离心力将任原撺下。

现在我们提出物理问题：设任原重 120 kg，身长 1.9 m，重心假定就在其身体中心；燕青身高 1.7 m，擂台高 2 m，燕青旋五旋后使得任原的角速度是每秒 3 转，求任原被撺下擂台着地时携带的能量。

1.8　物理通感：“自然入理”还是“理入自然”

具备物理通感的人应该扪心自问：物理规律是自然界原本有的呢，还是人去研究它才有的？“天下无心外之物理”吗？我们从画家写生说起。

画家在写意自然时，设法将三维的活生生的场景投射到两维的纸张上，即将它画下来，装裱起来，贴在墙上。如清代文人李渔所写：“已观山上画，更看画中山。”这是画家通过写自然之性来表达自我之心的历程。山水经过画家的笔墨明亮了起来。李渔用的“更”字意味无穷。明明是“画如江山”，却偏偏要将浩瀚而美不胜收的大自然实在比喻为画，称谓“江山如画”。

古代名画家用“散点透视法”或“积累远近法”作画，不受时空的限制，其笔下的山水变幻莫测，气韵生动，静中有动，实里透虚，风骨清奇又雄伟古厚。完成了从接近山水到美于山水（摄影作品）的飞跃，把自然界的无限风光尽收眼底。能到达这样境界的画家几百年才出一个。近现代伟大的山水画家黄宾虹先生的画（图 1.27）更是每一幅都体现了物理规律。他论画尝言：“形若草草，实则规矩森严；物形或未尽有，物理始终在握，是草率即工也。倘或形式工整而生机灭，则貌逼真而情趣索然，是整齐即死也。”

图 1.27

他认为一个好的画家的成长过程有四个阶段:① 登山临水。② 坐望苦不足,相看两不厌,师法自然。③ 山水我所有,画家要心占天地。④ 三思而后行。这三思是指画前构思,笔笔有思、边画边思。此论值得物理学人借鉴。

笔者曾说:物理学家是描绘自然界的写意画家,先从实验悟理论,再由理论预计实验。黄宾虹所言的三思,物理学家都有体验。不但如此,物理学家还有更高层次的写意自然,那就是思想实验(Gedanken)。在这方面,最能运用自如的是爱因斯坦了。没有他的思想实验,就没有广义相对论、引力波。

然则,明明是先有江山后有画,为什么不说“画如江山”而说“江山如画”呢?难道江山只有在人们的心目中有了感觉才是江山吗?

“江山如画”说,表达了画家遗貌取神、发挥主观能动性和抒发审美心理之境界,是对所画之物有一个宏观的把握,摆脱现实时空观念的限制和自然属性的制约,使有限的画面空间获得表现的自由。具体说来,就是画家将大好河山,五岳之状,四海之阔,皆纳入胸中,尽收眼底,使万象从无序到有序依其精神游于物外,是一种高于现实山水的境界。

那么,就科研来说,究竟是“自然入理”还是“理入自然”呢?

例如,颜色分成七色,是人眼的感觉,其原委是测量其波长才知道的,如不用人的眼睛看,七色光只是波长的不同。别的动物来看,它们的色感与人类一样吗?我们不得而知。这真如爱因斯坦所问的,如果我们不去看月亮,它就不存在吗?

再有,为什么人们喜欢赏月呢?是月亮在我们欣赏它的时候才显得分外的皎洁吗?笔者曾经在半夜里,看着圆月在花絮状的云纱中进出,真是愈看愈美,不禁诗曰:“月入云絮徘徊后,光显娇柔三分羞。”

显然,动物就不会有这样的感觉,它们没有人那样的害羞感。

自然界本身是按规律形成的,所以是“理入自然”,而物理学家却偏偏要做“自然入理”的事情,即把自然现象纳入物理规律,更要制作极端条件(如高温、强磁场、低温等)去构造新现象,这需要人的物理通感。诚如爱因斯坦在描述波粒二象性时写道:

> 好像有时我们必须用一套理论,有时候又必须用另一套理论来描述(这些粒子的行为),有时候又必须两者都用。我们遇到了一类新的困难,这种困难迫使我们要借助两种互相矛盾的观点来描述现实,两种观点单独是无法完全解释光的现象的,但是合在一起便可以。

学习和研究物理的人,能致“良知”于物理。良知即是悟。例如,威尔逊于 1894 年的一天在苏格兰的一个山顶上闲来无事,注目云彩被阳光照射后发生的绮丽彩环,十分壮观,久久不愿离开。1895 年他在苏格兰高原研究气象学时,让一个容器中几乎就要冷凝的饱和水蒸气突然绝热膨胀,容器中的温度降低到露点以下,蒸汽处于过饱和状态,再将带电粒子射入容器内,在粒子的行径上,有许多分子电离,成为过饱和蒸汽凝结的核心,随之出现指示粒子路径的雾迹。这可以用来探寻粒子行进的轨迹。他于是发明了云雾室。

很多人认为致“良知”的思想是明代王阳明才有的。据说有一天,王阳明与朋友同游南镇,友人指着岩中花树问道:“天下无心外之物,如此花树在深山中自开自落,于我心亦何相关?”王阳明答道:“你未看此花时,此花与汝同归于寂;你既来看此花,则此花颜色一时明白起来,便知此花不在你心外。”而笔者读了这段话,起初是似懂非懂。后来,笔者和几个朋友去了滁州琅琊山一游,见了醉翁亭,回家又重读了欧阳修的《醉翁亭记》,才有了一些心得。

原来,心乃生发山水、花卉之美之源泉的观点,在欧阳修的文章中已经谈到了(比王阳明的观点早几百年)。以往笔者读《醉翁亭记》,只注意语句“醉翁之意不在酒,在乎山水之间也”,而不太注意文中的“人知从太守游而乐,而不知太守之乐其乐也。醉能同其乐,醒能述以文者,太守也”。(英译文:The Governor’s friends rejoice with him, though they know not at what it is that he rejoices. Drunk, he can rejoice with them; sober, he can discourse with them;—such is the Governor.)这段话，正是太守述的《醉翁亭记》这篇游记才使得琅琊山的景色一时明白起来，千年以来访滁州的游客往来而不绝。"太守之乐其乐"是他有别于其他游客的良知。

欧阳修还指出"然而禽鸟知山林之乐，而不知人之乐"，这也是与王阳明心学吻合的观点。

说欧阳修重视人观察自然所起的主观作用，还可以从他请曾巩写一篇《醒心亭》这件事看出。而"醒心"(图 1.29 为清代阙岚的画作《新雨醒心》)这两个字是从唐代韩愈的一篇文章中摘录来的。

图 1.29

其实，美丽的山水是否是由于有人看了以后才明白起来这个判据，其正确与否的讨论，可以追溯到唐代的伟大文学家柳宗元。他在《小石城山记》中写道：

噫！吾疑造物者之有无久矣。及是，愈以为诚有。又怪其不为之中州，而列是夷狄，更千百年不得一售其伎，是固劳而无用。神者傥不宜如是，则其果无乎？或曰："以慰夫贤而辱于此者。"或曰："其气之灵，不为伟人，而独为是物，故楚之南少人而多石。"是二者，余未信之。

其大意为：唉！我怀疑有没有造化，已很久了。看了这儿，愈加以为确实有。但又怪这样好的风景不安放到中州，却生在蛮夷之地，它的胜迹即使经过千百年也没人知道，这真是劳而无功神灵的。倘若不是这样，那么造化果真是没有的吧？有人说："这是用来安慰那些被贬逐在此地的贤人的。"也有人说："这地方钟灵之气不孕育伟人，而唯独凝聚成这奇山胜景，所以楚地的南部少出人才而多产奇峰怪石。"这两种说法，我都不信。

可见，"自然入理"说，即"自然入心"也，古来有之。

1.9 谈爱因斯坦的物理通感

近代物理成为一门学科缘起于伽利略，因为他首先贡献了正确的思维模式，他凭物理感觉在多个领域提出了有历史意义的物理问题（甚至包括大理石柱的断裂问题）。站在伽利略的"肩膀"上，后来出现了牛顿和爱因斯坦。几十年来，笔者时常挂念着一个问题，为什么物理上的诸多规律由爱因斯坦一人包干发现？枚举其主要成果有：

在处理充斥在体积 V_0 中频率为 ν，能量为 E 的单色辐射波问题时，爱因斯坦的通感是：把全部光能量集中在体积 V 中的概率与理想气体中分子集中在体积 v_0 的部分体积 v 中的概率，$\left(\dfrac{v}{v_0}\right)^N$（这里 N 是分子总数），相比拟，即为 $\left(\dfrac{V}{V_0}\right)^{E/(h\nu)}$。据此，他写了论文《关于光的产生和转化的一个启发性观点》，解释了光电效应；阐述了光子气的观点：光的能量在空间不是连续分布的，而是由空间各点的不可再分割的能量子组成。光子不但有能量，而且携带动量，后为康普顿实验所证实，所以爱因斯坦又是量子论的先驱和教父。

他是相对论创造者和质能方程（$E = mc^2$）的发现者，代表论文是《论运动物体的电动力学》和《物体惯性与其所含能量有关吗？》。

他又解释布朗运动，论文是《根据分子运动论研究静止液体中悬浮微粒的运动》，同时期还发表了《测量分子大小的新方法》。

后来他见微知著地问起惯性质量与引力质量的关系，破天荒地提出广义相对论，为其一生巅峰之作，开创现代宇宙学。可谓"画形于无象，造响于无声"。

爱因斯坦其他的贡献：提出量子纠缠；预言激光的产生机制；建立固体物理理论的爱因斯坦模型，解决低温比热趋于 0 的矛盾；预言低温下原子系统的凝聚，后人称之为玻色–爱因斯坦凝聚。

爱因斯坦乃轻外物而自重者，是圣人，非圣人不知圣人，如非豪杰不知豪杰，非奸雄不知奸雄也。所以笔者不能解答自己提出的问题。但是爱因斯坦的思考有如下的特点，他的见识是常人难以企及的：

（1）他注重感觉经验（记忆形象和表象）之间的联系的理解，提出构造性理论（例如他解释布朗运动的理论）。他认为物理学家不能简单地把对理论基础的批判性的深沉思考交给哲学家，并以他发现的质–能关系 $E = mc^2$ 加以说明。在狭义相对论提出以前，能量守恒定律和质量守恒定律是彼此独立的，是爱因斯坦将它们"融合"成了质能相当定律。

（2）他善于从感觉经验中（复合和总和）抽象出概念，这是他自由意志的产物。他明确什么是原始概念，发展出原理性理论。他认为物理基础不是来自对经验的归纳，概念建立的过程比理解概念更难。例如，他说："狭义相对论这一发现绝不是逻辑思维的成就，尽管最终的结果同逻辑形成有关。"

（3）他善于将相互关联的概念排序，并赋予一套有规则的陈述，明确科学体系的层次。例如，他说：在法拉第——麦克斯韦这一对，同伽利略——牛顿这一对之间，有着非常值得注意的内在相似性——每一对中的第一位都直觉地抓住了事物的联系，而第二位则严格地用公式把这些联系表述了出来，并且定量地应用了它们。

笔者认为这些就是爱因斯坦的物理通感，是物理理论的创造缘起，远不止于通常所述的格物致知，也不同于文学创作的"因缘生法"。他自己也总结说："一切理论的最高目标是让这些不可通约的基本原理尽可能地简单，同时又不必放弃任何凡是有经验内容的充分表示。"

诚然，爱因斯坦不是万能的，在数学物理方面他逊色于狄拉克，不擅长纯粹依靠数学而取得重大成果的本领。例如，他对于理解和运用狄拉克符号感到困难。而狄拉克的物理通感则来自于欣赏数学的美。笔者对量子物理的通感也是源于笔者发明了有序算符内的积分方法。

第 2 章　类比弹簧振动和单摆摆动的心得

振动和波是物理学的基元，无处不在，笔者写对联谓之曰："生命周期短似摆，梦境频率复如簧。"本章将摆与簧一起来考虑，给出一些应用弹簧和摆的振动公式的心得。

2.1　振动频率平方值的物理意义

对弹簧振动和单摆摆动的思考可以追溯到最原始的考虑——自由落体。

已知匀加速运动的规律，竖直下降自由落体的距离公式是

$$s = \frac{1}{2}gt^2$$

如何与单摆摆动联想起来呢？例如，可以想象以一根无形的线拴住的单摆，释放后的摆锤是在一个半径很大的圆弧上摆动，那么在很远处看，圆弧可以勉强看作竖直下降的落体之局部范围，再想象其运动轨迹弧长 $2s$ 与摆长 l 可比拟，于是从上式可以定性地估计单摆的周期比例于

$$t \sim \sqrt{\frac{l}{g}}$$

这与从单摆的动力矩方程

$$ml^2\ddot{\theta} = -mgl\sin\theta \approx -mgl\theta$$

即

$$\ddot{\theta} + \frac{g}{l}\theta = 0$$

（这是振动方程的标准型）读出的单摆摆动频率的结果一致，即

$$\omega^2 = \frac{g}{l}$$

在单摆摆角很小情形下，恢复力即 F 摆球重力 mg 在垂直摆体方向的分力，$F = -\frac{mg}{l}x$，改写上式为

$$\omega^2 = \frac{g}{l} = \frac{\frac{mg}{l}}{m}$$

再与弹簧的伸长方程 $F = -kx$ 比较，可见 $\frac{mg}{l} \sim k$，所以

$$\omega^2 = \frac{k}{m}$$

这就是弹性系数为 k 的弹簧振子的频率，可见单摆与弹簧这两者值得类比。

那么，弹簧性能和单摆性能有区别吗？

当然有，当单摆悬在加速度为 a 的电梯中，由于失重或超重，其摆动频率会变；而连着 m 的轻弹簧挂在加速的电梯中，振动频率 $\sqrt{\frac{k}{m}}$ 不变，只是弹簧的平衡长度增加了 $\frac{ma}{k}$。

如图 2.1 所示，悬挂在天花板上的弹簧底端挂有 2 个同样质量皆为 m 的物体，弹簧的自然长度伸长 $l = 2\,\mathrm{cm}$。忽然一物掉了，求另一物的运动状态。

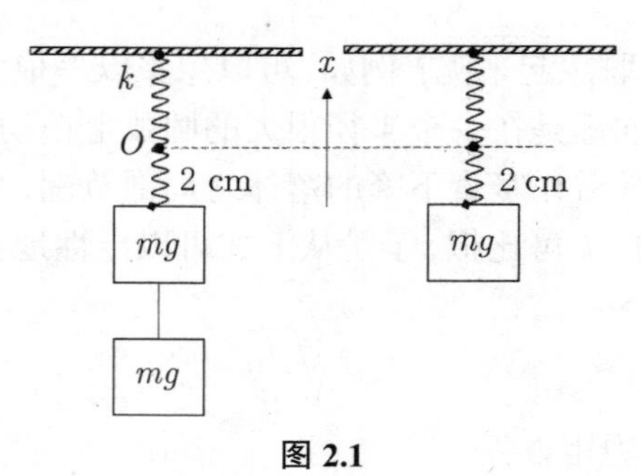

图 2.1

$$k \cdot l = 2mg$$

$$k = \frac{2mg}{l}$$

选弹簧的自然长度位置 O 为坐标原点，x 轴竖直向上，弹簧力为 kx，则

$$m\ddot{x} = kx - mg$$

代入 $k = \frac{2mg}{l}$，得到

$$\ddot{x} = g\left(\frac{2x}{l} - 1\right)$$

令 $\frac{2x}{l} - 1 = y$，则

$$\ddot{y} \cdot \frac{l}{2} = gy$$

其解是

$$y = A\cos\left(\sqrt{\frac{2g}{l}}t + \alpha\right)$$

或

$$\frac{2x}{l} = 1 + A\cos\left(\sqrt{\frac{2g}{l}}t + \alpha\right)$$

A 为振幅，α 是初相，从初始条件 $x = -2\,\mathrm{cm}$ 可以求出

$$\alpha = 0, \quad A = -3$$

故

$$\frac{2x}{l} = 1 - 3\cos\left(\sqrt{\frac{2g}{l}}t\right) = 1 - 3\cos\left(\sqrt{\frac{k}{m}}t\right)$$

从此题可见，频率只与 $\frac{k}{m}$ 有关，与初始状态无关。

弹性振动在自然界随处可见。如图 2.2 所示，一个重为 M 的马达放在一个硬橡胶垫子上，埋下去深为 x 深，可见垫子的弹性系数为 $k = Mg/x$，于是就可以进一步知道马达开动时可达到的竖直方向的共振频率是 $\omega = \sqrt{\frac{k}{M}} = \sqrt{g/x}$，转数是 $\omega/(2\pi)$，马达应该避免此转数，以防共振带来的破坏。

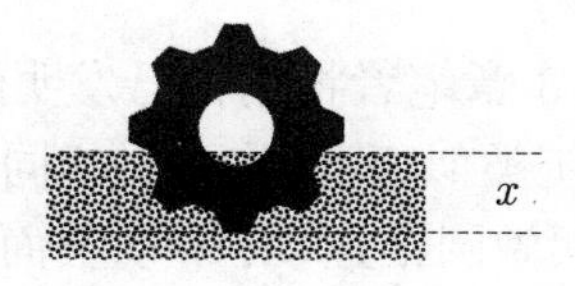

图 2.2

又如：几个人共计重 M，坐上一辆小轿车，车底盘下降了 y，当车在有起伏的道路上行驶时出现有规则的颠簸，可以从轿车的共振频率 $\sqrt{\dfrac{Mg}{y}}$ 了解路况。

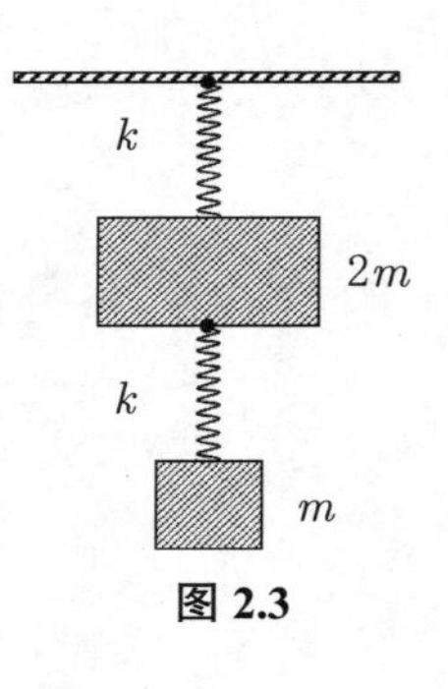

图 2.3

因此说到底（回到本原），从 $\omega^2=\dfrac{g}{l}=\dfrac{\frac{mg}{l}}{m}\equiv\dfrac{k}{m}$ 可见其物理意义是，元质量物体经历元位移所受的恢复力。这是"吃透"公式的一层意思（对于多体振动还有另一层意思，见下面说的简正频率）。掌握了这一点，就可以立即知道图 2.3 中的由两个质量为 m_2 和 m_1 的相同弹簧组成的系统，$m_2=2m$，$m_1=m$，其振动频率（元位移所受的恢复力）是

$$\omega^2=\frac{k}{m}\left(1\pm\frac{\sqrt{2}}{2}\right)$$

关于此结果的严格推导，可列出两个物体伸长受到的恢复力及牛顿方程解之：

设 x_1,x_2 分别是两个物体的竖直方向上的位移，即上面那根弹簧伸长了 x_2，下面那根弹簧就伸长了 (x_1-x_2)，m_2 受到两个弹簧的作用，考虑到振动频率只是与弹簧的 k 和 m 有关，牛顿方程为

$$2m\ddot{x}_2=-kx_2-k\left(x_2-x_1\right)=-2kx_2+kx_1$$

m_1 受到一个弹簧的作用，牛顿方程为

$$m\ddot{x}_1=-k\left(x_1-x_2\right)$$

联立就可得到

$$\begin{pmatrix}\ddot{x}_1\\ \ddot{x}_2\end{pmatrix}=\frac{k}{m}\begin{pmatrix}-1 & 1\\ \frac{1}{2} & -1\end{pmatrix}\begin{pmatrix}x_1\\ x_2\end{pmatrix}$$

解其本征值即可。在第 3 章笔者将用自己发明的新方法再解一遍。

与此弹簧系统类似，我们将两个相同的单摆连在一起，如图 2.4 所示，让下面的单摆做圆锥运动，带动上面的单摆也做圆锥运动，但圆锥角不同，分别是 α 和 β，求角速度。

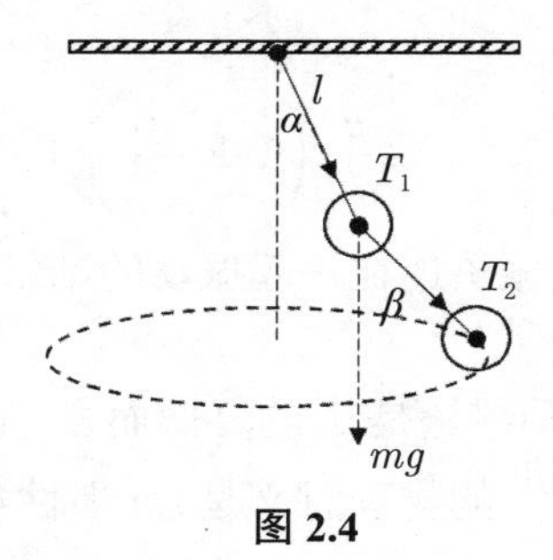

图 2.4

$$\omega^2 = 2\frac{g}{l}\left(1 \pm \frac{1}{\sqrt{2}}\right)$$

提示: 两个相同的单摆连在一起做圆锥运动, 故 ω 相同, 对下面的绳子上的张力 T_2 有

$$T_2 \cos\beta = mg$$

和向心力方程

$$T_2 \sin\beta = ml\left(\sin\alpha + \sin\beta\right)\omega^2$$

由此导出

$$g\tan\beta = l\left(\sin\alpha + \sin\beta\right)\omega^2$$

对上面的绳子上的张力 T_1 建立方程

$$T_1 \cos\alpha = mg + T_2 \cos\beta$$

$$T_1 \sin\alpha - T_2 \sin\beta = \omega^2 ml \sin\alpha$$

导出

$$2g\tan\alpha - l\omega^2 \sin\alpha - g\tan\beta = 0$$

联立最后两个方程可得到

$$\left(\omega^2 l - 2g\right)\alpha + g\beta = 0$$

$$\omega^2 l\alpha + \left(\omega^2 l - g\right)\beta = 0$$

于是

$$\omega^4 - 4\frac{g}{l}\omega^2 + 2\left(\frac{g}{l}\right)^2 = 0$$

故

$$\omega^2 = 2\frac{g}{l}\left(1 \pm \frac{1}{\sqrt{2}}\right)$$

此结果与上题两个弹簧振子连在一起振动的结果类似。说明摆与簧有共性。

复摆情形：对于转动惯量是 I 的复摆而言，记 h 是复摆质心到转轴的距离，则 $\omega^2 = \frac{mgh}{I}$ 的物理意义是，元惯性量物体经历元角位移所受的恢复力矩。

引申：从弹簧的频率公式，我们可以想象出波在柔软弦上的传播速度公式。设想人骑在波上一起行进，看到的是弦的微元 $\mathrm{d}l$ 鼓起了一个半径为 r 的小包，粗略地认为它在做圆周运动，向心力是 $T = \eta \mathrm{d}l\omega^2 r$，$\eta$ 是弦的线质量密度，于是角速度 $\omega = \sqrt{\frac{T}{\eta \mathrm{d}lr}}$，波速度 $\omega r = \sqrt{\frac{Tr}{\eta \mathrm{d}l}}$，鉴于 r 与 $\mathrm{d}l$ 是同一数量级，故弦上的波速度约为 $\sqrt{\frac{T}{\eta}}$。

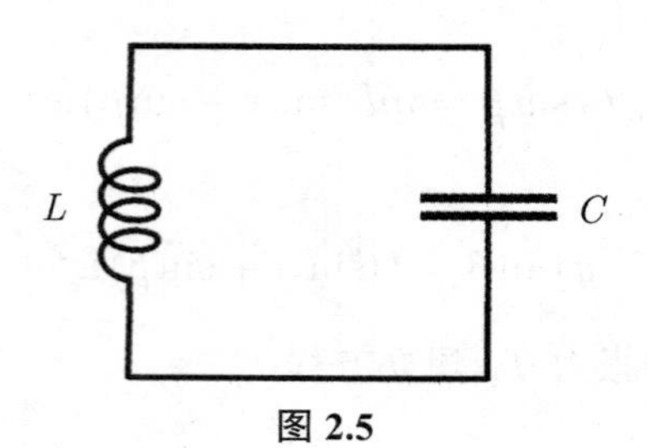

图 2.5

学过电磁学的人都知道，一个电容 C 上的电压 $V = \frac{Q}{C}$，电感 L 上产生的电压是 $-L\frac{\mathrm{d}I}{\mathrm{d}t}$，所以在 LC 组成的振荡器中 $\frac{Q}{C} = -L\frac{\mathrm{d}I}{\mathrm{d}t}$，两边对时间求导得到

$$-L\frac{\mathrm{d}^2 I}{\mathrm{d}t^2} = \frac{I}{C}$$

故其电流振荡频率

$$\omega^2 = \frac{1}{LC}$$

相当于一个谐振子（弹簧）振动频率。

有了“ω^2 是元质量物体经历元位移所受的恢复力”这种理解，立刻知道两根弹簧并联时，所受的恢复力变大，等价的倔强系数（或称为刚度）是两根弹簧的刚度之和，即 $K = K_1 + K_2$。

两根弹簧串联时，定义刚度的倒数 $\frac{1}{K}$ 为柔度，则与两根串联弹簧等价的一根弹簧柔度是 $\frac{1}{K}=\frac{1}{K_1}+\frac{1}{K_2}$，即表示对于传递在它们个别的单位力的伸长分别是 $\frac{1}{K_1}$ 和 $\frac{1}{K_2}$，总伸长就是 $\frac{1}{K_1}+\frac{1}{K_2}$，按照定义，这就是合成弹簧常数的倒数。

如图 2.6 所示，将一根盘簧分割成两个相等的部分，求每一部分的刚度。

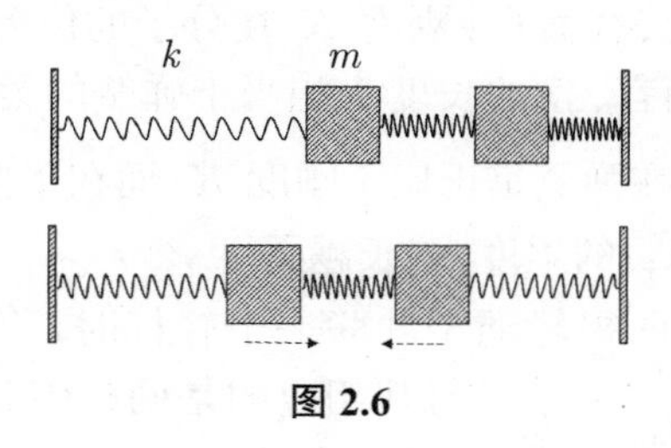

图 2.6

基于同样的理解，就可以立刻知道图 2.6 的两个质量都是 m 的物体约束在三个全同的弹簧（弹簧系数 K）中，其本征振动频率为

$$\omega_1^2=\frac{K}{m},\qquad \omega_2^2=\frac{3K}{m}$$

判断原则是：多体振动系统中，当每个振子的单位位移都有相同的恢复力，称为简正振动模式。这是简正频率的物理意义。

解释：第一种情形是左边那根弹簧伸长 Δx，右边那根弹簧压缩 Δx，而中间弹簧长度不变，其效果是使两个物体位移了等距离；第二种情形是中间那根弹簧被左右两物体相向压缩到两倍长度 $2\Delta x$，然后与左边那根弹簧一起作用于左边那个物体，合计的恢复力是 $3K\Delta x$；右边那个物体的受力情形也是如此。此时两个物体的每单位位移都有相同的恢复力，故而也是一个简正振动模式。

与此类比，我们就可以知道如图 2.7 所示的两个电感和三个电容的元件组合，其振荡频率是

$$\omega_1^2=\frac{1}{LC}\quad 和\quad \omega_2^2=\frac{3}{LC}$$

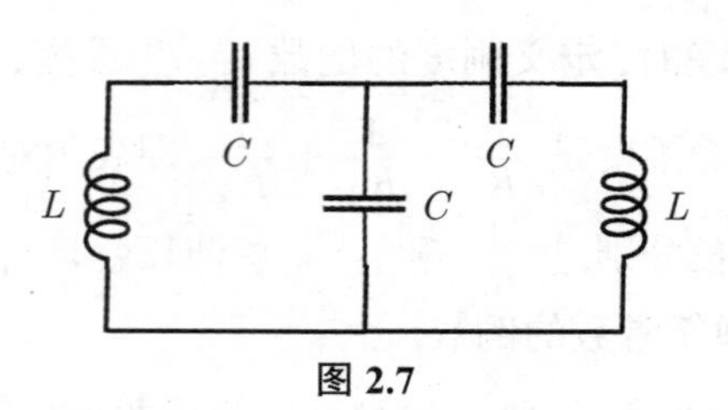

图 2.7

对照两个不同系统的振动频率公式 $\omega^2=\dfrac{g}{l}$ 与 $\omega^2=\dfrac{K}{m}$，我们总结出：对于弹簧公式而言，刚度 K 在分子的位置，ω^2 正比于刚度；而对于摆的公式而言，摆的长度 l 相当于弹簧的柔度 $\dfrac{1}{K}$，摆长越长，摆动越慢。恢复力在弹簧是正比于刚度 K，而在单摆是正比于 $\dfrac{1}{l}$，摆的长度 l 相当于弹簧的柔度，越长越柔。

例如，两根轻绳子并联一个轻杆时，等效单摆的长度满足关系式 $\dfrac{1}{l}=\dfrac{1}{l_1}+\dfrac{1}{l_2}$，与其相应的是两根弹簧的等效弹簧刚度 $K=K_1+K_2$。

如图 2.8 所示，弹簧两端分别拴着 m 和 M 两物体，两手将弹簧挤压后放松在光滑地面上，求振动频率。

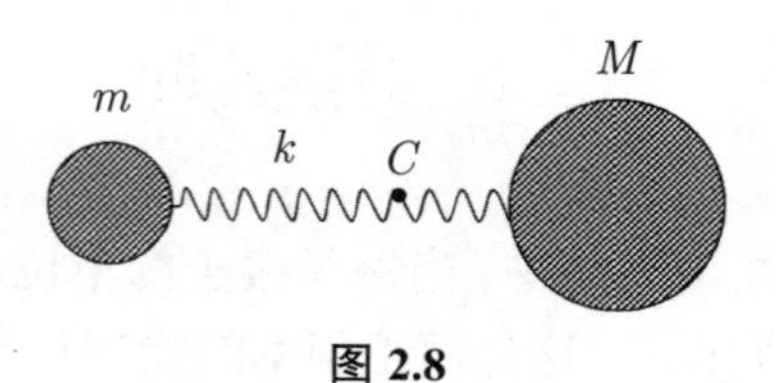

图 2.8

在足够远处看，肉眼分辨不清是两个物体，而以为只是一个等效质量为 $\dfrac{mM}{m+M}$ 的物体在振动，故频率是

$$\omega^2=\frac{K}{mM/(m+M)}$$

$\dfrac{mM}{m+M}$ 称为折合质量。然而必须指出，出于没有外力的考虑，两物的质心位置 C 其实没有移动，设想有个站在质心 C 处的人看两边的分段独立振动的频率 $\omega_1=\omega_2=\omega$。

当然，此题也可直接用牛顿定律求解，设弹簧原长是 l，m 和 M

两物体各自的位移是 x 和 X,则

$$m\ddot{x} = K(X - x - l)$$

$$M\ddot{X} = -K(X - x - l)$$

于是

$$\ddot{x} - \ddot{X} = K\frac{m+M}{mM}(X - x - l)$$

即可以求出 ω^2。于是立刻可以解答下题。

如图 2.9 所示,一个刚度 k 的轻弹簧两头分别系住一块轻挡板和一质量为 m 物体,另有一块质量为 M 之物以速度 v 撞向挡板正面,求弹簧被压缩的最大距离。

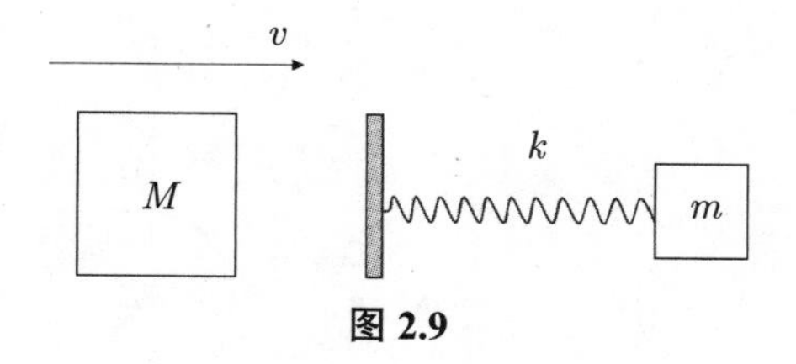

图 2.9

参照上题,弹簧被物体 M 最大压缩时,下一步相当于一个折合质量为 $\dfrac{mM}{m+M}$ 的物体要做振动了,振动频率 $\omega = \sqrt{\dfrac{k}{mM/(m+M)}}$,其倒数即为时间,弹簧伸展的距离即为弹簧被压缩的最大距离

$$x = v\sqrt{\frac{mM}{k(m+M)}}$$

此结论可由动量守恒以及机械能守恒得以验证。设 u 是弹簧被压缩到最大距离后系统之两物一起运动的速度,由动量守恒

$$Mv = (m+M)u$$

及能量守恒

$$\frac{1}{2}Mv^2 = \frac{1}{2}(M+m)u^2 + \frac{1}{2}kx^2$$

将 $u = \dfrac{M}{m+M}v$ 代入得到

$$\frac{1}{2}Mv^2 = \frac{1}{2}\frac{M^2}{M+m}v^2 + \frac{1}{2}kx^2$$

故

$$kx^2 = \frac{Mm}{M+m}v^2$$

$$x = v\sqrt{\frac{mM}{k(m+M)}}$$

由此题又联想起宇宙中的双星，见下题。

如图 2.10 所示，两颗靠得很近的星叫双星（质量分别为 m 和 M），相距 L，万有引力常数是 G，为了避免两颗星碰撞在一起，各个星绕着其质心 O 做圆周运动，角速度相同，则

$$\omega^2 = \frac{G(m+M)}{L^3}$$

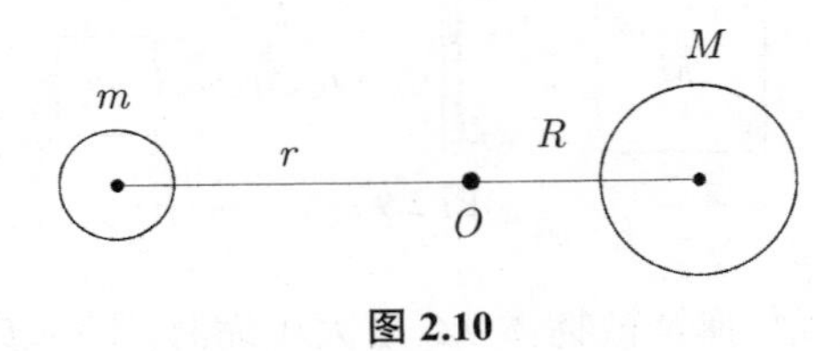

图 2.10

原因是两颗星受到的向心力分别是

$$F = m\omega^2 r = \frac{GmM}{L^2}, \quad \omega^2 r = \frac{GM}{L^2}$$

$$F = M\omega^2 R = \frac{GmM}{L^2}, \quad \omega^2 R = \frac{Gm}{L^2}$$

所以两者相加得到

$$\omega^2(r+R) = \frac{G(M+m)}{L^2}$$

由于 $r+R=L$，故得到上述结论。于是马上又可知道下题的结论。

如图 2.11 所示，一根均匀杆两端分别由两根轻绳子（长度分别是 l_1 和 l_2）悬挂，平衡时两绳子都处在竖直线互相平行，求此杆的小摆动频率。

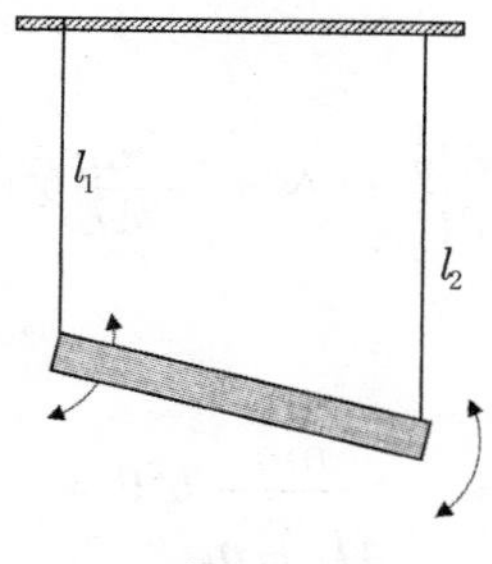

图 2.11

直观觉得，绳不可伸长，故只能摆动，l_1 和 l_2 是并联的，等效单摆的柔度是 $\frac{1}{l}=\frac{1}{l_1}+\frac{1}{l_2}=(l_1+l_2)/l_1l_2$，因此

$$\omega^2=\frac{g}{2l_1l_2/(l_1+l_2)}$$

特别地，当 $l_1=l_2=l$ 时，$\omega^2\to\frac{g}{l}$，所以在上式的分母中有一个 2。

联想题：如图 2.12 所示，两根轻绳子，各长为 L，分别牵在一杆（长 b，重 mg）的两端，两绳子另端悬挂在墙上，求杆的中心水平扭动小振幅的频率。（注意与上题的区别，前者是整个杆的摆动，杆的两端画出同样的弧线。）

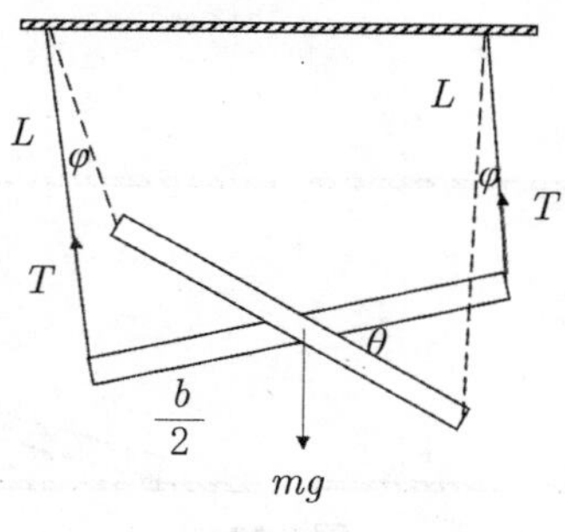

图 2.12

杆水平扭动 θ，两绳子偏离竖直位置 φ，有几何约束

$$L\varphi\approx\frac{b}{2}\theta$$

设绳的张力 $T\approx\frac{mg}{2}$，杆水平扭动的惯量 $I=\frac{b^2}{12}m$，杆水平扭动的恢复力矩为

$$N=-2T\sin\varphi\times\frac{b}{2}\cos\theta\approx-Tb\varphi=-\frac{mg}{2}b\varphi=-\frac{mg}{4L}b^2\theta$$

扭动方程

$$I\frac{\mathrm{d}^2\theta}{\mathrm{d}t^2}=N=-\frac{mg}{4L}b^2\theta$$

故有

$$\frac{\mathrm{d}^2\theta}{\mathrm{d}t^2}=-\frac{mg}{4L\frac{b^2}{12}m}b^2\theta=-\frac{3g}{L}\theta$$

所以

$$\omega^2=\frac{3g}{L}$$

与上题的结果大不同,这是因为本题的杆是做绕中心转动的摆动。

而当两根轻绳子串联时,等价于两个单摆的一个等效单摆的柔度是 l_1+l_2。

如图 2.13 所示,墙上悬挂的一根绳子牵着一根均匀杆的一头,杆的另一头可沿着光滑地面滑动,长度都是 l,当绳子在铅锤位置时,杆正好在水平位置与地面平行,求它的微振动频率。答案为 $\omega^2=\frac{g}{2l}$。

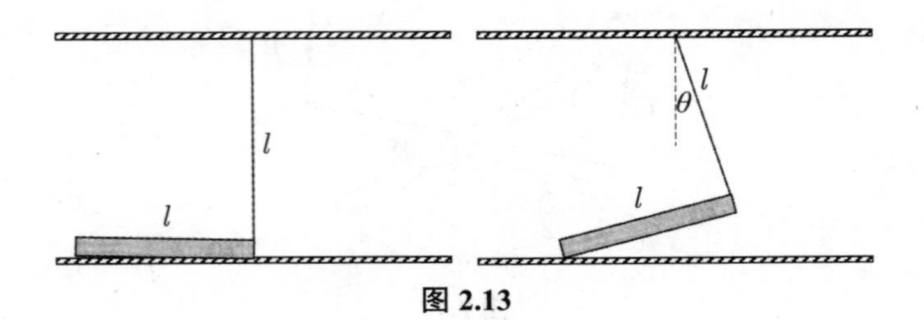

图 2.13

请注意此题中杆受地面约束,这与一根绳子牵着杆可自由运动的情形不同。于是又联想到下题。

若将上述联想题(P59)的两根不同长度的轻绳子改为两根轻弹簧 (k_1,k_2),在平衡时,杆(质量为 m,长为 L)是水平的(说明两个悬挂点不一样高,如图 2.14 所示)。让杆在竖直方向做微小振动,求振动频率。

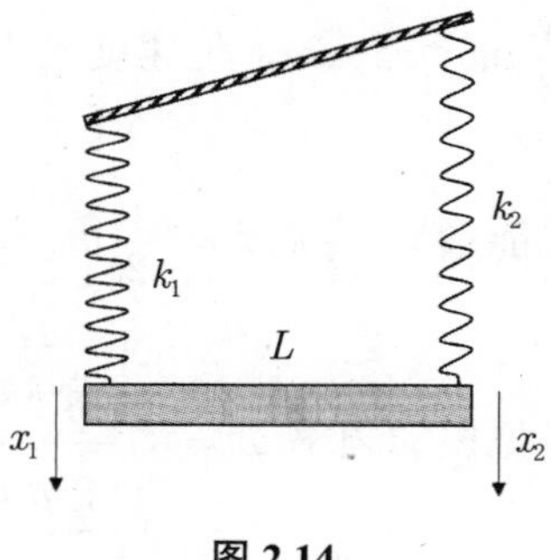

图 2.14

💡 设杆的左右两端竖直方向微小位移分别为 x_1,x_2,质心位移为 $\frac{x_1+x_2}{2}$,运动加速度为 $\frac{\mathrm{d}^2}{\mathrm{d}t^2}\frac{x_1+x_2}{2}$,由竖直方向牛顿公式

$$m\frac{\mathrm{d}^2}{\mathrm{d}t^2}\frac{x_1+x_2}{2}\equiv m\frac{\ddot{x}_1+\ddot{x}_2}{2}=-k_1x_1-k_2x_2-mg$$

设某一时刻,$x_1>x_2$,则还有绕质心的转动,转动惯量 $I=\frac{mL^2}{12}$,由合力矩 $-\frac{L}{2}(k_1x_1-k_2x_2)$ 引起,转矩方程为

$$I\left(\frac{\ddot{x}_1-\ddot{x}_2}{L/2}\right)=-\frac{L}{2}(k_1x_1-k_2x_2)$$

联立这两个方程可得解

$$\omega^2=\frac{2(k_1+k_2)\pm\sqrt{k_1^2+k_2^2-k_1k_2}}{m}$$

2.2 从能量角度考虑振动系统的频率

弹簧拉长到振幅最大时,积累势能为 $\frac{1}{2}kx_0^2$, $x=x_0\sin\omega t$, 在任何位置有动能 $\frac{1}{2}mv^2$,

$$v=x_0\omega\cos\omega t$$

加速度

$$a=-x_0\omega^2\sin\omega t$$

速度最大时的动能 $\frac{1}{2}m\omega^2x_0^2$, ωx_0 是速度最大值，加速度最大值是 $x_0\omega^2$。

$$总能量 = \frac{1}{2}kx_0^2 = \frac{1}{2}m\omega^2x_0^2$$

考察 $\sqrt{\dfrac{\frac{1}{2}kx_0^2}{\frac{1}{2}m\omega^2x_0^2}}$，可见振动频率 $\omega = \sqrt{\dfrac{\frac{1}{2}kx_0^2}{\frac{1}{2}mx_0^2}} = \sqrt{\dfrac{k}{m}}$ 。或者，在某时刻

$$总能量 = \frac{1}{2}kx^2 + \frac{1}{2}m\dot{x}^2$$

守恒，故

$$\frac{\mathrm{d}}{\mathrm{d}t}\left(\frac{1}{2}kx^2 + \frac{1}{2}m\dot{x}^2\right) = 0$$

便得到

$$m\ddot{x} + kx = 0$$

如图 2.15 所示的弹簧摆悬在墙上，摆长 l，摆杆的质量不计，摆球的质量是 m，视作质点，悬点到两个弹簧（刚度 k）的距离是 b。当摆角为 θ 时，其势能是

$$U = mgl(1-\cos\theta) + \frac{1}{2}k(b\theta)^2 \times 2 \approx mgl\frac{\theta^2}{2} + k(b\theta)^2$$

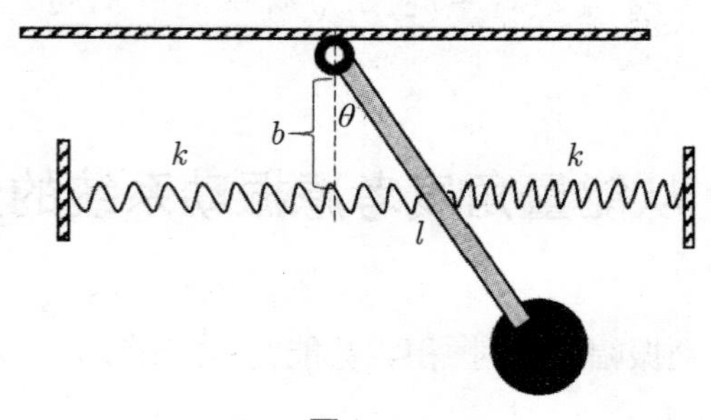

图 2.15

系统的动能

$$T = \frac{1}{2}m\left(l\dot{\theta}\right)^2, \quad \theta = \theta_{\max}\sin\omega t, \quad \dot{\theta} = \omega\theta_{\max}\cos\omega t$$

最大的动能是从最大势能转换而来的，最大势能 $mgl\dfrac{\theta_{\max}^2}{2}+k(b\theta_{\max})^2$ 对应最大的偏角 $\theta_{\max}$，所以最大的动能为 $\dfrac{1}{2}m\omega^2(l\theta_{\max})^2$，此系统的固有频率为

$$\omega^2=\frac{mgl\dfrac{\theta_{\max}^2}{2}+k(b\theta_{\max})^2}{\dfrac{1}{2}m(l\theta_{\max})^2}=\frac{2kb^2}{ml^2}+\frac{g}{l}$$

其中，$\dfrac{g}{l}$ 是摆自身的恢复力，$\dfrac{2kb^2}{ml^2}$ 是两个弹簧的贡献。

如将此装置倒置，则频率如何变化？

又如，再将上题推广为求均匀实心小球（半径为 a）在半径为 b 的固定球壳内无滑动滚动的微振动周期，并讨论微振动的实施条件。

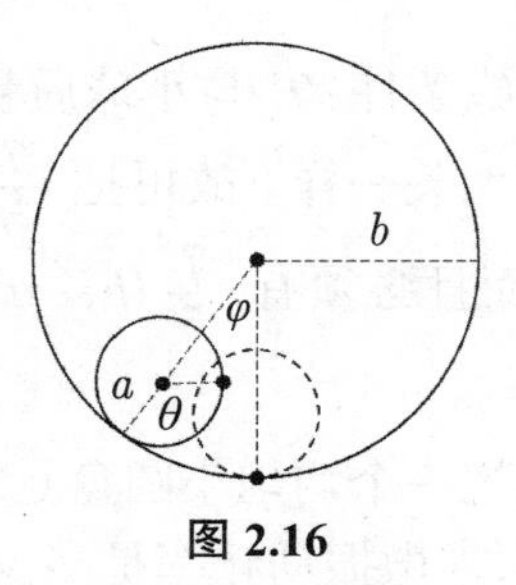

图 2.16

实心小球转动惯量$I=\dfrac{2}{5}ma^2$，小球绕质心转动能为$\dfrac{1}{2}I\dot{\theta}^2$，质心平动能为 $\dfrac{m}{2}v^2=\dfrac{m}{2}(b-a)^2\dot{\varphi}^2$，这些能量由势能转化而来，故根据机械能守恒给出

$$\begin{aligned}\frac{1}{2}I\dot{\theta}^2+\frac{m}{2}(b-a)^2\dot{\varphi}^2&=\frac{1}{5}ma^2\dot{\theta}^2+\frac{m}{2}(b-a)^2\dot{\varphi}^2\\&=mg(b-a)(\cos\varphi-\cos\varphi_0)\end{aligned}$$

代入有关小球质心速度的几何约束

$$a\dot{\theta}=(b-a)\dot{\varphi}$$

上式约化为

$$\frac{7}{10}(b-a)\dot{\varphi}^2=g(\cos\varphi-\cos\varphi_0)$$

两边对 t 微商

$$\frac{7}{5}(b-a)\ddot{\varphi}\dot{\varphi}=-g\dot{\varphi}\sin\varphi\approx-g\dot{\varphi}\varphi$$

得到振动方程

$$\frac{7}{5}(b-a)\ddot{\varphi}+g\varphi=0$$

所以球壳内微振动周期是

$$T=2\pi\sqrt{\frac{7}{5}\frac{(b-a)}{g}},\quad \omega=\sqrt{\frac{5}{7}\frac{g}{(b-a)}}$$

现讨论微振动的实施条件：T 与小球质量无关，这如同单摆的微振动周期与摆球的质量无关一样。故可把 $\frac{7}{5}(b-a)>(b-a)$ 看作一个复摆的等效摆长，而且必须有 $\frac{7}{5}(b-a)<b$，即 $a<b<\frac{5}{2}a$，复摆的摆心才落在碗内。

类似地，如果把一个均匀小圆盘（半径 a）放在一个大圆碗（半径 b）内无滑动滚动，求微振动频率是多少。

与上题的区别是，小圆盘绕质心的转动惯量 $I=\frac{1}{2}ma^2$，所以小圆盘的微振动频率是

$$\omega=\sqrt{\frac{2g}{3(b-a)}}$$

将上题推广为求均匀实圆柱体（半径为 a）在半径为 b 的固定球圆柱体内的无滑滚动的微振动周期。于是又马上可以回答如图 2.17 所示的问题：一个质量为 m 的木块置于一块板上，两者之间摩擦系数是 μ，板以频率 ω 振动，问：为了保证木块留在板上而不被甩出去，板的左右振动幅度 x_0 最大不超过多少？如果是上下振动，振幅情形又怎样？

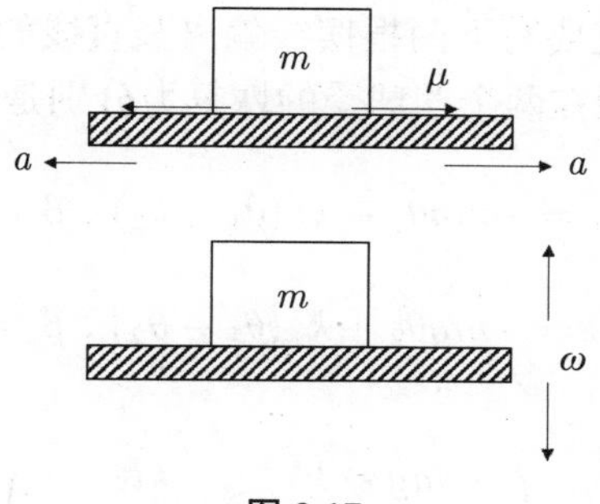

图 2.17

左右振动情况下，

$$a_{\max} = x_0\omega^2 = f/m, \quad f = \mu mg$$

故板的左右摆幅极大值是

$$x_0 = \frac{\mu g}{\omega^2}$$

上下振动时，当振动到最高处时，板的加速度达到最大，若此刻木块脱离板，正压力 F_N 消失

$$0 = F_N = mg - mx_0\omega^2$$

故板在竖直方向的最大振幅为

$$x_0 = \frac{g}{\omega^2}$$

依此观点，就可以立刻知道如图 2.18 所示的两个相同单摆之间夹一个弹簧，其一个简正振动模式是 $\omega^2 = \frac{g}{l}$，代表两个摆锤同向振动，此时弹簧未形变；而另一个是

$$\omega^2 = \frac{2K}{m} + \frac{g}{l}$$

代表两个摆锤相向振动，同时挤压弹簧，受力是 $2K\Delta x$。

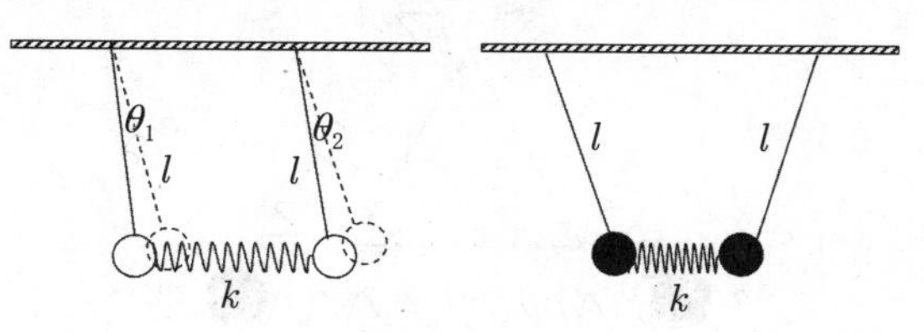

图 2.18

如要严格做,就要写下两根摆线偏离竖直线的角加速度 β_1 和 β_2 的动力学方程,体现在两个摆球受的恢复力分别是

$$ml\beta_1 = -mg\theta_1 - kl\left(\theta_1 - \theta_2\right),\ \beta_1 = \ddot{\theta}_1$$

$$ml\beta_2 = -mg\theta_2 + kl\left(\theta_1 - \theta_2\right),\ \beta_2 = \ddot{\theta}_2$$

记为

$$ml\begin{pmatrix}\ddot{\theta}_1\\ \ddot{\theta}_2\end{pmatrix} = \begin{pmatrix} -mg-kl & kl \\ kl & -mg-kl\end{pmatrix}\begin{pmatrix}\theta_1\\ \theta_2\end{pmatrix}$$

从此 2×2 矩阵的行列式的性质即可知 $\omega^2 = \dfrac{2K}{m} + \dfrac{g}{l}$。

思考题:一根弹簧竖直悬挂在天花板上,下挂一重物 mg 让它渐渐地下降到平衡位置,发现弹簧伸长了 d。问:将此物挂在弹簧上以后自由下落,弹簧伸长多少?

弹簧的刚性系数为

$$\frac{mg}{d} = k$$

此物挂在弹簧上以后自由下落,设弹簧伸长 y,由

$$\frac{1}{2}ky^2 = mgy$$

知道

$$y = \frac{2}{k}mg = 2d$$

如图 2.19 所示,三个相同轻弹簧组成等边三角形,顶端连接三个球,求其振动的"呼吸"模式,即三个弹簧振动是同相位。

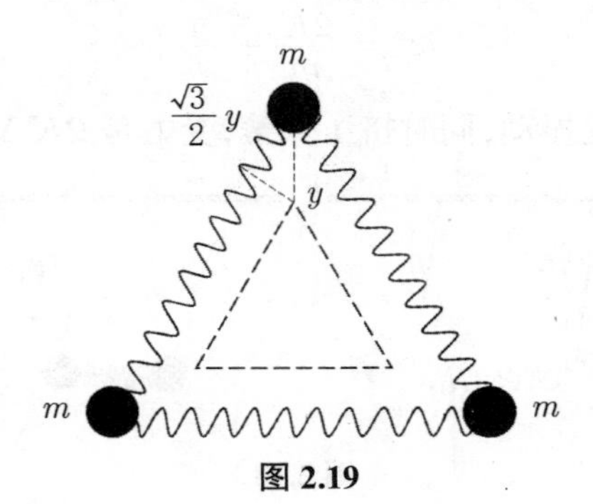

图 2.19

总势能

$$3 \times \frac{1}{2}k\left(2\frac{\sqrt{3}}{2}y\right)^2 = \frac{9}{2}ky^2$$

动能

$$3 \times \frac{1}{2}m\omega^2 y^2$$

故

$$\omega^2 = \frac{3k}{m}$$

2.3　从运动瞬时量考虑振动系统的频率

上一节是用运动累积量的观点，本节我们从运动瞬时量的角度考虑振动系统的频率。

已知一个单摆的最大速度是 v，最大加速度是 a，求摆的周期。

摆球势能全部转换为动能时速度最大，此刻摆球在最低位置

$$\frac{1}{2}mv^2 = mgl(1-\cos\varphi) \approx mgl\frac{\varphi^2}{2}$$

φ 是最大偏离角，故

$$v = \sqrt{gl}\varphi$$

或引入振幅 A，由 $\varphi = \dfrac{A}{l}$，

$$v = \sqrt{g/l}A = 2\pi\frac{A}{T}$$

另一方面，摆球在最大偏离角处受恢复力最大 $mg\sin\varphi = ma$，最大加速度 $a = g\sin\varphi \approx g\varphi$，$\dfrac{v}{a} = \sqrt{l/g}$，因此

$$T = 2\pi\sqrt{\frac{l}{g}} = 2\pi\frac{v}{a}$$

可以立刻写出下题的答案。

如图 2.20 所示，重 M 的滑车内有一个单摆悬挂着，摆线长 l，摆球重 m，滑车与地面无摩擦，求摆球摆动频率。

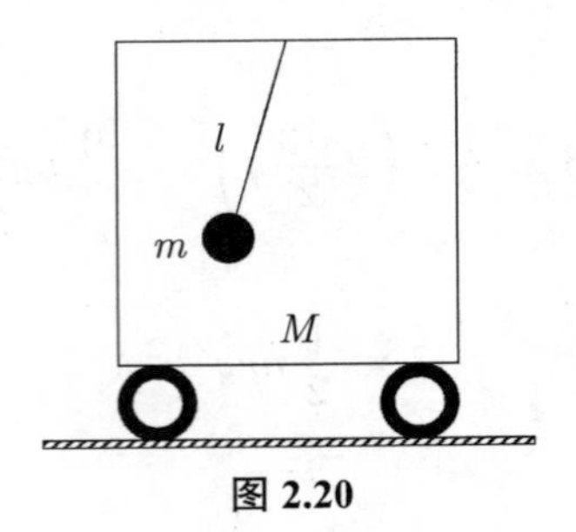

图 2.20

💡 如滑车固定在地面上，则 $T=2\pi\sqrt{\frac{l}{g}}$ 。当滑车可以自由滚动时，摆球 m 的摆动使得滑车也晃荡起来，摆球的能量有一部分分给滑车。摆角的最大位置变小，相当于重力加速度变大，$g\to g\frac{m+M}{M}$ ，所以周期变成

$$T\to 2\pi\sqrt{\frac{lM}{g\left(m+M\right)}}$$

可以把滑车想象就是地球，M 很大，$\frac{m+M}{M}\approx 1$，即回到地球上普通的单摆情形。如果我们换一个观点，摆球绕质心的摆长为 $l\frac{M}{m+M}$，也可以得到同一结论。

🎓 如果此摆球是一个沙漏，不断地有细沙在摆动时流出，求周期的变化。

📘 再研究一个弹簧与摆的复合系统。如图 2.21 所示，天花板下垂一弹簧，原长为 L_0，弹性系数为 k，下挂一均匀杆，长为 l，质量 M，设弹簧只是在竖直方向振动，求杆的微小振动周期。

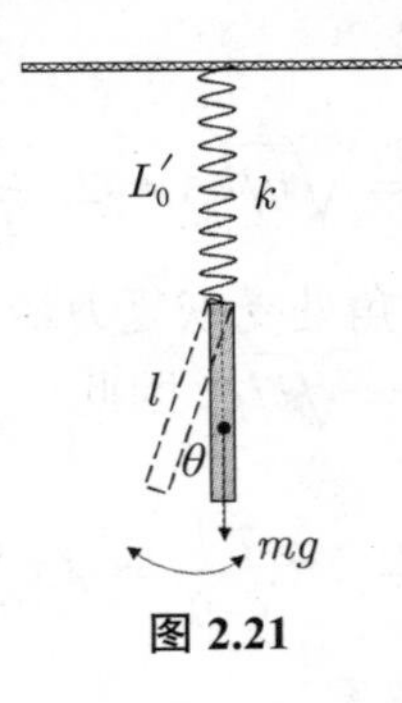

图 2.21

💡 设弹簧挂上杆后的平衡位置的弹簧长是 L_0'，考察杆的微小摆动引起的弹簧伸长 y，设此时杆的偏角是 θ，转动角速度是 $\dot{\theta}$，杆的

动能是其质心动能 T_c

$$T_c = \frac{M}{2}\left[\left(\frac{l}{2}\cos\theta\dot{\theta}\right)^2 + \left(\dot{y} + \frac{l}{2}\sin\theta\dot{\theta}\right)^2\right]$$
$$\approx \frac{M}{2}\left[\frac{l^2}{4}\dot{\theta}^2 + \dot{y}^2\right]$$

和绕质心的转动能

$$T_r = \frac{I_c}{2}\dot{\theta}^2 = \frac{M}{24}l^2\dot{\theta}^2$$

所以总动能是

$$T = T_c + T_r = \frac{M}{2}\dot{y}^2 + M\frac{l^2}{6}\dot{\theta}^2$$

系统的势能

$$V = Mg\frac{l}{2}(1-\cos\theta) - Mgy + \frac{k}{2}(L_0' + y - L_0)^2 - \frac{k}{2}(L_0' - L_0)^2$$

其中

$$(L_0' - L_0)k = Mg$$

故

$$V = \frac{k}{2}y^2 + \frac{1}{4}Mgl\theta^2$$

对照 T 与 V 的表达式,考察

$$\sqrt{\frac{\frac{k}{2}y^2}{\frac{M}{2}\dot{y}^2}},\quad \sqrt{\frac{\frac{1}{4}Mgl\theta^2}{M\frac{l^2}{6}\dot{\theta}^2}} = \sqrt{\frac{3g}{2l}}$$

可知这个弹簧与摆的复合系统有两个本征频率:

$$\sqrt{\frac{k}{M}},\quad \sqrt{\frac{3g}{2l}}$$

如图 2.22 所示,两个墙壁之间各连一个相同的弹簧,两个弹簧之间连接着一个滑块 m_1 可以在光滑的桌面上运动,滑块挂有一根长为 l 的单摆,摆球质量是 m_2。求系统的小振动频率。

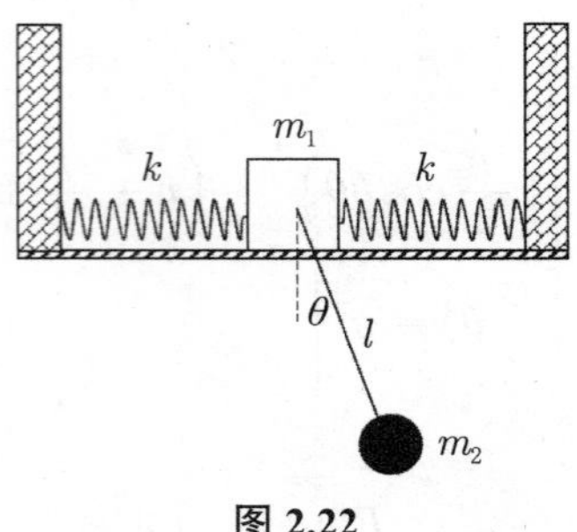

图 2.22

$$\omega^2 = \frac{(m_1+m_2)\,g + 2kl \pm \sqrt{\left[(m_1+m_2)\,g+2kl\right]^2 - 8m_1lkg}}{2m_1l}$$
$$= \frac{(m_1+m_2)\,g+2kl}{2m_1l} \pm \sqrt{\left[\frac{(m_1+m_2)\,g+2kl}{2m_1l}\right]^2 - \frac{2kg}{m_1l}}$$

这里的$\dfrac{2kg}{m_1l} = \dfrac{2k}{m_1} \times \dfrac{g}{l}$ 代表弹簧振子运动与单摆运动之间的耦合,是量子纠缠的经典类比。

特别地,当 $k=0$ 时,设想滑块 m_1 两端并无弹簧而自由滑动,在光滑的桌面上运动的一个滑块 m_1,滑块系着一根长为 l 的单摆,摆球质量为 m_2,其小振动频率是

$$\omega^2 \to \frac{(m_1+m_2)\,g}{m_1l}$$

我们采取另一想法,从远处看,是滑块和摆球的质心在摆,质心离开摆球挂点的距离是 $\dfrac{m_1l}{m_1+m_2}$,故也得到振动频率是

$$\omega^2 = \frac{g}{\dfrac{m_1l}{m_1+m_2}}$$

严格详解:用 1.2.2 小节中“即时物理量”和“累积物理量”的互换知识,可对摆线偏离竖直线的角度 θ,以及对滑块的坐标 x,分别从动能与势能着手。动能是

$$T = \frac{1}{2}m_1\dot{x}^2 + \frac{m_2}{2}\left[(\dot{x}+l\dot{\theta}\cos\theta)^2 + l^2\dot{\theta}^2\sin^2\theta\right]$$

其中

$$(\dot{x}+l\dot{\theta}\cos\theta)^2 + l^2\dot{\theta}^2\sin^2\theta = \dot{x}^2 + l^2\dot{\theta}^2 + 2\dot{x}l\dot{\theta}\cos\theta$$

反映了摆球同时参与滑动和摆动的速度合成规则，即三角形余弦定理。势能是

$$V = -m_2 gl\cos\theta + 2 \times \frac{1}{2}kx^2$$

从 $L = T - V$ 以及

$$\frac{\mathrm{d}}{\mathrm{d}t}\frac{\partial L}{\partial \dot{x}} = \frac{\partial L}{\partial x}, \quad \frac{\mathrm{d}}{\mathrm{d}t}\frac{\partial L}{\partial \dot{\theta}} = \frac{\partial L}{\partial \theta}$$

导出动力学方程

$$\begin{aligned}&(m_1 + m_2)\ddot{x} + m_2 l\ddot{\theta}\cos\theta - m_2 l\dot{\theta}^2\sin\theta + 2kx = 0\\&l\ddot{\theta} + \ddot{x}\cos\theta + g\sin\theta = 0\end{aligned}$$

在小振动时，$\cos\theta \approx 1, \sin\theta \approx \theta$，故上两式约化为

$$\begin{aligned}&(m_1 + m_2)\ddot{x} + m_2 l\ddot{\theta} + 2kx = 0\\&l\ddot{\theta} + \ddot{x} + g\theta = 0\end{aligned}$$

即

$$\begin{aligned}&m_1\ddot{x} = m_2 g\theta - 2kx\\&m_1 l\ddot{\theta} = 2kx - g(m_1 + m_2)\theta\end{aligned}$$

写成矩阵方程

$$\begin{pmatrix}\ddot{x}\\ \ddot{\theta}\end{pmatrix} = \frac{1}{m_1}\begin{pmatrix}-2k & m_2 g\\ \dfrac{2k}{l} & -\dfrac{g(m_1 + m_2)}{l}\end{pmatrix}\begin{pmatrix}x\\ \theta\end{pmatrix}$$

对角化此矩阵，即可得到上述的本征频率。

之所以在此提及两个弹簧之间夹一个滑块在光滑的地面上附带一个单摆运动，是因为此题可类比于两个电容－电感耦合电路（如图 2.23 所示），耦合是由互感 μ 实现的。互感对应于上题中在两个弹簧之间晃荡的单摆的耦合。其振动频率可以用下一节介绍的方法求得，为

$$\begin{aligned}\Omega^2 &= \frac{C_1L_1 + C_2L_2 \pm \sqrt{(C_2L_2 - C_1L_1)^2 + 4\mu^2 C_1C_2}}{2C_1C_2(L_1L_2 - \mu^2)}\\&= \frac{C_1L_1 + C_2L_2 \pm \sqrt{(C_2L_2 + C_1L_1)^2 - 4C_1C_2(L_1L_2 - \mu^2)}}{2C_1C_2(L_1L_2 - \mu^2)}\end{aligned}$$

$$= \frac{C_1L_1 + C_2L_2}{2C_1C_2(L_1L_2 - \mu^2)}$$

$$\pm \sqrt{\left[\frac{(C_2L_2 + C_1L_1)}{2C_1C_2(L_1L_2 - \mu^2)}\right]^2 - \frac{1}{C_1C_2(L_1L_2 - \mu^2)}}$$

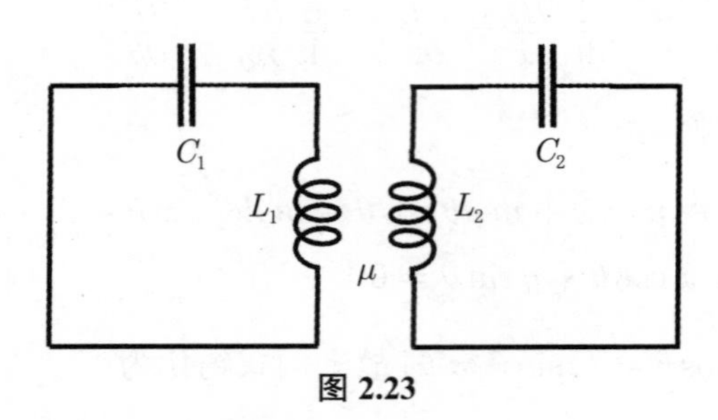

图 2.23

比较前面弹簧－单摆系统的振动频率 ω^2 的数学形式,有如下类比

$$\frac{(m_1 + m_2)g + 2kl}{2m_1 l} \to \frac{C_1L_1 + C_2L_2}{2C_1C_2(L_1L_2 - \mu^2)}$$

$$\frac{2kg}{m_1 l} \to \frac{1}{C_1C_2(L_1L_2 - \mu^2)}$$

我们也曾用量子纠缠态表象解此问题。

2.4 从单摆引申出去的思考

有的问题初看与单摆不相干,分析以后却看到有相似处。

电动机一般由定子线圈和转子线圈组成,定子质量 m_1 固定地连着电动机转轴的轴承,质心在转轴 O 上;转子质量 m_2,其质心偏离转轴 O 的长度是 l,问:尚未固定底座的这个电动机在什么转速下会蹦起来?

当转子质心转动到 O 的下方时,把它看成一个长为 $\frac{m_2}{m_1+m_2}l$ 的单摆,于是根据单摆振动频率公式得到,当转速 ω

$$\omega > \sqrt{\frac{g}{\frac{m_2}{m_1+m_2}l}}$$

电动机会蹦起来。此题也可从转子转动向心力 $m_2lm^2 > (m_1+m_2)\,\mathrm{g}$ 来考虑。

又如,一正方形木块长 l,密度为 ρ_1,浮在某种密度为 ρ_2 的液面上,浸入液体里的长度为 h(图 2.14)。现在用手使力按下木块 x 后松开,求木块的运动状况。

重力与浮力平衡方程

$$l^3\rho_1 g = l^2 h\rho_2 g$$

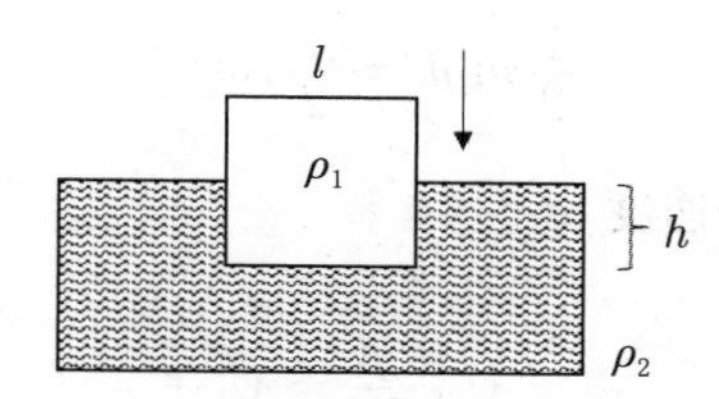

图 2.24

故 $\rho_1 = \rho_2 h/l$。按下 x 后,木块的回升力是

$$\begin{aligned}F &= l^3\rho_1 g - l^2(h+x)\rho_2 g\\ &= l^3 g\rho_2 h/l - l^2(h+x)\rho_2 g\\ &= -l^2\rho_2 gx \equiv -kx\end{aligned}$$

类比弹簧,可知木块的振动频率

$$\omega^2 = \frac{k}{m} = \frac{kg}{l^3\rho_1} = \frac{\rho_2}{l\rho_1} = \frac{g}{h}$$

可见,它与长为 h 的单摆摆动频率的结果类似。

反之,有的问题看似单摆,却与单摆不同。

如图 2.25 所示,一根均匀杆长为 l,质量 m,可绕其固定一端的轴而转动,求从水平位置释放时的角加速度和杆转到竖直位置时的角速度 ω。

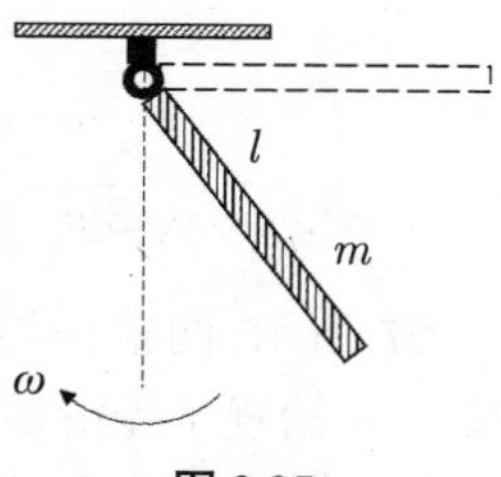

图 2.25

水平位置释放时,绕其固定端力矩 $M=\frac{1}{2}mgl$,转动惯量

$$I=\frac{1}{3}ml^2$$

起始角加速度

$$\beta=\frac{M}{I}=\frac{3g}{2l}$$

杆转到竖直位置时,势能转化为转动能

$$\frac{1}{2}mgl=\frac{1}{2}I\omega^2$$

转到竖直位置时的角速度 ω

$$\omega=\sqrt{\frac{mgl}{I}}=\sqrt{\frac{3g}{l}}$$

推广:求此杆从与竖直线成 θ 角位置释放时的角加速度和杆转到竖直位置时的角速度 ω;求杆从水平位置释放转到竖直位置时所需的时间。

如图 2.26 所示,墙边靠着一根均匀杆,长为 l,质量为 m,从竖直位置倒向地面,设杆靠墙和地面交接端没有移动,求另一端倒地时的速率。

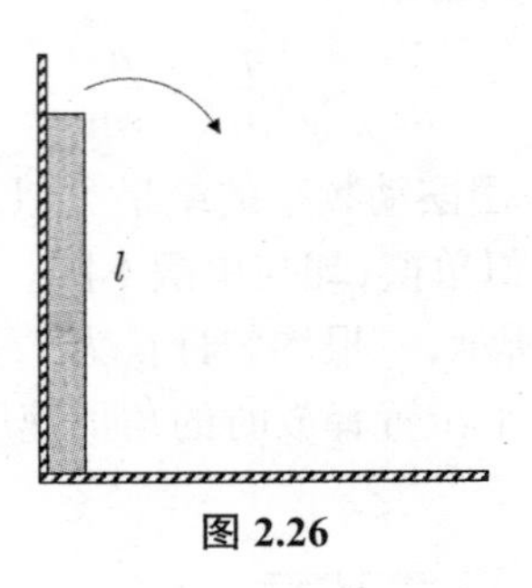

图 2.26

接着上题,得

$$v=\omega l=\sqrt{3gl}$$

联想题:如图 2.27 所示,两根均匀杆由铰链相接在 O 点成一梯子,梯子重 mg,杆长 l,开始置于光滑地面上,铰链点离开地面高 h,求梯子自行"瘫痪"在地时杆的角速度和铰链点的速度。

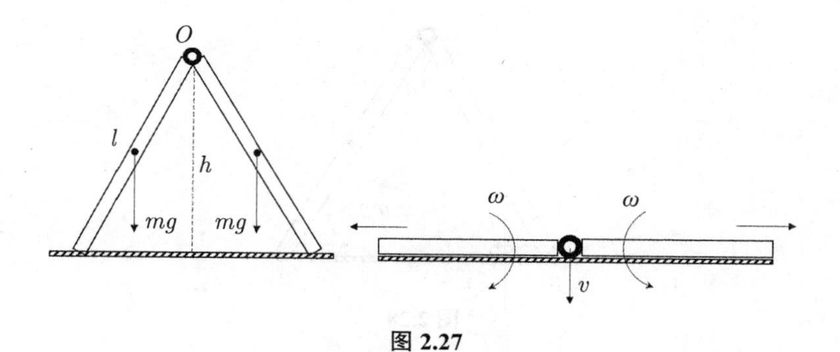

图 2.27

O 点到了地面时速度 v 竖直向下，没受到耗散力，机械能守恒。释放势能是 $2mg \times \dfrac{h}{2} = mgh$，每根杆绕 O 点的转动惯量 $I = \dfrac{1}{3}ml^2$，梯子自行变成“瘫痪”时的动能

$$2 \times \frac{1}{2}I\omega^2 = \frac{1}{3}ml^2\omega^2$$

故

$$\sqrt{\frac{3gh}{l^2}} = \omega$$

因为质心水平位置不变，铰链点的速度 v 竖直向下，

$$v = l\omega = \sqrt{3gh}$$

我们可以进一步分析动能的组分，每根杆绕其质心转动的转动惯量是 $\dfrac{1}{12}ml^2$，绕其质心转动的动能

$$2 \times \frac{1}{2} \times \frac{1}{12}ml^2\omega^2 = \frac{1}{12}mv^2$$

所以质心平动能是 $\dfrac{1}{4}mv^2$。

它为何大于一个小球在高 h 处自由落下的速度 $\sqrt{2gh}$?

联想题：如图 2.28 所示，若梯子放在有摩擦的地面上，张角是 2θ，求地面与梯子的摩擦系数 μ 多大，能抑止梯子不“瘫痪”在地。

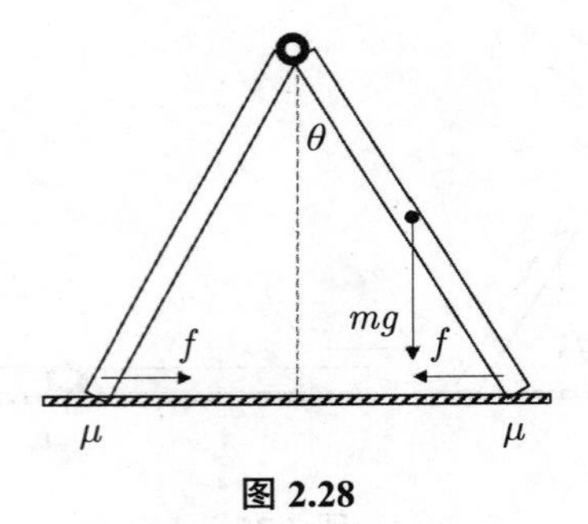

图 2.28

💡 如图 2.28 所示,摩擦力为

$$f=\mu N=\mu mg$$

以铰链点为参考点的力矩平衡方程

$$fl\cos\theta=mg\frac{l}{2}\sin\theta$$

$$\tan\theta=\frac{2f}{mg}=\frac{2f}{N}=2\mu$$

$$\theta=\tan^{-1}(2\mu)$$

📘 如图 2.29 所示,从竖直线而自然倾倒的均匀直杆,长为 L,此杆是在光滑水平地面上滑倒的,求当杆与竖直线成 φ 角时,质心的速度。

💡 无水平力作用,故质心位置只是竖直下移,当杆与竖直线成 φ 角时质心下移 y

$$y=\frac{L}{2}(1-\cos\varphi)$$

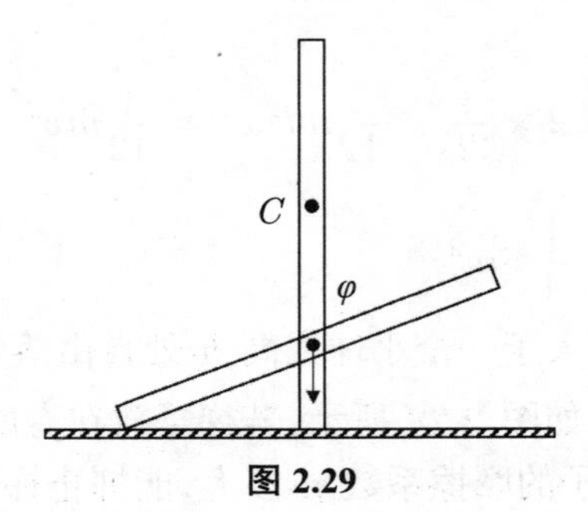

图 2.29

用“累积物理量”观点：质心平动能加上杆绕质心的转动能等于损失的势能，则

$$\frac{1}{2}mv_c^2+\frac{1}{2}I_c\omega^2=mgy,\quad I_c=\frac{mL^2}{12}$$

y 是 φ 的函数，$\frac{\mathrm{d}y}{\mathrm{d}t}$ 即是质心速度，故

$$\frac{\mathrm{d}y}{\mathrm{d}t}=v_c=\frac{L}{2}\frac{\mathrm{d}\varphi}{\mathrm{d}t}\sin\varphi=\frac{L}{2}\omega\sin\varphi$$

联立解之得到

$$v_c=\frac{L}{2}\sin\varphi\sqrt{\frac{12g(1-\cos\varphi)}{L\left(1+3\sin^2\varphi\right)}}$$

当 $\varphi=90^\circ$ 时，$v_c=\frac{1}{2}\sqrt{3gL}$ 。一个从 $L/2$ 的高度自由落下粒子的速度为 $\sqrt{gL}$，与之相比较，可见 $v_c<\sqrt{gL}$，这是合理的。

如图 2.30 所示，从偏离竖直线 $\left(\frac{\pi}{2}-\theta_0\right)$ 角而自然倾倒的均匀直杆，长为 $2L$，此杆是在光滑水平地面上滑倒的。证明杆的顶端在空中划出的曲线是一个椭圆轨迹。

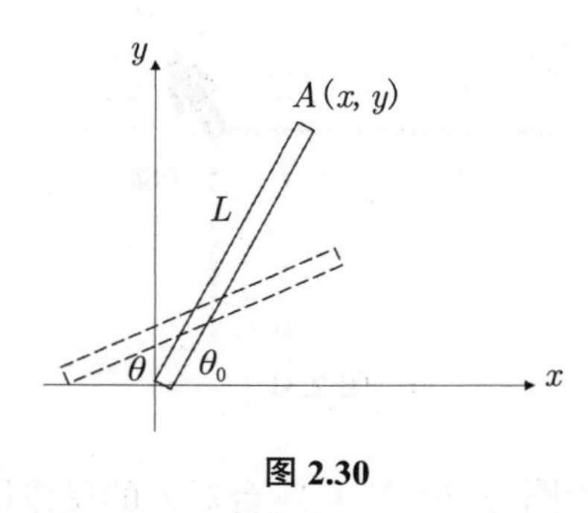

图 2.30

初始时刻，直杆的质心位置是

$$x_c=L\cos\theta_0,\quad y_c=L\sin\theta_0$$

在倾倒的过程中，因为在水平方向没有受力，在水平方向的质心坐标不变，当杆与地面成 θ 角，记杆端 A 的坐标是 (x,y)，质心坐标是 $(L\cos\theta_0,L\sin\theta)$，则

$$(x-L\cos\theta_0)^2+(y-L\sin\theta)^2=L^2$$

而且 $y = 2L\sin\theta$,

$$(x - L\cos\theta_0)^2 + \left(y - L\frac{y}{2L}\right)^2 = L^2$$

故

$$(x - L\cos\theta_0)^2 + y^2/4 = L^2$$

这是一个椭圆方程。

联想 1: 一个竖直的烟囱因老化而自然倒下时, 往往在倾倒的过程中其中部会断裂, 这是因为其根部比较坚固不能移动, 而质心的水平位置又必须不变, 于是只有断裂了。

联想 2: 从此题所叙述的杆端画出的椭圆轨迹, 就可联想到为什么太阳系中行星的轨道是椭圆的。

如图 2.31 所示, 观看跳水比赛时, 见站在跳水台边缘的运动员两腿笔直, 从竖直位置自然倒向下面的水面, 求他的脚脱离台边缘时他的笔直身体所转过的角度 (设此人是匀称身材, 身高为 $2b$)。

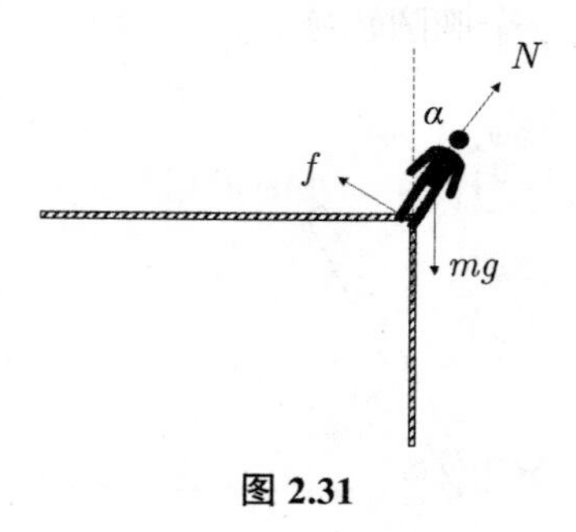

图 2.31

以台边缘为圆心, 记 N 是跳台对人的反作用力, 向心力公式

$$mb\omega^2 = mg\cos\alpha - N$$

绕台边缘转动惯量 $I = \frac{1}{3}m(2b)^2$, 由能量守恒有

$$\frac{1}{2}\left[\frac{1}{3}m(2b)^2\right]\omega^2 = mgb(1 - \cos\alpha)$$

故

$$\omega^2 = \frac{3g}{2b}(1 - \cos\alpha)$$

$$N = mg\left(\frac{5}{2}\cos\alpha - \frac{3}{2}\right)$$

当脚脱离台边缘时，$N = 0$

$$\alpha = \cos^{-1}\left(\frac{3}{5}\right)$$

笔者曾“以身试律”，人站在一把椅子上在墙上打洞，不慎身体重心偏出椅子足外，椅子倾倒，身体从竖直位置转向倒下，那时刻脑子里只是纳闷怎么会倒下的，没有及时降低重心，结果左肩直接撞击水泥地面而受伤，受伤后左胳膊长期举不起来，处在“压缩态”。当然，这个过程是可以算出冲量矩和脚脱离椅子边缘时身体所转过的角度。

于是联想到另一问题。如图 2.32 所示，一个半径为 r 的均匀小圆球，质量为 m，自半径为 R 的固定大圆球顶端自由滚下，求小圆球摆脱大圆球的位置时与竖直线的偏离角 θ。

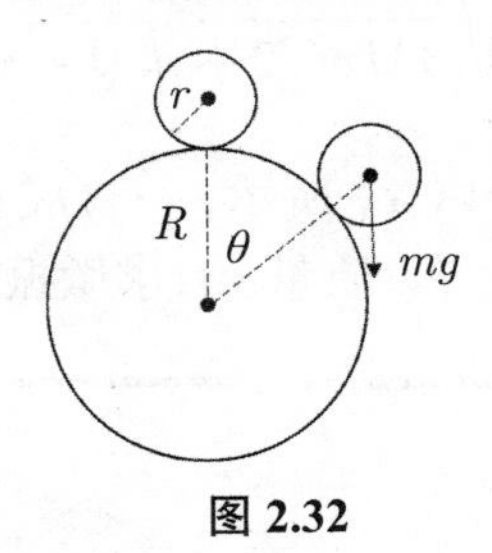

图 2.32

由能量守恒

$$\frac{1}{2}mv^2 + \frac{1}{2}I\omega^2 = mg\,(r+R)\,(1-\cos\theta)$$

小圆球转动惯量

$$I = \frac{2}{5}mr^2,\quad v = r\omega$$

摆脱大圆球时的向心加速度方程

$$\frac{v^2}{r+R} = g\cos\theta$$

联立这三个方程解出

$$\cos\theta = \frac{10}{17}$$

求此时小圆球的球心加速度。

再举一个与单摆类似的例子。如图 2.33 所示，质量为 M、半径为 r 的圆盘在光滑地面上做无滑滚动，圆盘的中心系着一根杆，杆长 l，杆的末端粘着一个质量 m 的球，不计杆的质量，求该系统振动的固有频率。

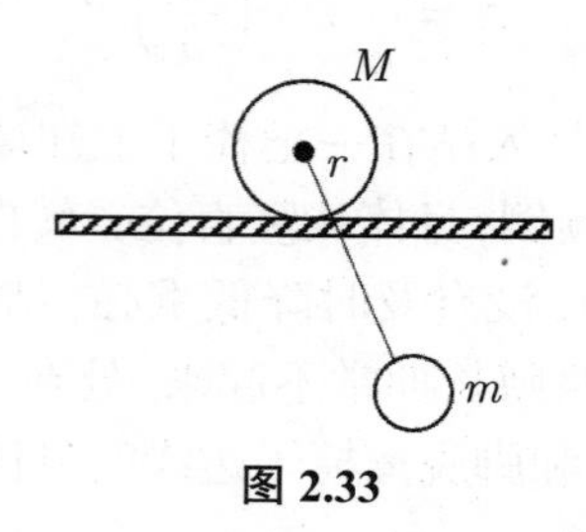

图 2.33

将此系统视为一个复摆，可一语道破其频率是

$$\omega=\sqrt{\frac{mgl}{3Mr^2/2+m\left(l-r\right)^2}}$$

推广：如图 2.34（a）所示，一弯成直角的杆悬于两个直角边的交点，每个直角边长为 L，质量 m，求微振动频率。

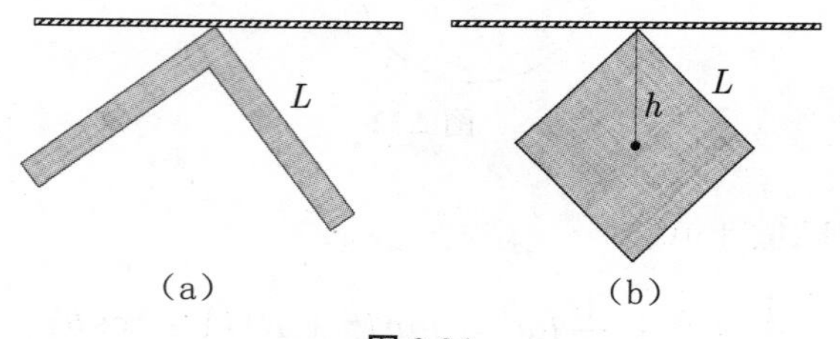

图 2.34

每个直角边杆对悬点的力矩是 $\frac{1}{2}mgL\frac{\sqrt{2}}{2}=M$，转动惯量 $I=\frac{1}{3}mL^2$，所以

$$\omega^2=\frac{M}{I}=\frac{\frac{1}{2}mgL\frac{\sqrt{2}}{2}}{\frac{1}{3}mL^2}=\frac{3g}{2\sqrt{2}L}$$

根据 ω^2 的物理意义，它是元质量物体经历元位移所受的恢复力，所以 L 越长，恢复力越小。

联想题：如图 2.34（b）所示，边长为 L 的正方形悬于两个直角边的交点，质量 m'，求微振动周期。

绕垂直穿过正方形中心轴的转动惯量是 $\frac{2}{3}\left(\frac{L}{2}\right)^2 m'$，绕悬于两个直角边的交点轴的转动惯量是

$$\frac{2}{3}\left(\frac{L}{2}\right)^2 m' + \left(\frac{L}{\sqrt{2}}\right)^2 m' = \frac{2}{3}m'L^2$$

于是

$$\omega = \sqrt{\frac{m'gh}{I}} = \sqrt{\frac{m'g\frac{L}{\sqrt{2}}}{\frac{2}{3}m'L^2 I}} = \frac{3g}{2\sqrt{2}L}$$

与上题结果相同。

进而推广：实际上任何摆，都是复摆，振动频率是

$$\omega = \sqrt{\frac{mgh}{I}}$$

m 是复摆的总质量，h 是复摆的质心到转轴的距离，I 是复摆绕转轴的转动惯量。有物理通感的人把它想象为一个单摆，则

$$\omega = \sqrt{\frac{g}{I/(mh)}} \equiv \sqrt{\frac{g}{l_0}}$$

l_0 被称为数学摆摆长。但要注意，对于非单摆的物体，具体问题要具体分析，不能教条地套此公式。

如图 2.35 所示，一个圆锥摆，由质量为 m 的均匀细杆（长 L）以稳定的角速度 ω 绕通过 O 点的竖直轴稳定转动，求细杆与竖直轴张成的角度 φ 是多少？（此题我们曾用达朗贝尔原理解过）。

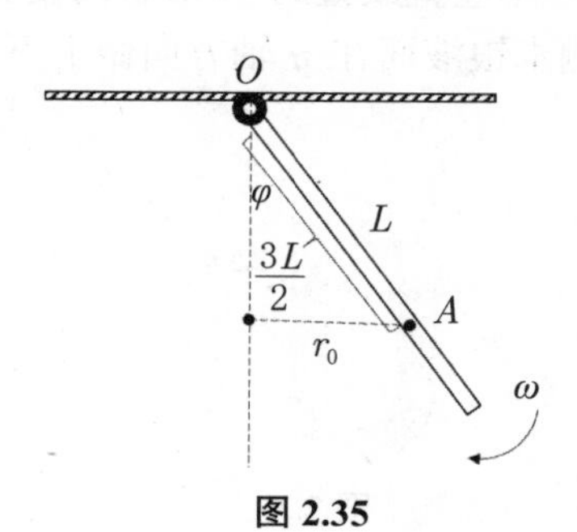

图 2.35

此细杆绕 O 点的转动惯量是 $I=\dfrac{mL^2}{3}$，质心离开 O 点距离是 $h=\dfrac{L}{2}$，把它想象为一个等效的单摆（数学摆），相应的数学摆摆长是 $\dfrac{I}{(mh)}=\dfrac{mL^2}{(3mL/2)}=\dfrac{2L}{3}$，该点绕竖直轴的转动半径是

$$r_0=\frac{2L}{3}\sin\varphi$$

向心力是 $mg\tan\varphi$，故有牛顿方程

$$mg\tan\varphi=m\omega^2\frac{2L}{3}\sin\varphi$$

所以

$$\cos\varphi=\frac{3g}{2L\omega^2}$$

可见转得越快，$\cos\varphi$ 越小，φ 越大。

如图 2.36 所示，两个圆柱体相距 $2l$，反向转动，圆柱体上置一木板，摩擦系数为 μ，求木板振动频率。

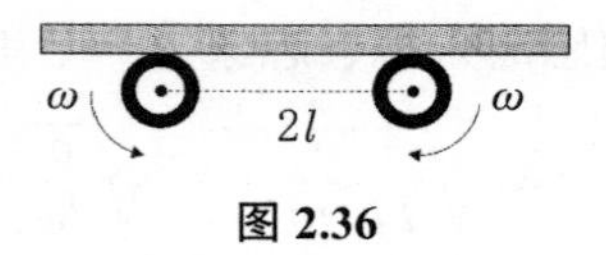

图 2.36

将木板的质心想象为单摆的摆球，再比较弹簧的刚性系数在此题中对应 μg，再根据单摆的振动频率公式 $\sqrt{\dfrac{g}{l}}$，可得到木板振动频率是 $\sqrt{\dfrac{\mu g}{l}}$。（读者可以建立牛顿方程验证之。）

如图 2.37 所示，一个竖直放置的 U 形管内装有一段长度为 L 的水银柱，当其左右两侧水银液面在 y 轴方向做上下振动时，忽略摩擦，求振动周期。

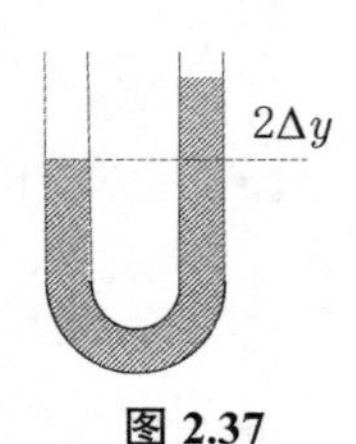

图 2.37

想象将 U 形水银柱倒过来,它可看作一个“摆线”长为 $L/2$ 的单摆,所以根据单摆周期公式,就得到

$$T = 2\pi\sqrt{\frac{L/2}{g}}$$

实际上,常规计算结果也是如此,演示如下:

U 形管内水银面右边升高 Δy, 左边就降低 Δy, 两边失衡了的恢复力

$$F = -\pi r^2 \cdot 2\Delta y \cdot \rho g = -k\Delta y$$

可见恢复系数 k

$$k = 2\pi r^2 \rho g$$

根据弹簧振动的周期公式做引申得到

$$T = 2\pi\sqrt{\frac{m}{k}} = 2\pi\sqrt{\frac{\pi r^2 \rho L}{2\pi r^2 \rho g}} = 2\pi\sqrt{\frac{L}{2g}}$$

与刚才想象的结果相同。这里的 m 是整个水银柱的质量。

🎓 如图 2.38 所示,一个水盆的截面是正方形,长为 $2L$,盛水面高 h,端这盆水走路迈步,扰动使得水面立刻倾斜成一斜面。取竖直轴为 z 轴,晃荡使得势能增加,水体的重心升高 Δz,并偏离中心位置 Δx, $\Delta z \sim (\Delta x)^2$ (这类似于单摆偏离竖直线 θ 角,摆球升高 $l(1-\cos\theta) \approx l\theta^2$,而摆球在水平方向位移 $l\sin\theta \approx l\theta$),根据水盆的几何尺寸和水的高度可知 $(\Delta x)^2/\Delta z \sim L^2/h$,水体重心的升高积蓄了势能做低频晃荡,水体重心的恢复力比例为 Δz, Δz 相当于图中的直角三角形水区从左边到右边来回晃荡的恢复系数。从前述弹簧的频率公式

$$\omega^2 = \frac{k}{m} = \frac{\frac{1}{2}kx_0^2}{\frac{1}{2}mx_0^2} \sim \frac{\text{势能}}{\frac{1}{2}m\left(\text{最大位移}\right)^2}$$

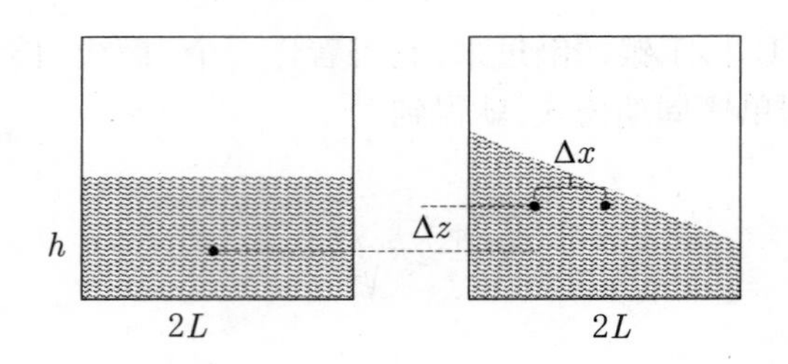

图 2.38

可算出水的晃荡频率近似是

$$\omega^2 \sim \frac{g\Delta z}{(\Delta x)^2} = \frac{g}{(\Delta x)^2/\Delta z} = \frac{g}{L^2/h}$$

比较复摆的晃荡公式,可将 L^2/h 看作等效摆长。

水面越高,晃荡频率越大;水盆越长,频率越小,这是符合实际情况的。物理想象体现了物理通感。

推广:一块又薄又窄的长条形板被弯成半圆形,半径是 R,放它在地面上,接触点是 O,在此纸面内绕 O 点做微振动,如图 2.39(a)所示,求振动周期。

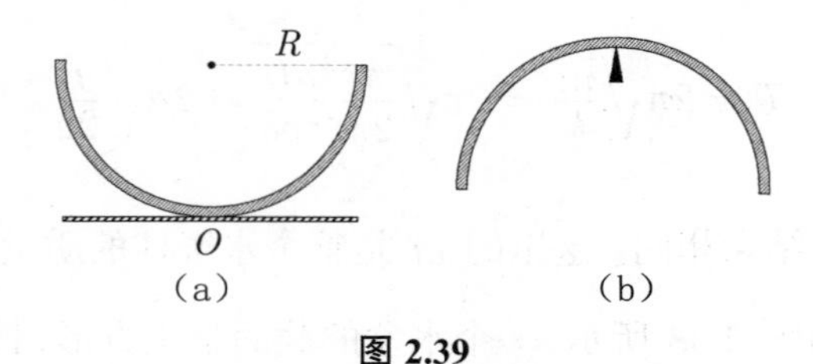

图 2.39

因为半圆形长为 πR,此半圆形又薄又窄,故可模拟上述 U 形水银柱的振动周期的结果,可以近似认为其周期是

$$T = 2\pi\sqrt{\frac{\pi R/2}{g}}$$

1. 如图 2.39(b)所示,把此半圆形倒过来扣在一个锲口上做垂直于纸面的微振动,求振动周期。(答案:$2\pi\sqrt{\dfrac{2R}{g}}$。)

2. 求以质量为 m 的均匀杆做圆锥摆的周期。

推广:如图 2.40 所示,长为 l 的均匀棒被约束在半径是 R 的垂直光滑的圆轨道上摆动,求其微小摆动周期。

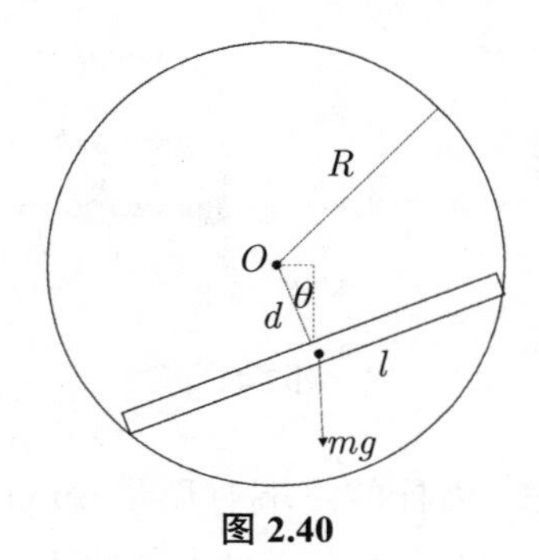

图 2.40

如图 2.40 所示，以圆轨道的中心 O 为摆动中心，$d = \sqrt{R^2 - \left(\frac{l}{2}\right)^2}$ 是棒的质心到圆心的距离，对 O 的重力矩是

$$dmg\sin\theta = \sqrt{R^2 - \left(\frac{l}{2}\right)^2}mg\sin\theta$$

转动方程

$$-dmg\sin\theta = I\frac{\mathrm{d}^2\theta}{\mathrm{d}t^2}$$

这里 I 是均匀棒对 O 的转动惯量，

$$I = \frac{1}{12}ml^2 + md^2$$

其中，$\frac{1}{12}ml^2$ 是通过杆的中心垂直轴的转动惯量，要变成对 O 的转动惯量还需加上 md^2。当 θ 较小时，前式约化为

$$I\frac{\mathrm{d}^2\theta}{\mathrm{d}t^2} + dmg\theta = 0$$

所以微小摆动周期是

$$T = 2\pi\sqrt{\frac{gdm}{I}} = 2\pi\sqrt{\frac{gd}{\frac{1}{12}l^2 + R^2 - \left(\frac{l}{2}\right)^2}} = 2\pi\sqrt{\frac{gd}{R^2 - \frac{l^2}{6}}}$$

如图 2.41 所示，轻杆绕轴振动，弹簧的刚性系数为 k，接在轻杆离轴的 b 处，杆的终端有质量 m 的物体，求小振动频率。

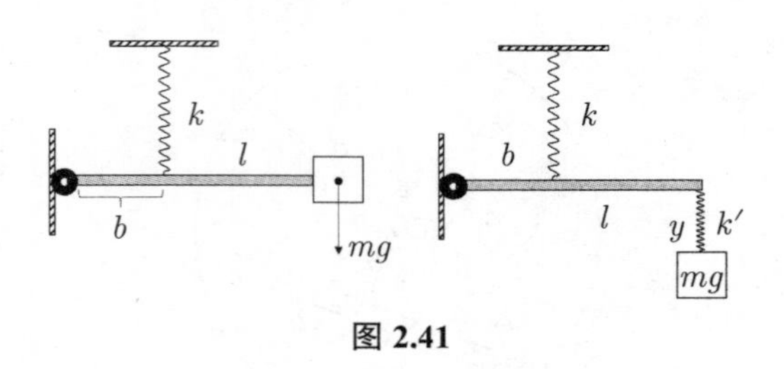

图 2.41

从能量考虑，因杆的终端有质量 m 的物体，做振动 $x = A\sin\omega t$，动能为 $\frac{1}{2}mA^2\omega^2\sin\omega t$，最大动能为 $\frac{1}{2}m\omega^2A^2$，转化为接在轻杆 b 处的弹簧振动振幅为 $\frac{b}{l}A$，弹性势能量为 $\frac{1}{2}kA^2\frac{b^2}{l^2}$，所以

$$\omega^2 = \frac{\frac{1}{2}kA^2\frac{b^2}{l^2}}{\frac{1}{2}mA^2} = \frac{k}{m}\frac{b^2}{l^2}$$

我们再一次体会了 ω^2 的物理意义是元质量物体经历元位移所受的恢复力。

推广：将上题中杆的终端通过一个弹簧（刚性系数为 k'）接上有质量 m 的物体，求小振动频率。

上题的结论告诉我们，接在轻杆离轴 b 处的弹簧的刚性系数似乎从 k 变成了 $\frac{kb^2}{l^2}$，而刚性系数 k' 的弹簧与其串联，所以合成弹簧的系数 K 为

$$\frac{1}{K} = \frac{1}{k'} + \frac{1}{\frac{kb^2}{l^2}} = \frac{\frac{kb^2}{l^2} + k'}{k'\frac{kb^2}{l^2}} = \frac{k + k'\frac{l^2}{b^2}}{k'k}$$

于是

$$K = \frac{k'k}{k + k'\frac{l^2}{b^2}}$$

故其振动频率是

$$\omega = \sqrt{\frac{k'k}{m\left(k + k'\frac{l^2}{b^2}\right)}}$$

为了验证此结果，也可直接用动力学方程解。其过程如下：

设轻杆在水平位置时，挂物体 m 的终端弹簧长为 y。振动开始时，当 b 处弹簧从平衡位置向下伸长了 y'，则杆终端下移 $\frac{l}{b}y'$，物体 m 在竖直方向位置是 $y+\frac{l}{b}y'\equiv z$，其振动方程是

$$m\frac{\mathrm{d}^2 z}{\mathrm{d}t^2}=-k'y$$

即

$$m\frac{\mathrm{d}^2}{\mathrm{d}t^2}\left(y+\frac{l}{b}y'\right)=-k'y$$

而力矩平衡方程是

$$ky'b=k'yl$$

结合以上各式得到

$$m\left(1+\frac{l}{b}\frac{k'l}{bk}\right)\frac{\mathrm{d}^2 y}{\mathrm{d}t^2}=-k'y$$

所以

$$\omega^2=\frac{k'}{m\left(k+k'\dfrac{l^2}{b^2}\right)}$$

可见得到的结果相同。

以上两题说明解题要抓住关键点，而且要随时总结物理意义，注意知识积累。

从单摆引申出去，我们再考虑一个小球 m 在一条抛物线底部微小摆动的周期，如图 2.42 所示，抛物线函数是 $x^2=4by$，$b>0$。

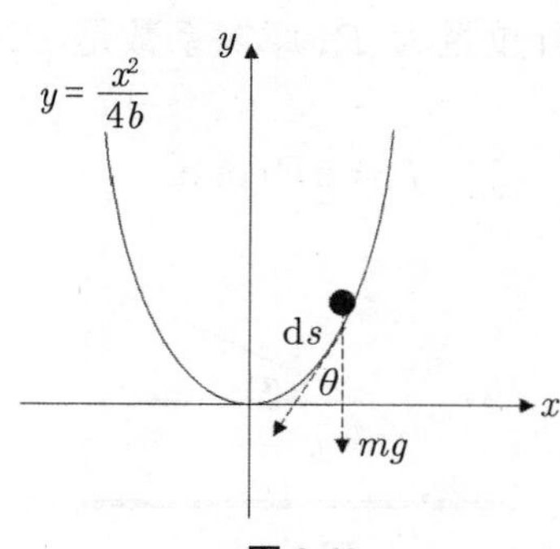

图 2.42

与单摆类似,微小摆动的动力学方程是

$$m\ddot{x} = -mg\sin\theta$$

与单摆不同的是摆球的轨迹不同,取抛物线上的弧元 $\mathrm{d}s$

$$\mathrm{d}s = \sqrt{1 + \left(\frac{\mathrm{d}y}{\mathrm{d}x}\right)^2}\,\mathrm{d}x$$

其中,$\dfrac{\mathrm{d}y}{\mathrm{d}x}$ 由 $x^2 = 4by$ 导出

$$\frac{\mathrm{d}y}{\mathrm{d}x} = \tan\theta = \frac{x}{2b}$$

微小摆动的情形下,$\tan\theta$ 是小量,$\mathrm{d}s \approx \mathrm{d}x$,

$$\sin\theta \approx \frac{x}{2b}$$

所以

$$\ddot{x} + g\frac{x}{2b} = 0$$

故抛物线底部微小摆动的周期是

$$T = 2\pi\sqrt{\frac{2b}{g}}$$

此题表明在学力学时,要把运动学(轨迹)与动力学沟通起来考虑;在讨论机械运动时把牛顿方程和能量-动量守恒结合起来考虑,这都是物理通感的体现。在应用物理于工程时,更体现了通感。

例如,在选矿工程中有摩擦选矿原理。

如图 2.41 所示,在倾角为 α 的斜面上放置几种摩擦系数不同的颗粒,其中一种重量为 P,摩擦系数是 μ,下滑力 $P\sin\alpha$,摩擦力为

$$f = \mu P\cos\alpha$$

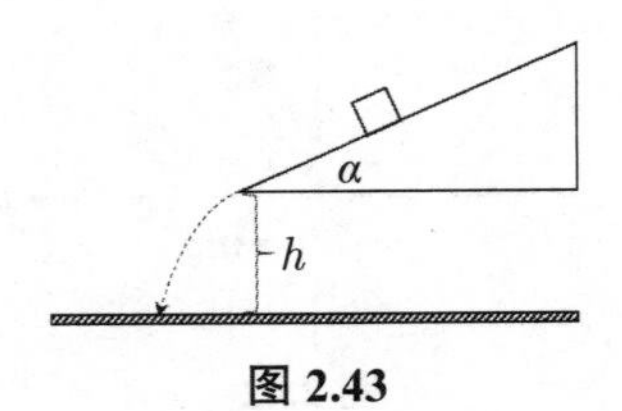

图 2.43

设加速度是 a,故有

$$\frac{P}{g}a = P\sin\alpha - \mu P\cos\alpha$$

即

$$a = g\left(\sin\alpha - \mu\cos\alpha\right)$$

设颗粒的初速度是 u,斜面的长度是 l,由运动学公式

$$l = ut + \frac{1}{2}at^2$$

得到

$$t = -\frac{u}{a} + \sqrt{\left(\frac{u}{a}\right)^2 + \frac{2l}{a}} = \sqrt{u^2 + 2gl\left(\sin\alpha - \mu\cos\alpha\right)}$$

代入速度公式,有

$$v = u + a\left[-\frac{u}{a} + \sqrt{\left(\frac{u}{a}\right)^2 + \frac{2l}{a}}\right] = \sqrt{u^2 + 2gl\left(\sin\alpha - \mu\cos\alpha\right)}$$

可见,摩擦系数 μ 大的颗粒速度小,摩擦系数 μ 小的颗粒速度大,当两种不同的颗粒达到斜面的末端时,具有不同的运动速度。每一种颗粒在离开斜面(离地面高 h)后,将做斜抛运动,落到地面所需时间为 t',则

$$h = v\sin\alpha\cdot t' + \frac{1}{2}gt'^2$$

或

$$t' = \frac{1}{g}\left(\sqrt{v^2\sin^2\alpha + 2hg} - v\sin\alpha\right)$$

t' 时刻颗粒在水平方向移动的距离是

$$S = vt'\cos\alpha = \frac{1}{g}v\cos\alpha\left(\sqrt{v^2\sin^2\alpha + 2hg} - v\sin\alpha\right)$$

鉴于不同颗粒的速度 v 不同,每种颗粒所移动的距离不同,因此,不同颗粒将得到分离。

通过本章的内容,我们把摆的物理与簧的物理联通起来,又叙述了摆动与转动的异同,就使得分析题目能一目了然。

第 3 章　研究振动系统简正频率的新方法:范氏波动法

3.1　拟波动方程的提出

研究振动系统简正频率也可以从振动的传播着手。设 W 是与振子位移和动量有关的物理量,经过一段时间的演化,如果没有衰减,其传播出去的波应该会重现其原始模样,这是由其周期性决定的。而振动是行进中的波的瞬时造影,基于这个物理考虑,范洪义提出了一个研究振动系统简正频率的新方法——拟波动法。先从一个简谐振子的能量表达式出发

$$H = \frac{1}{2m}p^2 + \frac{1}{2}Kx^2$$

用简单的微分运算可得

$$\frac{\partial H}{\partial p} = \frac{p}{m} = v = \frac{\mathrm{d}x}{\mathrm{d}t} = \dot{x}$$

以及

$$-\frac{\partial H}{\partial x} = -Kx = F = m\frac{\mathrm{d}^2 x}{\mathrm{d}t^2} = \frac{\mathrm{d}\,(mv)}{\mathrm{d}t} = \dot{p}$$

于是振动系统一个物理量 $W\,(p,x)$ 传播开去的时间演化方程是

$$\frac{\mathrm{d}W}{\mathrm{d}t} = \sum_i \left(\frac{\partial W}{\partial p_i}\dot{p}_i + \frac{\partial W}{\partial x_i}\dot{x}_i \right)$$

用

$$\dot{x}_i = \frac{\partial H}{\partial p_i}, \quad \dot{p}_i = -\frac{\partial H}{\partial x_i}$$

可以改写成

$$\frac{\mathrm{d}W}{\mathrm{d}t}=\sum_i\left(\frac{\partial W}{\partial x_i}\frac{\partial H}{\partial p_i}-\frac{\partial W}{\partial p_i}\frac{\partial H}{\partial x_i}\right)$$

再微商一次得到

$$\frac{\mathrm{d}^2W}{\mathrm{d}t^2}=\sum_i\left(\frac{\partial \dot{W}}{\partial x_i}\frac{\partial H}{\partial p_i}-\frac{\partial \dot{W}}{\partial p_i}\frac{\partial H}{\partial x_i}\right)$$

定义一个括号,其内涵就是如下的运算

$$\{f,g\}=\sum_i\left(\frac{\partial f}{\partial x_i}\frac{\partial g}{\partial p_i}-\frac{\partial f}{\partial p_i}\frac{\partial g}{\partial x_i}\right)$$

就可以分别将以上两式表达为

$$\frac{\mathrm{d}W}{\mathrm{d}t}=\{W,H\}$$

和

$$\begin{aligned}\frac{\mathrm{d}^2W}{\mathrm{d}t^2}&=\sum_i\left[\frac{\partial}{\partial x_i}\{W,H\}\right]\frac{\partial H}{\partial p_i}-\left[\frac{\partial}{\partial p_i}\{W,H\}\right]\frac{\partial H}{\partial x_i}\\&=\{\{W,H\},H\}=\{H,\{H,W\}\}\end{aligned}$$

这里包含了两个不间断的括号运算。物理量 W,在经历一段时间(超过一周期)的演化过程中应该会重现其原始模样 W,数学上表达为波动方程的形式

$$\frac{\mathrm{d}^2W}{\mathrm{d}t^2}=\{H,\{H,W\}\}=fW$$

其中,$(-f)$ 恰为振子的 ω^2,此方程称为拟波动方程。这就是我们重读经典物理的“振动和波”部分“咀嚼出的新滋味”。

3.2　多自由度的不连续体系的简正振动

对于一个简谐振子,假设有一个物理量 W_1

$$W_1=x+sp$$

这里的 s 待定。通过 $H=\frac{1}{2m}p^2+\frac{1}{2}Kx^2$ 计算

$$\{W_1,H\}=\{x+sp,H\}=\left\{x,\frac{1}{2m}p^2\right\}+\left\{sp,\frac{1}{2}Kx^2\right\}$$

$$= \frac{p}{m} - Ksx$$

和

$$\begin{aligned}\frac{\mathrm{d}^2W}{\mathrm{d}t^2} &= \{\{W_1, H\}, H\} = \left\{\frac{p}{m} - Ksx, H\right\} \\ &= \left\{-Ksx, \frac{1}{2m}p^2\right\} + \left\{\frac{p}{m}, \frac{1}{2}Kx^2\right\} \\ &= -Ks\frac{p}{m} - \frac{Kx}{m} = -\frac{K}{m}W_1\end{aligned}$$

我们果然看到了传播出去后重现了 W_1，其中 $\frac{K}{m}$ 恰为振子的 ω^2。用这个方法可以求得耦合振子的振动频率。

现在我们严格推导第 2 章 2.1 节图 2.3 中所示两个耦合弹簧系统的振动模式。

令 x_1, x_2 分别是两个物体的竖直方向上的位移，p_1, p_2 是其动量。从图 3.1 中观测得到，当上面那根弹簧伸长 x_2，下面那根弹簧伸长 $(x_1 - x_2)$，故而定下能量，

$$H_3 = \frac{p_1^2}{2m} + \frac{p_2^2}{4m} + \frac{1}{2}k(x_1 - x_2)^2 + \frac{1}{2}kx_2^2$$

设在振动过程中能重现其原始模样的物理量 W 是

$$W = \lambda p_1 + \mu p_2$$

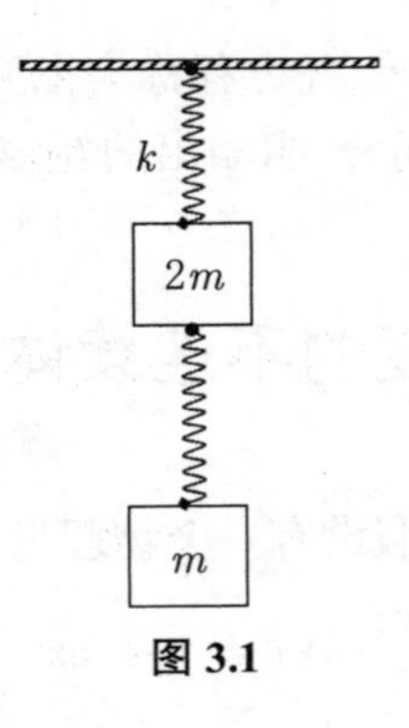

图 3.1

(λ, μ) 是待定的参数，计算

$$\{p_1, H\} = -k(x_1 - x_2)$$

$$\{p_2, H\} = k(x_1 - 2x_2)$$

于是

$$\begin{aligned}\{W, H\} = \{\lambda p_1 + \mu p_2, H\} &= -\lambda k(x_1 - x_2) + \mu k(x_1 - 2x_2) \\ &= k(\mu - \lambda)x_1 + kx_2(\lambda - 2\mu)\end{aligned}$$

再用

$$\{x_1, H\} = \frac{p_1}{m}, \quad \{x_2, H\} = \frac{p_2}{2m}$$

计算

$$\begin{aligned}\{\{W, H\}, H\} &= \{k(\mu - \lambda)x_1 + kx_2(\lambda - 2\mu), H\} \\ &= p_1(\mu - \lambda)\frac{k}{m} + p_2(\lambda - 2\mu)\frac{k}{2m}\end{aligned}$$

根据第 3.1 节的最后一式,让上式等于 $fW = f(\lambda p_1 + \mu p_2)$,导出

$$(\mu - \lambda)y = f\lambda, \quad y \equiv \frac{k}{m},$$

$$(\lambda - 2\mu)\frac{y}{2} = f\mu$$

联立导出

$$\mu = \frac{f + y}{y}\lambda, \quad y\lambda = 2\mu(f + y)$$

所以

$$2f^2 + 4fy + y^2 = 0$$

得

$$f = \frac{-4y \pm \sqrt{16y^2 - 8y^2}}{4} = -y \pm \frac{\sqrt{2}}{2}y$$

可见简正振动频率是

$$\frac{k}{m}\left(1 \pm \frac{\sqrt{2}}{2}\right)$$

而且

$$\mu = \frac{f + y}{y}\lambda = \pm\frac{\sqrt{2}}{2}\lambda$$

故

$$W = \lambda\left(p_1 \pm \frac{\sqrt{2}}{2}p_2\right)$$

代表 p_1 与 p_2 的相对比。

图 3.2 中三个耦合振子的总能量

$$H_3=\frac{p_1^2}{2m}+\frac{p_2^2}{2M}+\frac{p_3^2}{2m}+\frac{1}{2}k\left(x_2-x_1\right)^2+\frac{1}{2}k\left(x_2-x_3\right)^2$$

其中,k 是耦合常数,中间振子的质量是 M, 两边的振子质量为 m,求其简正频率。

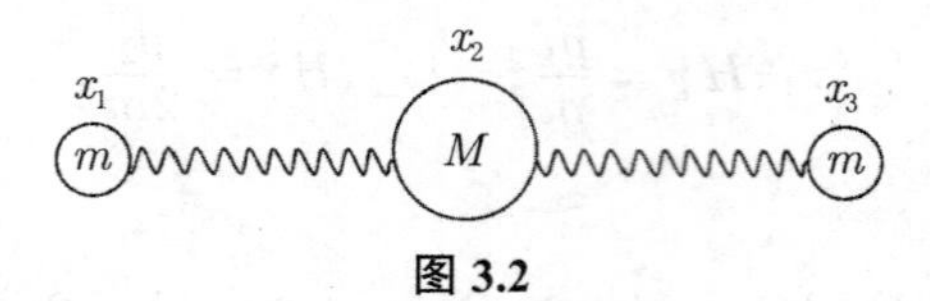

图 3.2

根据拟波动法,我们算得

$$\{x_1,H_3\}=\frac{\partial H_3}{\partial p_1}=\frac{p_1}{m},\quad \{x_2,H_3\}=\frac{\partial H_3}{\partial p_2}=\frac{p_2}{M},\quad \{x_3,H_3\}=\frac{p_3}{m}$$

$$\{p_3,H_3\}=-\frac{\partial H_3}{\partial x_3}=k\left(x_2-x_3\right)$$

假设三个振子在某一时刻的位移分别是 x_1,fx_2,gx_3,引入物理量

$$W_3=x_1+fx_2+gx_3$$

这里的相对比例系数是 $1{:}f{:}g$,f,g 是待定的。

根据上式可以得到

$$\begin{aligned}\{\{W_3,H_3\},H_3\}&=\left\{\frac{p_1}{m},H_3\right\}+f\left\{\frac{p_2}{m},H_3\right\}+g\left\{\frac{p_3}{m},H_3\right\}\\&=\frac{1}{m}k\left(x_2-x_1\right)+f\left[-k\left(x_2-x_1\right)+\left(x_3-x_2\right)\right]+g\\&=-k\left[\left(\frac{1}{m}-\frac{f}{M}\right)x_1+\left(\frac{-1}{m}+\frac{2f}{M}-\frac{g}{m}\right)x_2\right.\\&\qquad\left.+\left(\frac{g}{m}-\frac{f}{M}\right)x_3\right]\end{aligned}$$

为了显示周期性,即上式右边要重现 W_3,这就要求其 x_1,x_2 和 x_3 比例系数满足原始的比例,即

$$\left(\frac{1}{m}-\frac{f}{M}\right):\left(\frac{-1}{m}+\frac{2f}{M}-\frac{g}{m}\right):\left(\frac{g}{m}-\frac{f}{M}\right)=1{:}f{:}g$$

或

$$1{:}f{:}g=(M-fm):(-M+2fm-gM):(gM-fm)$$

从此得到

$$\frac{M-fm}{gM-fm}=\frac{1}{g}$$

和

$$\frac{-M+2fm-gM}{gM-fm}=\frac{f}{g}$$

从前一个式子看出

$$g=1 \quad 或 \quad f=0$$

当 $f=0$ 时,上式约化为 $\frac{-M-gM}{gM}=0$,故 $g=-1$;另一方面,当 $g=1$ 时,则上式变为

$$-2M+2fm=f\left(M-fm\right)$$

在这种情形下

$$f=-2 \quad 或 \quad f=\frac{M}{m}$$

结合以上讨论我们得到三组解

$$\begin{aligned}
&f=0, \quad g=-1\\
&f=\frac{M}{m}, \quad g=1\\
&f=-2, \quad g=1
\end{aligned}$$

分别将它们代入 W 的定义式给出

$$\begin{aligned}
&W=x_1-x_3\\
&W=x_1+\frac{M}{m}x_2+x_3\\
&W=x_1-2x_2+x_3
\end{aligned}$$

进而将这三个解分别代入 $\frac{\mathrm{d}^2W}{\mathrm{d}t^2}=\lambda W$,得到

$$\begin{aligned}
&\lambda W=-\frac{k}{m}\left(x_1-x_3\right)\\
&\lambda W=0\\
&\lambda W=-k\left(\frac{1}{m}+\frac{2}{M}\right)\left(x_1-2x_2+x_3\right)
\end{aligned}$$

这说明三个简正频率是

$$\omega_1=\sqrt{\frac{k}{m}}, \quad \omega_2=0, \quad \omega_3=\sqrt{\frac{k}{m}\left(1+\frac{2m}{M}\right)}$$

上述方法把振动问题看成波动的一个瞬时“摄影”, 体现了物理通感。

推广到有周期性边界条件的 N 个全同耦合谐振子,

$$H=\frac{1}{2m}\sum_{i=1}^{N}p_i^2+\frac{k}{2}\sum_{i=1}^{N}(x_i-x_{i-1})^2$$

周期性表现为

$$p_i=p_{N+i},\quad x_i=x_{N+i}$$

此模型可描写固体中晶格振动,用上述方法就可以求出晶格中振动模式。我们假设一个振动物理量

$$W_l=\sum_{j=1}^{N}p_j\cos(j\theta_l)$$

这里

$$\theta_l=\frac{2(l-1)\pi}{N},\quad l=2,3,\cdots,N$$

计算得到

$$\{p_j,H\}=k(x_{j+1}+x_{j-1}-2x_j)$$
$$\{x_j,H\}=\frac{1}{m}p_j$$

于是

$$\begin{aligned}\{W_l,H\}&=-k\sum_{j=1}^{N}x_j[2\cos(j\theta_l)-\cos[(j+1)\theta_l]]-\cos[(j-1)\theta_l]\\&=-4k\sum_{j=1}^{N}x_j\sin^2\frac{\theta_l}{2}\cos(j\theta_l)=-2k(1-\cos\theta_l)\sum_{j=1}^{N}x_j\cos(j\theta_l)\end{aligned}$$

接着有

$$\{\{W_l,H\},H\}=\frac{2k}{m}(1-\cos\theta_l)W_l$$

表明此物理量 W_l,在经历一段时间(超过一周期)的演化过程中会重现其原始模样 W_l,例如,取 $N=6$,就有

$$\theta_l=\frac{2(l-1)\pi}{N}=\frac{2\pi,4\pi,6\pi,8\pi,10\pi}{6}$$

$$\cos\theta_l = \cos\frac{\pi,2\pi,3\pi,4\pi,5\pi}{3}$$
$$1-\cos\theta_l = \frac{1}{2},1+\frac{1}{2},2$$

于是振动模式为

$$\omega(k) = \sqrt{\frac{2k}{m}(1-\cos\theta_l)},\frac{k}{m},\frac{3k}{m},\frac{4k}{m}$$

如图 3.3 所示,6 个全同的弹簧振子,串在光滑圆环上,平衡时,弹簧为原长,求特征频率。

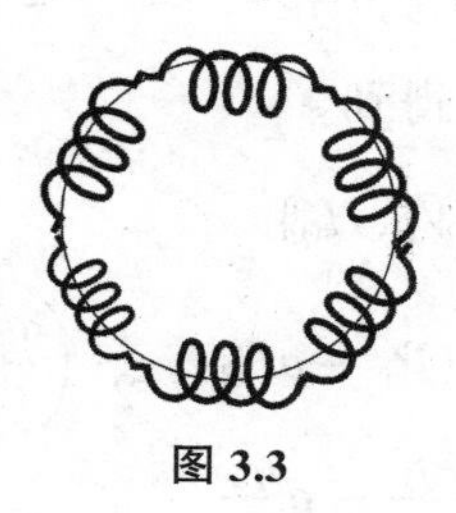

图 3.3

因为首尾相接,符合周期性 $p_i = p_{N+i}$, $x_i = x_{N+i}$,所以

$$\omega(k) = \sqrt{\frac{2k}{m}(1-\cos\theta_l)},\ \frac{k}{m},\ \frac{3k}{m},\ \frac{4k}{m}$$

此式说明频率受波数的制约,色散关系(频率与波数的关系)是在波传播的方向上单位长度内的波周数目,称为波数 (常写为 k),理论物理中定义为 $k=\dfrac{2\pi}{\lambda}$,λ 是波长,即为 2π 长度上出现的全波数目。从相位的角度出发,可理解为相位随距离的变化率。

有互感 m 耦合的两个 LC 回路的振动频率:

以存在互感的 LC 双回路电路为例,将电荷量 q 看作广义坐标,电流 I 看作广义动量,类比哈密顿力学的处理方法将电路的哈密顿体系构建出来。

有漏磁情况,即 $0<m<\sqrt{l_1l_2}$ 时:

对于电容中电荷 q_1,q_2,电感中的电流 I_1,I_2,系统的能量是

$$\begin{aligned}H_0 &= \frac{1}{2}\left(l_1I_1^2+l_2I_2^2\right)+mI_1I_2+\frac{1}{2}\left(\frac{q_1^2}{c_1}+\frac{q_2^2}{c_2}\right)\\ &= \frac{l_1l_2}{2\left(l_1l_2-m^2\right)}\left(\frac{P_1^2}{l_1}+\frac{P_2^2}{l_2}\right)-\frac{m}{l_1l_2-m^2}P_1P_2\end{aligned}$$

$$+\frac{1}{2}\left(\frac{q_1^2}{c_1}+\frac{q_2^2}{c_2}\right)$$

定义无量纲量

$$F=1-\frac{m^2}{l_1 l_2}$$

设相关的物理量是

$$W_e=P_1+gP_2$$

这里 g 待定,有

$$P_1=l_1 I_1+mI_2,\quad P_2=l_2 I_2+mI_1$$

由对时间的一次微商方程得到

$$\begin{aligned}\frac{\mathrm{d}}{\mathrm{d}t}W_e&=\{W_e,H_0\}\\&=\left\{(P_1+gP_2),\frac{1}{2}\left(\frac{q_1^2}{c_1}+\frac{q_2^2}{c_2}\right)\right\}\\&=-\frac{q_1}{c_1}-g\frac{q_2}{c_2}\end{aligned}$$

相应的二次微商方程是

$$\begin{aligned}\left(\frac{\mathrm{d}}{\mathrm{d}t}\right)^2W_e&=\frac{\mathrm{d}}{\mathrm{d}t}\left[-\frac{q_1}{c_1}-g\frac{q_2}{c_2}\right]\\&=\left[-\frac{q_1}{c_1}-g\frac{q_2}{c_2},\frac{1}{2F}\left(\frac{P_1^2}{l_1}+\frac{P_2^2}{l_2}\right)-\frac{m}{Fl_1l_2}P_1P_2\right]\\&=\left(\frac{1}{c_1Fl_1}-\frac{gm}{c_2Fl_1l_2}\right)P_1+\left(\frac{g}{c_2Fl_2}-\frac{m}{c_1Fl_1l_2}\right)P_2\\&=\omega^2W_e\end{aligned}$$

比较 $W_e=P_1+gP_2$ 给出

$$\frac{1}{g}=\frac{\dfrac{1}{c_1l_1}-\dfrac{gm}{c_2l_1l_2}}{\dfrac{g}{c_2l_2}-\dfrac{m}{c_1l_1l_2}}=\frac{c_2l_2-gmc_1}{gc_1l_1-mc_2}$$

即

$$g^2mc_1-g\left(c_2l_2-c_1l_1\right)-mc_2=0$$

其解是

$$g=\frac{c_2l_2-c_1l_1\pm\sqrt{\left(c_2l_2-c_1l_1\right)^2+4m^2c_1c_2}}{2mc_1}$$

为了以后的方便,让

$$(c_2l_2 - c_1l_1)^2 + 4m^2c_2c_1 = \Delta$$

可见有互感耦合的两个 LC 回路的振动频率是

$$\begin{aligned}\omega^2 &= \frac{1}{c_1Fl_1} - \frac{m}{c_2Fl_1l_2}\frac{c_2l_2 - c_1l_1 \pm \sqrt{\Delta}}{2mc_1} \\ &= \frac{c_2l_2 + c_1l_1 \pm \sqrt{\Delta}}{2c_1c_2Fl_1l_2} \\ &= \frac{c_2l_2 + c_1l_1 \pm \sqrt{\Delta}}{2c_1c_2\left(l_1l_2 - m^2\right)}\end{aligned}$$

请读者思考:如图 3.4 所示,三个全同 LC 回路,三个电感张成等边三角形,其两两有互感,求其固有振动频率。

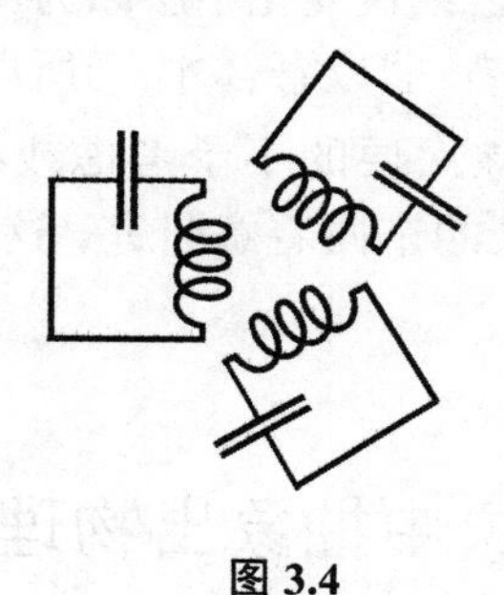

图 3.4

第 4 章　物理通感的深层次体现

研习物理,能正确理解定律并灵活应用于物之演变过程,才也。不越定律而思定律之辟空横出、来龙去脉,极其才之谓也。定律简练而洞达、只字片语而严整;然变化万千,此乃物理之难学也。非运用之妙存乎一心者,不能见物理之纵横变化中所以为严整之理也。此也谓变中求不变也。故善用定律者,非以窘吾才,乃所以达吾才也。

从错杂的现象中排除次要的不予考虑或将其作为次级因素观之,捋出有根本重要意义的东西着意研究,这才是物理通感的深层次体现。

4.1　能从自然现象中抽象出物理问题,体现物理通感

爱因斯坦在 1916 年悼念去世不久的奥地利物理学家恩斯特·马赫时写道:“从马赫的思想发展来看,他是一位勤奋的、有着多方面兴趣的自然科学家,而不是一位把自然科学选作他的思辨对象的哲学家。对于他来说,人们普遍不注意的、焦点之外的细节问题是他的研究对象。他研究那些东西时感到愉快(例如他研究子弹在超声速运动时其周围的空气密度的变化)。”

物理感觉超强的大家玻尔曾说:“我也许就是比别人多知道一些问题。”这似乎是自谦之词,却也反映了真理。物理通感强的学者,能做到:山行步步移,山状面面看,山泉滴滴品。即能将眼前的现象与数据抽象为一个问题后,再把它追溯到一个更基本的问题,或者会把目标分解为包含此专题实质的几个更简化的问题,增强问题的清晰度。或

许这就是玻尔的"比别人多知道一些问题"的深刻含义吧。

物理感觉强的人常注意常人忽略的、似乎非焦点的细节问题。

很少有人会注意到香烟在点燃后自然冒烟与吸烟者从呼吸道呼出的烟的颜色是略有区别的，前者在冉冉上升时呈现青色，而后者呈现灰色。原因是后者在人的呼吸道走了一回后沾上了一层潮气，变大了些，粒子大了就会散射长波。这使得人们容易联想起微小的水波容易被礁石转向，而较大的浪头却能冲过礁石继续前进。当礁石大了，它能阻挡大水波了。这就是理解物理通感的例子。

如图 4.1 所示，看 200 m 短跑比赛，估计在第一弯道的短跑运动员向侧方的蹬力。

图 4.1

设运动员体重为 75 kg，第一弯道的半径是 $R = 31\,\mathrm{m}$，运动员速度是 $v = 10\,\mathrm{m/s}$，离心力是

$$F = \frac{mv^2}{R} = \frac{75}{9.8} \times \frac{100}{31} = 24(\mathrm{kg{\cdot}m/s^2})$$

运动员必须训练克服这一离心力，他应该与起跑后的迅速跑时同样地向内侧方倾斜着身体，这自然会造成运动员的紧张。

观察与思考：短跑运动员的起跑姿势为什么要前倾？他受的惯性力如何算？

短跑运动员的起跑是加速运动，一般来说，起跑后要在 4 s 内跑 30 m，达到的速度是 10 m/s，加速度为 $2.5\,\mathrm{m/s^2}$，他需克服的惯性力是

$$F = m \cdot 2.5\mathrm{m/s^2}$$

例如，他重 75 kg，$F = 187.5\,\mathrm{kg{\cdot}m\ /s^2}$。相当于拉一辆装满货的人力板车。所以前倾身体，容易发力。在加速结束后，身体的前倾角度要减小，因为惯性力消失了，接着他以惯性运动，所谓自然跑进。

为什么运动员在跑步中，脚与地面接触时，不要产生向侧方蹬的力量，而是要让脚掌在着地的一刹那，由上方垂直向下？

如图 4.2 所示，打开截面为 S_0 的自来水龙头，霎那间的水流初速度是 v_0，求水柱的横截面面积 S 与水柱落下高度 h 的函数关系（不考虑表面张力和水中混入空气等因素）。

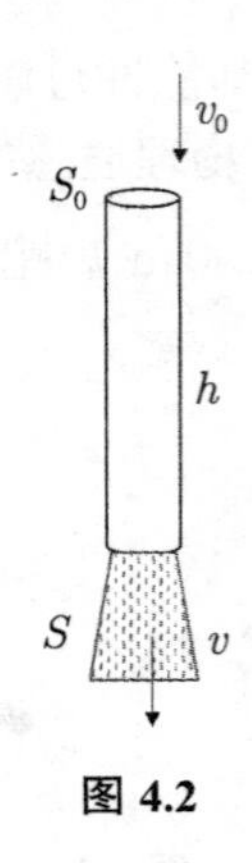

图 4.2

由水流连续性，有

$$Sv = S_0 v_0$$

由运动学

$$v^2 = v_0^2 + 2gh$$

所以

$$S = S_0 \left(1 + \frac{2g}{v_0^2} h\right)^{-1/2}$$

可见水柱越是往下流，水柱越粗。

秋高气爽，外出旅游，路上看到三个全同的圆柱形（半径 r）木头堆垛在一起，如图 4.3 所示，下面两个圆柱之间只是挨在一起而无相互作用，它们与地面之间的摩擦系数为 μ'。

（1）求上面那个圆柱与下面两个圆柱之间的摩擦系数 μ。

（2）问：μ' 多大，才能保障它们不散开（只滑不滚）？

（3）求圆柱之间摩擦力。

（4）设在摩擦极限状态，三个圆柱系统受微扰分崩离析，求在那瞬间，上圆柱下降距离 Δh 和下面两个圆柱分开的距离 $2\Delta d$ 的比例是多少。

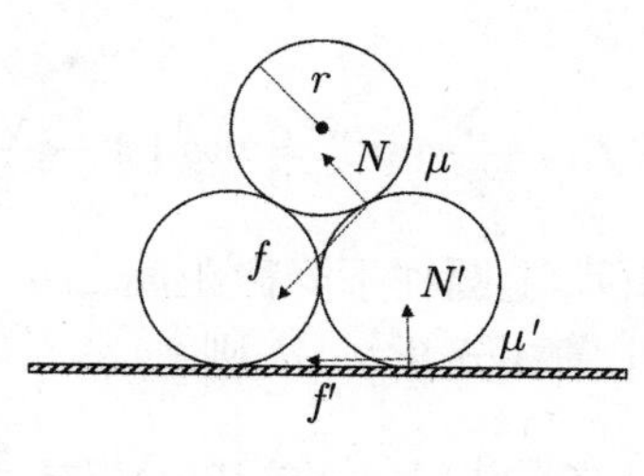

图 4.3

（1）用隔离法。鉴于左右两圆柱对称，我们只需考虑右边圆柱的受力情形，它受上圆柱的摩擦力 f，受地面的摩擦力 f'。

地面对右圆柱的反作用力为

$$N' = \frac{3}{2}mg, \quad f' = \mu' N' = \frac{3}{2}mg\mu'$$

右圆柱只滑不滚，表明摩擦力矩平衡

$$fr = f'r, \quad f = f'$$

上圆柱对右圆柱的正压力是 N，右圆柱水平方向受力平衡，有 $N\sin 30^\circ = f' + f\sin 60^\circ$，即

$$N/2 = f\left(1 + \frac{\sqrt{3}}{2}\right)$$

于是圆柱之间的摩擦系数是

$$\mu = \frac{f}{N} = 2 - \sqrt{3}$$

（2）上面那个圆柱有一半的重力分给右圆柱，在竖直方向的力平衡方程是

$$f\cos 60^\circ + N\cos 30^\circ = \frac{1}{2}mg = \frac{f}{3\mu'}$$

与上式联立得到

$$\frac{f}{2} + 2f\left(1 + \frac{\sqrt{3}}{2}\right)\frac{\sqrt{3}}{2} = \frac{f}{3\mu'}$$

所以圆柱与地面之间摩擦系数为

$$\mu' = \frac{2-\sqrt{3}}{3}$$

（3）摩擦力

$$f = f' = \frac{3}{2}mg\mu' = mg\left(1-\frac{\sqrt{3}}{2}\right)$$

（4）分崩离析瞬间，上圆柱下降微距离 Δh，势能 $mg\Delta h$ 克服摩擦做功，使得下面两个圆柱分开 $2\Delta d$，则

$$2\Delta d\,(f\cos 30^\circ + f') = mg\Delta h = \frac{2f}{3\mu'}\Delta h$$

所以，由 $f = f'$ 得到

$$\frac{\Delta h}{\Delta d} = \frac{1}{3\mu'\,(\cos 30^\circ + 1)} = \frac{1}{(2-\sqrt{3})\left(\frac{\sqrt{3}}{2}+1\right)} = 2$$

即 $\Delta h = 2\Delta d$。

扩展：可再考虑三个东西以别种方式挤在一起的物理问题，以便做比较。

引申习题：如图 4.4 所示，两个全同的匀质球 A 和 C 用轻绳绕着定点 O 悬挂起来，再放一个同样的球 B 在这两个球的上面得以平衡。三个全同的球各重 P，表面是光滑的，求 α 和 β 的关系。

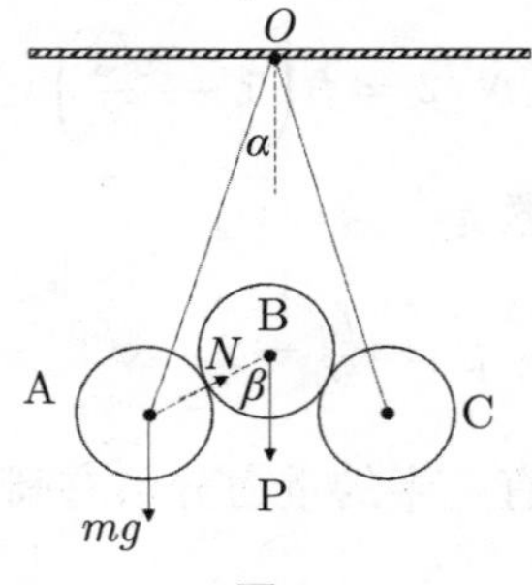

图 4.4

此题可以用达朗贝尔原理解，也可用力平衡方程解。因为无摩擦，对于 A 球，竖直方向力的平衡

$$T\cos\alpha - N\cos\beta = P$$

水平方向力的平衡

$$T\sin\alpha = N\sin\beta$$

对于 B 球,有

$$2N\cos\beta = P$$

联立解之

$$T = \frac{3P}{2\cos\alpha} = \frac{3N\cos\beta}{\cos\alpha}$$

故

$$3\tan\alpha = \tan\beta$$

引申习题:如图 4.5 所示,三块物块叠在一起,以 $F = 2$ 牛顿的力抽取夹在中间的一块,而没有抽动,问:上层和下层物块受的摩擦力各是多少?方向如何?地面受摩擦力了吗?

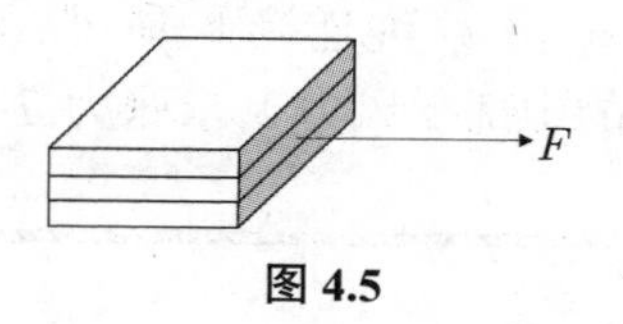

图 4.5

上层受摩擦力 $f_{上} = 0$,因为上层和下层物似乎是一个整体;中层受摩擦力 $f_{中} = 2$ 牛顿,方向与 F 相反;中层对下层物块的摩擦力为 2 牛顿,方向与 F 相同;地面对下层物块的摩擦力 2 牛顿,方向与 F 相反。

引申习题:如图 4.6 所示,在田野里散步,忽然遇到狂风,吹折断一颗树,树上细下粗。问:风力对树的弯矩是如何表示的?

图 4.6

设从树顶到树干某点的距离是 x,在树干上每单位长度受的风力为 $f = kD(x)$,D 是 x 处树干的直径,k 是一个常数,直径随高度变化,例如,可以是 $D(x) = gx$,g 也是一个常数。设风将树的上部弯成一个弧线,弧的曲率是 R。记弧线中点离开树顶的距离是 ξ,那么在 x 处的弯矩就是

$$M = \int_0^x (x-\xi)\, kD(\xi)\,\mathrm{d}\xi$$

设树干某处横截面的惯性矩是 I,$I \sim D^4$,那么当风力造成的弯矩大于该处的 $\frac{E}{R}I$ 时(E 是树的弹性模量),树被折断。要知道,树干的直径越大处(越粗大)受的风力越大,正比于风速的 4 次方。

类比于狂风吹折树的现象,可以联想一个问题,当风吹来,树上部和下部受的力哪个大?

为此考虑一个简单模型,如图 4.7 所示,小球 m_1 由 l_1 绳吊在天花板上,它和 m_2 由 l_2 绳连接下垂,小球 m_1 突然受外界冲量得到速度 v(相当于树的中部受风力),求张力 T_2?

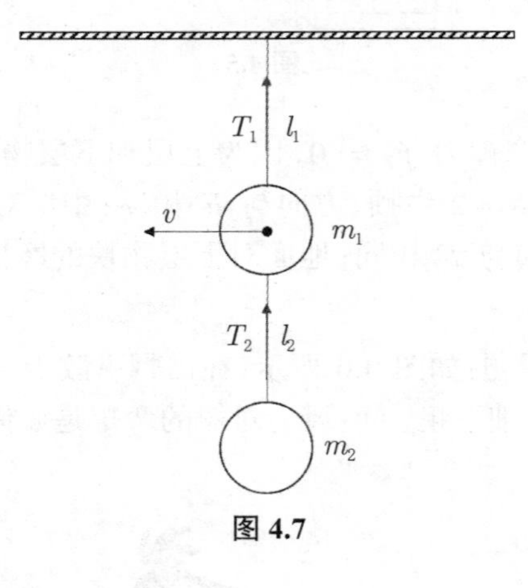

图 4.7

$$T_2 = m_2\left(g + \frac{v^2}{l_2} + \frac{v^2}{l_1}\right)$$

上题可以抽象出另一问题:如图 4.8 所示,长为 L,质量为 m 的均匀杆搁置在光滑水平面上,其一端突然受一垂直于杆身的冲量 P,描写杆的运动。

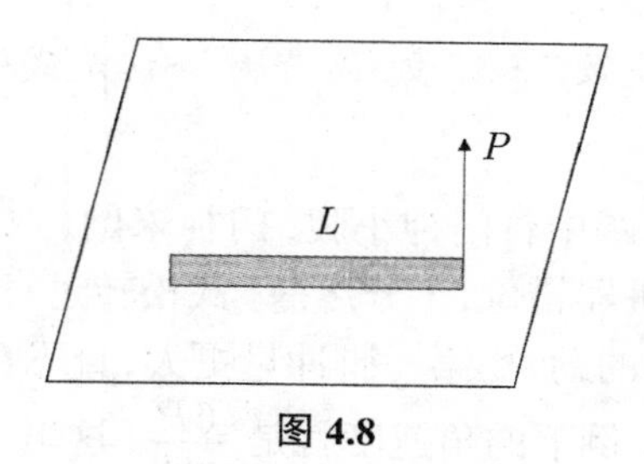

图 4.8

杆的质心以线速度 v 平动

$$v = P/m$$

对质心角冲量是 $PL/2$，除以转动惯量 $I = \frac{1}{12}mL^2$，即为绕质心的角速度

$$\omega = PL/(2I) = \frac{6P}{mL}$$

这个题使笔者想起《水浒传》中的武松醉打蒋门神（图 4.9）的情节：

图 4.9

说时迟，那时快。武松先把两个拳头去蒋门神脸上虚影一晃，忽地转身便走。

蒋门神大怒，抢将来。被武松一飞脚踢起，踢中蒋门神小腹上。双手按了，便蹲下去。武松一踅，踅将过来，那只右脚早踢起，直飞在蒋门神额角上，踢着正中。望后便倒。武松追入一步，踏住胸脯，提起这醋钵儿大小拳头，望蒋门神脸上便打。原来说过的打蒋门神扑手，先把拳头虚影一晃，便转身，却先飞起左脚，踢中了，便转过身来，再飞起右脚。这一扑，有名唤做“玉环步，鸳鸯脚”。这是武松平生的真才实学，非同小可。

武松飞起左脚踢中蒋门神小腹，门神未倒，双手按了，便蹲下去，说明蒋受了内伤，脏器错位，十分疼痛。武松转过身来，再飞起右脚，这第二脚是带着转动的劲，比第一脚冲量更大，直飞在蒋门神额角上，踢着正中，望后便倒。倒下的角速度就是 $\frac{6P}{mL}$，这里 P 是武松右脚给的冲量，m 和 L 分别是蒋门神的质量和蹲下去后的身长。

提出以上这几个问题是为了训练归并类同现象的物理通感，譬如也可以想想吹笛和吹口哨有什么共通之处。

听名家的笛子演奏曲，抑扬顿挫、委婉动听，或如泣如诉，或呜咽压抑，或凤笙凰鸣，载欣载奔。然而，不管是轻快的或是凝重的乐曲，都需吹笛人吐纳气息随心所欲，或长或短，或绵或促，或奋或缓。笔者很喜欢听这类天籁之声，余音绕梁感动到涕泪俱下。但也产生了一个问题，拿吹笛和吹口哨相比（有老外能吹出音色很丰富的蜿蜒乐曲），如果吹笛人手中的笛子没有贴笛膜，那么我们听到他的演奏是否就是口哨声了呢？

笔者想不是，因为吹笛是必须将气吹入笛管中去震荡笛膜，而吹口哨的关键是让气流去振动嘴唇上的薄膜（嘴唇干燥和湿润，振动的效果便不同）。

于是，只得换一个角度提问，吹笛人的口型变化和咽喉、口腔经过的气流（甚至丹田运气）与同是一个人吹口哨的情形是否相同（如果撇开按笛孔的指法的因素不谈的话）？望有识之士指教。

吹笛的物理，简单地说是随着手指按处不同而引起音腔的长度变化，使得驻波、拍频等起相应的变化，但是笛的声音实在太奇妙，时而呜咽横啭，时而荡气回肠，难于意表或言表，也许只有用傅里叶分析仪才会探究明白。但用仪器分析不能代替对演奏情感的评估，即是说，笔者不知道在表演时，吹奏、指法技巧和注入的情感是如何融汇一体的。

要是笔者是做笛子的，除了检验竹子的素材外，笔者会做这样的实验，即将粘笛膜的圆孔（这是振源，数学物理分析是解一个圆形边界条件的膜振动方程）改为椭圆形的，或半圆形的、长方形的等，然后请人吹奏，听音色有何区别。

4.2　能对自然现象的本质一语道破,体现物理通感

诗曰:“习理做题为上策,徒背公式却无得。几字擒题赖开窍,数行中式现规格。”用几个字能擒住题的本质,体现物理通感。古人曰:“稽古之益久,窥道之颇的。”能一语中的的功夫,是靠思考益久累积的。

历史上，牛顿曾思想过一个水桶实验来说明绝对空间和绝对运动。如图 4.10 所示,把一个盛有水的桶挂在一根扭得很紧的绳上,松手松绳则水桶开始旋转,起初桶壁旋转而水不运动,水和桶壁之间虽有相对运动,但水面静止是个平面。后来水渐渐被桶壁带动,使得桶中水面呈现凹陷曲面后,让水桶突然停止旋转,水却仍在高速旋转,呈凹曲面。比较初始的水平面和桶静下来的水凹面,牛顿认为水面的形状只是取决于水本身的运动状况,而于水、桶之间的相对运动无关,故水的这种离心倾向被牛顿认为是绝对运动。

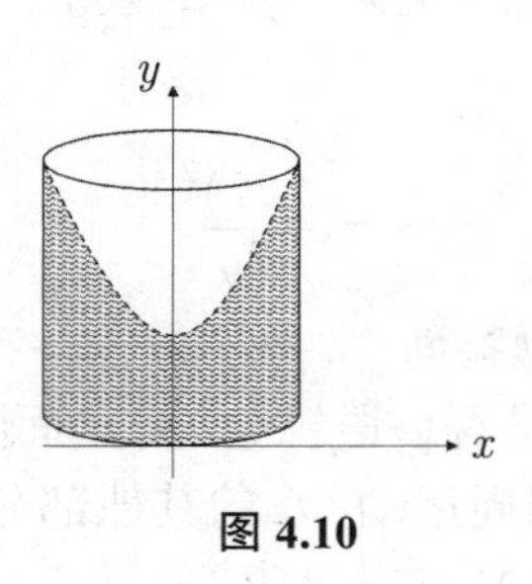

图 4.10

但是意大利物理学家马赫认为:牛顿思想过的水桶实验只是告诉人们,水、桶壁之间的相对运动并不会引起显著的离心力,水面现凹陷(离心力)只可能源于水相对于地球以及无数遥远天体的相对运动而引起的,他说如果桶壁很厚重,达到几千米,那么“没有人有资格说出这实验将会变成怎样”。

马赫的观点可以这样理解,一个静止在旋转着的凹面水上的观察者,将看到周围的天体绕着它旋转。或是说,正是这个旋转引起水面凹陷。

马赫的批评给爱因斯坦对惯性的认识以启发。他以傅科摆为例,设想在北极挂上一个傅科摆,当以地面为参照系时,就会发现摆面的

旋转与夜空中的星移斗转是同步的。而如果忘记自己脚下的地球在朝着相反的方向自转,就会认为摆面似乎是被远方的星星拽着一起运动的。如果承认自己脚下的地球在自转,而傅科摆的摆面因惯性而不动,就很自然地认为远方的恒星是惯性参照系。在这种物理感觉的基础上,爱因斯坦提出广义相对论。

可见物理感觉之重要。现在我们讨论牛顿水桶实验。

如图 4.10 所示,当水和旋转的桶(半径为 R)无相对运动而且都以 ω 转动时,水面的形状。

牛顿认为这是一个绝对运动,而奥地利的物理学家马赫认为水面形成一个旋转抛物面,其原因是水面凹陷是源于水相对于地球以及无数遥远天体的相对运动而引起的,远方的恒星是惯性参照系。据此,我们可以认为凹陷面上的以 ω 转动的每一滴水做的是一个相对遥远天体的"自由落体",记过水面凹陷最深处的轴向为 y 轴,某滴水离开 y 轴距离是 x,于是根据自由落体运动学的速度公式

$$v = \omega x, \quad v^2 = 2gy$$

可立刻得到

$$y = \frac{(\omega x)^2}{2g}$$

一语道破水面的形状是抛物面。

为了检验这个说法是否一语铄金,将水面隔离出一小块,离开 y 轴距离是 x,它做匀速圆周运动,水的其他部分对它的力在切向水面为 0,只有法向水面的力 N,离心力是 $m\omega^2 x$,这小块水的重力与凹面的切向成 θ 角,于是在切向的力平衡给出方程

$$mg\sin\theta = m\omega^2 x\cos\theta$$

即

$$\tan\theta = \frac{\omega^2}{g}x$$

另一方面

$$\tan\theta = \frac{\mathrm{d}y}{\mathrm{d}x}$$

故

$$\mathrm{d}y = \frac{\omega^2}{g}x\mathrm{d}x$$

两边积分得到

$$\int_0^y \mathrm{d}y = \frac{\omega^2}{g}\int_0^x x\mathrm{d}x$$

所以

$$y = \frac{\omega^2}{2g}x^2$$

可见，将牛顿水桶实验中水面的形状作为远方恒星（作为惯性系）观察到的“自由落体”来讨论有“一语道破”的效果，也符合马赫的观点。

又如，基尔霍夫 (Kirchhoff) 一语道破指出在热平衡状态的物体所辐射的能量与吸收的能量之比与物体本身物性无关，只与波长和温度有关。他明确指出，假若不是这样，那么就不可能建立物体与辐射之间的热力学平衡。

所以可以研究不依赖于物质具体物性的热辐射规律，基尔霍夫把物体推向极端，定义一种理想物体——黑体（Black Body），以此作为热辐射研究的标准物体，体现了物理通感。辐射出去的电磁波在各个波段是不同的，也就是具有一定的谱分布。这种谱分布与物体本身的特性及其温度有关，因而被称之为热辐射。在黑体辐射中，随着温度不同，光的颜色各不相同，黑体呈现由红—橙红—黄—黄白—白—蓝白的渐变过程。

基尔霍夫 1859 年提出热辐射定律，它用于描述物体的发射率与吸收比之间的关系，即一个物体的辐射本领和吸收本领的内在联系：在同样的温度下，各种不同物体对相同波长的单色辐射出射度与单色吸收比之比值都相等，并等于该温度下黑体对同一波长的单色辐射出射度。

基尔霍夫定律是在化学家本生的实验基础上提出的，实验表明火焰光谱中的 Fraunhoff 吸收线和太阳光谱的相重合，所以能发射某条光谱线的物质对此条谱线的光吸收本领强。单凭实验观测已经很难做出正确的结论。基尔霍夫就用思维性的实验（Gedanken Experiment）来推导其理论。

设 C 是一个无限平面型物体，它只能辐射和吸收波长为 λ 的射线，在其对面有一个能辐射和吸收一切波长的同形物体 C'，两物体外表面各装上完美的镜面 R 和 r 。对于波长 λ 而言，设 E (Emission)、A (Absorption) 分别为 C 的辐射本领和吸收本领，e、a 则为 C' 对应的量。如该系统构成一个恒温系统，在 C 和 C' 之间发生的辐射和吸收,使恒温体仍保持不变。于是基尔霍夫从热动平衡过程,计及了 C 和 C' 之间发生的无数次辐射和吸收,数学上用到了等比级数的求和,最后导出了属于他的定理。

范洪义和吴泽简化了这个思维性实验的理论思索进程,他们只用 C 和 C' 之间一次辐射和吸收来推导。

隔离 C',考虑此问题。

C' 的吸收分为两部分:一是来自 C,所以仅与 E 有关,第一次吸收为 aE;二是来自于 C' 的自发射再自吸收,由于 C' 本身还要辐射波长为 λ 的射线(仅为全部辐射的一部分),这一部分射线也能为 C 吸收,其吸收量为 Ae。而剩余的 $e(1-A)$ 被镜面 R 反射(即把第一种情形的 E 换为 $(1-A)e$),C' 将由此吸收能量 $a(1-A)e$ 。可见这部分能量不但与 e 有关,而且与 C 的吸收本领 A 有关,这是 C' 从自身辐射进行的第一次吸收。

故 C' 第一次吸收的总量为 $aE+a(1-A)e$。经过这第一次"折腾"后,C' 的辐射本领降低为 $(1-A)e-a(1-A)e=[e(1-A)](1-a)$,所以根据 C'"吸收多少 = 辐射多少"的原则,有

$$aE+a(1-A)e=e-e(1-A)(1-a)$$

由此导出

$$\frac{e}{a}=\frac{E}{A}$$

表明物体的辐射本领与吸收本领之比相同。鉴于上述推导中波长和恒温体都是任意设定的,可以进一步写出

$$\frac{e}{a}=\frac{E}{A}=F(\lambda,T)$$

这里的 $F(\lambda,T)$ 代表表面亮度,是一个普适函数(其具体形式待进一步确定),T 代表温度,波长 $\lambda=\frac{c}{\nu}$,ν 是光的频率,c 是光速。

其他可以一语道破答案的例子:

若船相对于水的速度恒定,该船在上、下游两地往返一次所需时间同它在静止的水面上往返一次所需之时间相比,哪个多?

把题目所给条件推向极致,设想水速十分接近船在静止的水面上的速度,那么该船从下游望上游开,到达目的地所需时间就很长。一语中的,而不需数值计算。

如图 4.11 所示,一淘气小孩,两手抓住一个定滑轮的一端,定滑轮的另一端接着一个动滑轮,孩子把脚套在动滑轮的载重圈里,向上匀速运动,求绳中的张力。

如图 4.11 所示,画一个虚框将动滑轮和小孩(运动物)都框进去,就看准了相对此虚框的外力有 3 个(3 根绳),可知 $T = mg/3$,而不需逐个求内力。

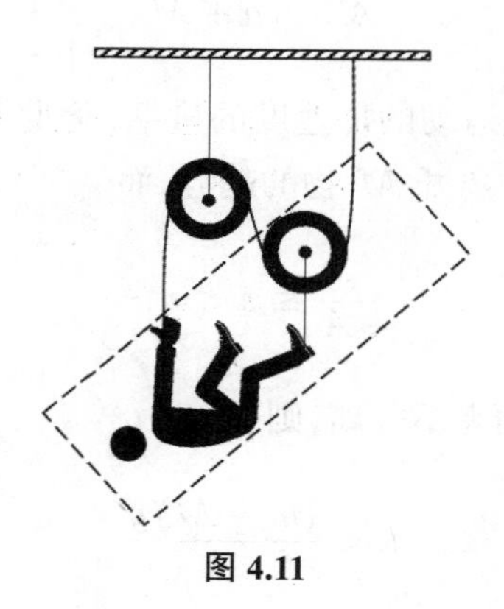

图 4.11

如图 4.12 所示,一竖直弹簧连着 M 物块,上面顶着质量为 m 一物,要让两者在做振幅为 A 的竖直振动时不分离,应该选择怎样的弹簧? 并求弹簧系数 k 的取值范围。

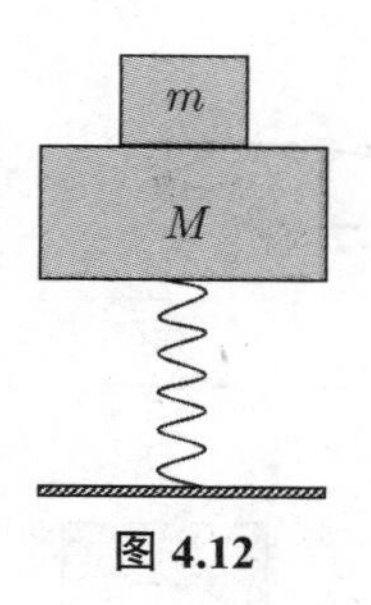

图 4.12

一语道破:不给被压的 M 物以"喘息"的机会,所以 $(m+M)g > kA$。

仔细分析这一语道破的说法对不对。

显然,由于弹簧阻挡着 m 的自由下落,振动系统的最大加速度不能大于重力加速度 g。在弹簧顶到最高(振幅最大为 A)时,速度为

v,根据能量守恒,有

$$\frac{1}{2}(m+M)v^2=\frac{1}{2}kA^2$$

改写为

$$\frac{v^2}{A}=\frac{kA}{m+M}$$

此公式 $\frac{v^2}{A}$ 具有圆周运动的加速度的量纲,但此刻弹簧要回溯了,故 m 有参与竖直上抛的离开 M 物的趋势,而

$$\frac{v^2}{A}\equiv a<g$$

所以若要 m 与 M 两者不分离,则

$$k<\frac{(m+M)g}{A}$$

如图 4.13 所示,弹簧两头各系着 m 物与 M 物处于平衡竖直位置,m 物上系着一根轻绳子,一人用手缓慢提起绳子使得 M 物刚离开地面又轻轻放回,于是弹簧在竖直方向上振动起来,求地面受到的最大压力是多少。

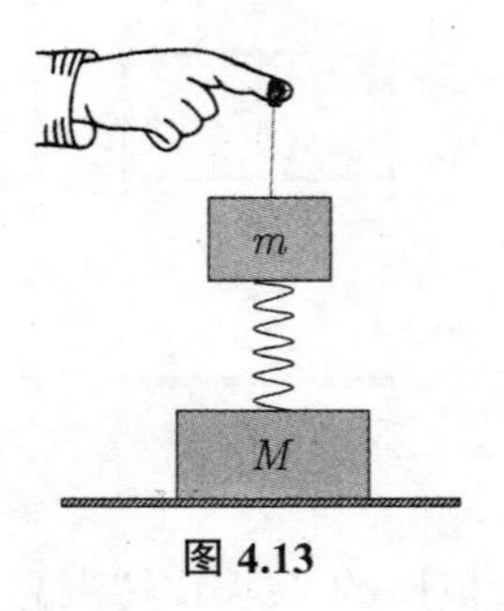

图 4.13

提示:此人做功给弹簧储能了。

如图 4.14 所示,一木块系一弹簧固定在水杯底部,当水杯向上加速运动,问:弹簧是拉长还是缩短?

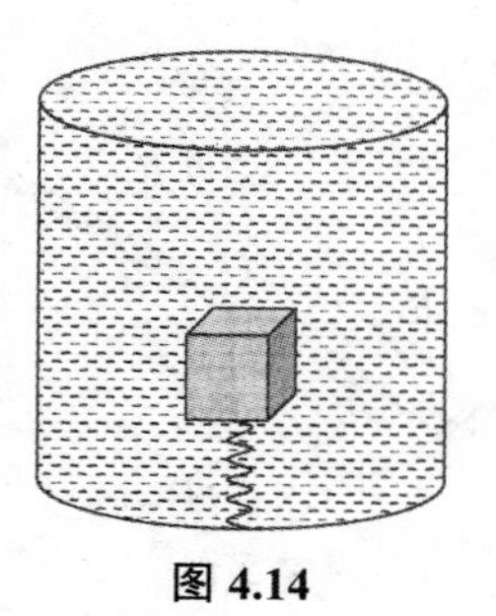

图 4.14

考虑极限情形，当系统自由落下，加速度是 g，失重了，弹簧缩短；故当水杯向上加速运动，弹簧拉长。

如图 4.5 所示的两个滑轮（一动，一定），求 m_1 下降的加速度。

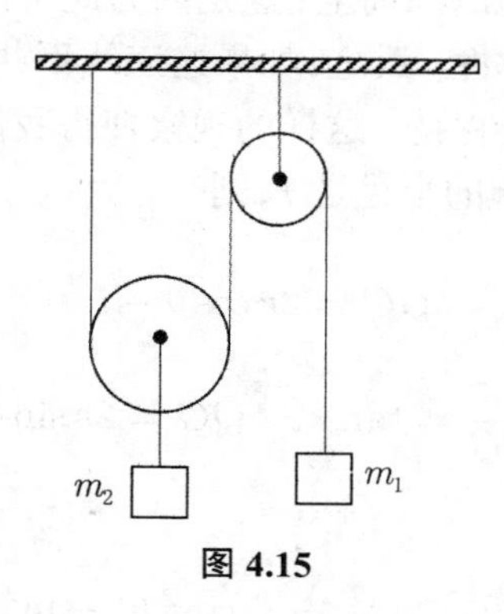

图 4.15

m_2 的重量被两根线分担，所以 m_1g 运动要克服的阻力是 $\frac{m_2}{2}g$。还是因为被两根线分担的缘故，m_2 上升的距离是 m_1 下降距离的一半，似乎合力 $\left(m_1-\frac{m_2}{2}\right)g$ 要拖动的质量是 $m_1+\frac{m_2}{4}$，所以 m_1 下降的加速度是

$$a=\frac{m_1-\frac{m_2}{2}}{m_1+\frac{m_2}{4}}g$$

如图 4.16 所示，一个内表面光滑的半球形碗（重 P）固定在桌上，一根均匀筷子斜靠在碗沿且处于平衡状态，其一部分在碗外，量得筷子与水平线成 θ 角，筷子与碗底无摩擦，求筷子长度 $2l$。

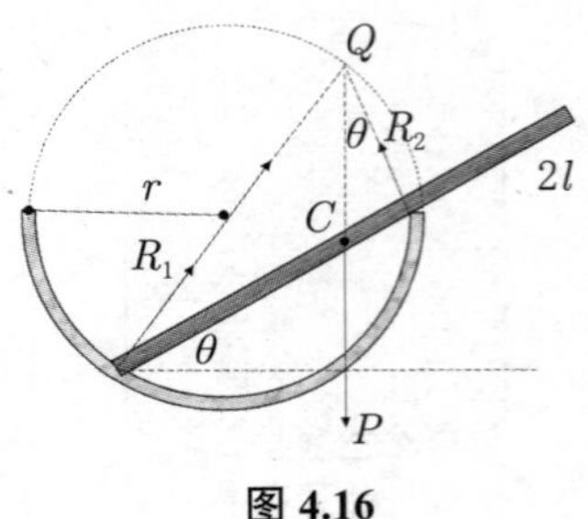

图 4.16

我们可以用力的平衡加上力矩的平衡方程来解此题。也可以一语道破天机，用几何观察得知：通过筷子的中心的铅坠线肯定通过碗对筷子的两个支撑力的作用线的交点，即是说，筷子的重力线、碗沿对筷子的反作用力力线以及碗底对筷子的反作用力力线三线共点。而且此点 Q 一定落在碗的圆周上，这是因为此平衡位置不随碗沿的转动而改变，即转动对称性。反之，如果这三线不共点，此点也不在圆周上，那么此平衡就不能保持。这样的观察使得我们可以将动力学问题简化为几何问题。记碗的半径是 r，则

$$GC = 2r\cos\theta - l$$

$$\frac{GC}{QG} = \tan\theta, \quad QG = 2r\sin\theta$$

所以筷子长的一半

$$l = 2r\cos\theta(1-\tan^2\theta) = 2r\frac{\cos^2\theta - \sin^2\theta}{\cos\theta} = 2r\frac{\cos 2\theta}{\cos\theta}$$

为了说明此几何观察的正确。再用力学方程解之。

列出沿着筷子方向的力平衡方程式

$$R_1\cos\theta = P\sin\theta$$

垂直筷子方向的力平衡方程式

$$R_1\sin\theta + R_2 = P\cos\theta$$

联立解出

$$R_1 = P\tan\theta, \quad R_2 = \frac{2\cos^2\theta - 1}{\cos\theta}P$$

再列出相对于筷子质心的力矩平衡方程式

$$R_1 l \sin\theta = R_2 (2r\cos\theta - l)$$

结合前式即有

$$4r\cos^2\theta - l\cos\theta - 2r = 0$$

果然得到 $l = 2r\dfrac{\cos 2\theta}{\cos\theta}$，与几何方法解答结果相同。

反过来，如知道 l，也可求得筷子与水平线的夹角

$$\cos\theta = \frac{l + \sqrt{l^2 + 32r^2}}{8r}$$

鉴于 $\cos\theta < 1$，故 $l + \sqrt{l^2 + 32r^2} < 8r$。

如图 4.17 所示，很长的斜面顶端水平发射一物，初速是 v_0，求在运动中，物与斜面的最大距离。

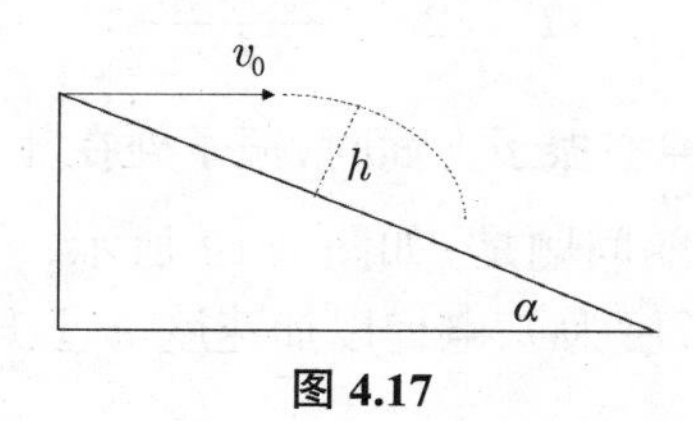

图 4.17

想象物沿着对斜面的垂线运动是自由落体，则加速度是 $g\cos\alpha$，在此方向上，物的初速度是 $v_0\sin\alpha$，所以

$$(v_0\sin\alpha)^2 = 2(g\cos\alpha)h$$

即

$$h = \frac{v_0^2\sin\alpha}{2g}\tan\alpha$$

如图 4.18 所示，质量为 M 的弹簧振子在水平方向做振幅为 A 的简谐运动，在振子经过平衡位置时突然从上方掉下一个花盆，质量为 m，求振动的振幅和周期。

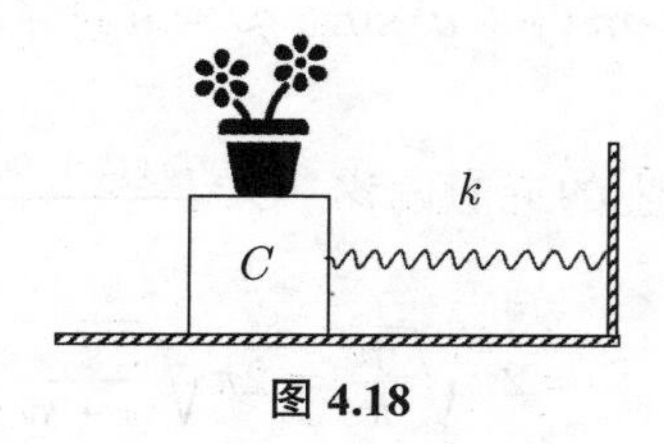

图 4.18

花盆撞击前

$$\frac{1}{2}Mv^2=\frac{1}{2}kA^2$$

花盆撞击后

$$Mv=(M+m)\,v'$$
$$\frac{1}{2}(M+m)\,v'^2=\frac{1}{2}kA'^2$$

此题结论:振幅是

$$A'=\sqrt{\frac{M}{M+m}}A$$

周期是

$$T=2\pi\sqrt{\frac{M+m}{k}}$$

其实,此周期与花盆掉在振子上面时,振子处在什么位置无关。

与此相通的问题是:如图 4.19 所示,一个挂在电梯内的单摆,摆球质量是 m,长度为 l,电梯以加速度 a 上升,求单摆周期。

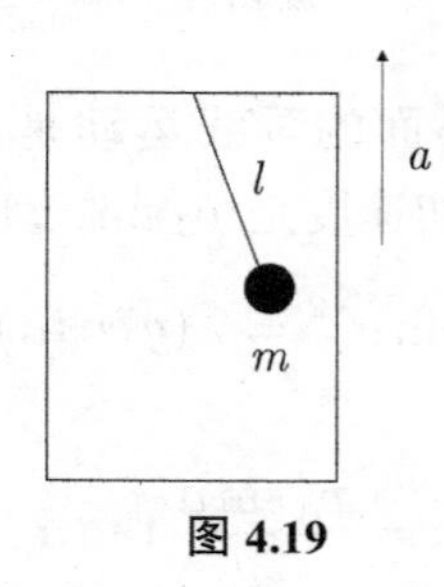

图 4.19

我们关心的是此题与上题的相似性。摆球在摆线偏离竖直方向 θ 角时的恢复力(计入惯性力)为

$$F=-m\,(g+a)\sin\theta\approx-m\,(g+a)\,\frac{x}{l}$$

x 是摆球在水平方向上的近似偏移。令 $\dfrac{m\,(g+a)}{l}=k$,就类似于弹簧振子,有

$$T=2\pi\sqrt{\frac{m}{k}}=2\pi\sqrt{\frac{l}{g+a}}$$

可见上题的 $M+m$ 对应于本题的 $g+a$。

📕 如图 4.20 所示，一人质量为 m，从船头走到船尾，求重为 Mg 的船（长 L）在静水中的位移 s（不计水的阻力）。

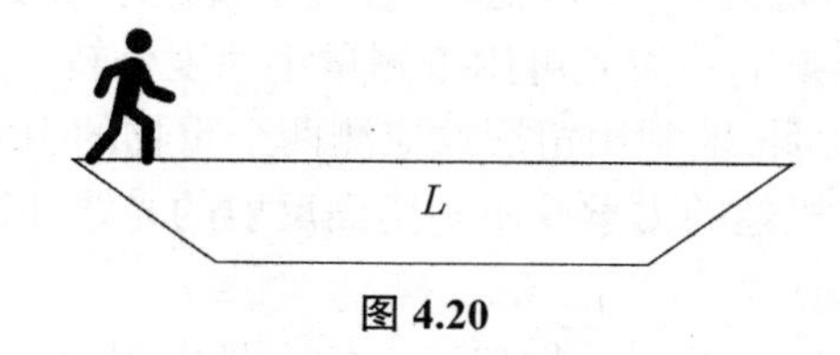

图 4.20

💡 此行人一语道破：人在船上走了 L 程，要保持系统质心位置不变，船必须带着人反向走 $(m+M)\,s$，所以

$$s=\frac{mL}{m+M}$$

📕 一块边长为 L 的立方体冰块在水面上竖直上下振动，求振动频率。

💡 一语道破：已知弹簧振动频率正比于 $\sqrt{\frac{k}{m}}$，弹簧恢复力 kx 相当于浮力 $(L^2\rho_{水}x)\,g$，m 现为 $L^3\rho_{冰}$，故此冰块振动频率为 $\sqrt{\frac{\rho_{水}}{\rho_{冰}}\frac{g}{L}}$。

4.3　把不同性质的物理感觉结合起来做成测量仪器，体现物理通感

例如，干湿球温度表就是测定空气温度和湿度的一对并列装置的温度表。如空气未曾饱和，则湿度温度表的读数因蒙在其上的湿纱布上水分蒸发而低于干温度表。这是温度和湿度的通感。

物理通感在实验可观测量中去把握，即强调运动感，不是从呆板的眼光，而是从变换中找不变。

例如，伽利略曾对敲铜锣振动发声感兴趣。为了测量出其振动频率，他提议在细长的杆上固定一把小而尖的刀刃，让它以恒定速度贴着锣面移动。锣被击打后振动引起杆的震颤就会在锣面留下间断的刀痕。检验此痕，测量出标刻的间距，可以得知频率。

于是后代中有物理通感的人，就将机床中刀具的抖动和震颤现象比拟为伽利略的敲铜锣实验，研究相应的减震课题。

又如，在一根张紧的细丝上绑一面镜子。当镜子转动一个小角度时，扭转的细丝就提供一个恢复转矩，镜子就做小角度振荡，成为一个扭摆。从镜面反射的一束光可用来测量小角度偏转。此乃英国物理学家卡文迪许的发明，他利用扭摆效应测两个重物的引力以确定万有引力常数。这是将扭丝的力学性质和镜面反射的光线性质结合起来的物理通感。

其实，最早把细丝用于物理研究的人是中国北宋时的沈括，他指出要让指南针转动起来并少受干扰，用“悬缕为最善。其法：取新纩（丝绵）中独茧缕，以芥子许蜡缀于针腰，无风处悬之，则针常指南”。

万有引力定律发现后，人们利用单摆的周期与地球重力常数的关系来探矿。中国科学技术大学的杨晓勇教授在安徽某地探得一矿床，设矿床形状是球形，如图 4.21 所示，密度 ρ，半径为 R，球心在地下的距离是 H，$H>R$，地球半径是 R_d，在无矿处，密度为 ρ_d，重力加速度为

$$g=G\frac{\frac{4}{3}\pi R_d^3\rho_d}{R_d^2}$$

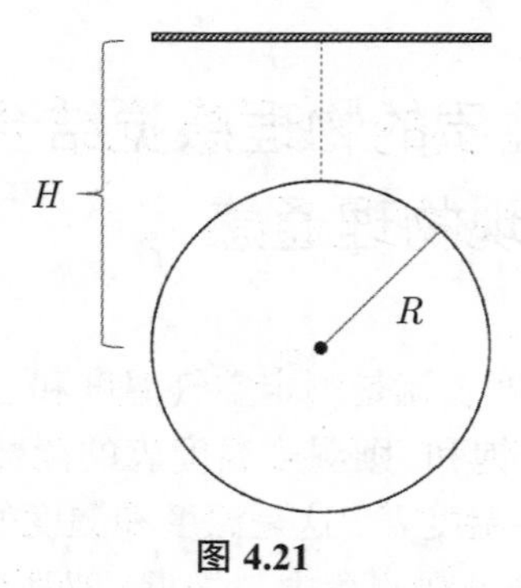

图 4.21

G 是万有引力常数。在有矿处，$\frac{4}{3}\pi R^3\left(\rho-\rho_d\right)$ 是因为有矿而增加的质量，它在矿区中心引起的重力加速度增量近似为

$$\Delta g=G\frac{\frac{4}{3}\pi R^3\left(\rho-\rho_d\right)}{H^2}$$

单摆在此地的周期变为

$$T = 2\pi\sqrt{\frac{l}{g+\Delta g}}$$

另一个例子是密里根测电荷不连续性的油滴实验，它需要电场力、重力和黏滞力的知识，集电学、光学和流体力学知识之大成，体现了物理通感。带电量为 q 的下落油滴受电场力平衡，有

$$q = \frac{mg}{E} = \frac{4\pi\rho r^3 g}{3E}$$

r 是油滴半径，因为太小而不能直接测量。密里根的办法是，去掉电场，随即测量油滴下落一段已知道距离的时间，求出末速度 v（重力和空气给油滴的黏滞力平衡时的速度），根据斯托克斯黏滞力公式

$$f = 6\pi\mu r v$$

μ 是空气给与油滴的黏滞系数（单位：$\text{Pa}\cdot\text{s}=\text{N}\cdot\text{s/m}^2$，$1\,\text{P}=0.1\text{Pa}\cdot\text{s}$）

$$\frac{4\pi\rho r^3 g}{3} = 6\pi\mu r v$$

给出

$$r = 3\sqrt{\frac{\mu v}{2g\rho}}$$

代入本例中的第一式得到

$$q = 18\pi\frac{1}{E}\sqrt{\frac{\mu^3 v^3}{2g\rho}}$$

密里根发现每个油滴带有一个基本电荷的整数倍的电量，因此得了诺贝尔物理学奖。

数量级估计：设空气给雨滴的黏滞系数是 $181\,\mu\text{P}$，密度是 $1.3\times10^{-3}\,\text{g/cm}^3$，求半径为 $0.05\,\text{mm}$ 的雨滴落下时的恒定速度。

用斯托克斯黏滞力公式，雨滴重力 = 空气浮力 + 黏滞力，算得速度约为 $29\,\text{cm/s}$。

如果空气无黏性，飞机能飞吗？如果水无黏性，鱼儿能游吗？

4.4 能将物理现象及过程用数学建模者，有物理通感

先是依靠物理感觉抓住事物之间的联系，再用数学公式将这种联系表示出来，体现物理通感。在赋意成式时往往带有猜测的成分，不摒弃一知半解，也不必铺陈终始，甚至偶尔可从旁门小径突入而演迤详赡，行所不得不行，止所不得不止，起灭转接之间，如觉有不可识处，奇气也。

例如，麦克斯韦提出气体分子速度分布规律。又如，二战期间，物理学家费米参与和领导设计原子弹。当第一颗原子弹引爆时，他撒下了手中的小纸片，测量爆炸的气浪能把它卷出多远，以此来估计原子弹爆炸时的威力。还有一次，费米与康普顿坐火车出差，康普顿谈起在安第斯山上手表不准了，问如何修正？费米写下了手表中平衡轮带动空气的数学方程以及影响轮子周期的数学方程，并写下了在高山低压下这种影响的改变，验证了康普顿的手表走时偏差。此举把同行的物理学家康普顿惊呆了。

如图 4.22 所示，半径为 r 的一个小气球内充满了空气，其内部压力 $p_{内}$ 大于大气压 $p_{大气压}$。要测量气球内外压强差 p 有多大，该怎样做呢？

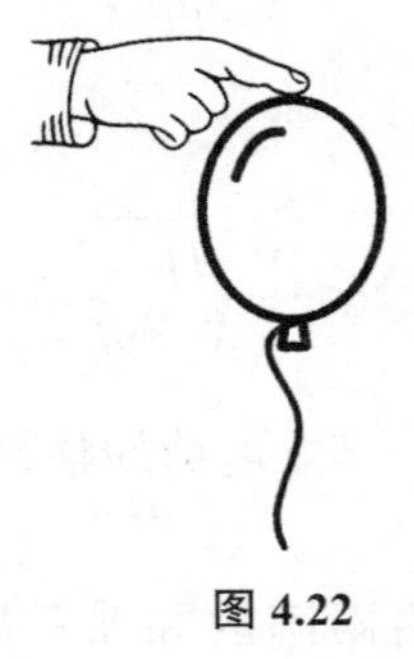

图 4.22

用手指压在气球上，压力为 $p_{手}$，使得气球从球形变成少了一个上部的球缺，即手指接触的部分成一个小的平面，此刻气球的平表面不再贡献张力，$p'_{内}=p_{大气压}+p_{手}$，估量 $p_{手}$ 多大，并算球形变后的体

积为 V,可建立气体状态方程

$$\frac{4}{3}\pi r^3 p_{内} = V p'_{内} = V\left(p_{大气压} + p_{手}\right)$$

所以

$$p_{内} = \frac{3V\left(p_{大气压} + p_{手}\right)}{4\pi r^3}$$

于是

$$p = p_{内} - p_{大气压} = \left(\frac{3V}{4\pi r^3} - 1\right) p_{大气压} + \frac{3V}{4\pi r^3} p_{手}$$

从而可以知道气球壁的表面张力。所以测量了手指下压的距离,就可由立体几何球缺体积的公式得到 V。

由于气球内外的压强差公式中的 p 与球面的表面张力系数 σ 的关系是(读者可自行推导)

$$p = \frac{4\sigma}{r}$$

所以进而可求得 σ。另一个测量气球泡面的表面张力系数是用吹气法。

设向一个肥皂泡吹入一个大气压的空气时,肥皂泡直径是 4 cm。此肥皂泡继续膨胀到直径是 10 cm 时,正好保持稳定。求此刻泡面的表面张力系数。

由气态方程得到

$$p_{大气压} \times \frac{1}{6}\pi\left(4\,\mathrm{cm}\right)^3 = p \times \frac{1}{6}\pi\left(10\,\mathrm{cm}\right)^3$$

故终态的泡内气压是

$$p = \left(\frac{2}{5}\right)^3 p_{大气压}$$

泡内、外的气压差由泡面的表面张力维持

$$p_{大气压} - p = \frac{4\sigma}{r}$$

所以

$$\frac{4\sigma}{0.1} = p_{大气压}\left[1 - \left(\frac{2}{5}\right)^3\right]$$

由此就能求出 σ 的值。

有时候,数学的心像比以实体事物作为思考对象想出来的心像更实际、更容易明了。数学帮助有物理通感的人寻找新的心像。大物理学家狄拉克说:“一个物理规律必须有数学上的美”,“让数学成为你的向导,至少是在开始的时候。”他又说:“首先为了它自身的原因玩味漂亮的数学,然后看这个是不是引导到新物理。”

例如,笔者对压缩光的量子理论建立了数学心像,那就是将尺度变换 $x \to x/u$ 映射到坐标本征态空间 $|x\rangle$,让 $|x\rangle$ 变为 $|x/u\rangle$,再积分 $\int_{-\infty}^{\infty} \mathrm{d}x \, |x/u\rangle \langle x|$,得出的结果可以导出压缩算符的显式。但是,“数学美是一种质感,它不能定义……”只有具备物理通感的人才能欣赏之。

4.5 物理通感体现在对已有知识的新阐述

这里举例说一下笔者对量子物理的通感:笔者曾提出求量子体系能级的新方法,称之为“不变本征算符方法”(Invariant Eigen-operator Method,简称 IEO 方法)。这一方法是从海森伯创建矩阵力学的思想出发,关注能级的跃迁 (间隙),同时结合薛定谔算符的物理意义,把本征态的思想推广到“不变本征算符”的概念,从而使得海森伯方程的用途更加广泛,求若干量子体系的能级或能级公式更为简便。

在以往的量子论中,求系统的能级一般归结于求解该系统哈密顿量的本征态方程(由薛定谔方程导出),很少用海森伯方程,究其原因,这也许部分是人们比较熟悉解微分方程(波动方程)的缘故,部分是因为爱因斯坦觉得薛定谔相比海森伯而言,前者的贡献更大一些。关于他们俩谁对量子论贡献大的问题,牵涉到历史上他们谁应先得诺贝尔奖。薛定谔和海森伯获得的一个重要提名来自爱因斯坦,他说:“这两个人的贡献相互独立且意义深远,把一个奖项分给他们两人是不合适的。谁应该获奖这个问题很难决定。我个人认为薛定谔的贡献更大一些,因为我感觉与海森伯比较起来,他创立的概念将会有更深远的发展。如果由我做决定的话,我会首先把奖授予薛定谔。”在这封亲笔信的脚注中,他加上这样一句话:“但这只是我个人的意见,也可能是错误的。”

但是狄拉克有他自己的看法,1963 年有人在采访狄拉克时问道:“你认为薛定谔排在第几位?”狄拉克回答说:“我认为他紧随海森伯之后。尽管在某些方面,薛定谔比海森伯头脑更聪明,因为海森伯从实验数据中得到很多帮助，而薛定谔所做的一切都只是靠他的大脑。”在另一个场合，狄拉克又说：“在我失败的地方海森伯取得了成功。当时有一大堆光谱的数据堆积着，而海森伯发现了恰当的方法去处理它们。他的成功开创了理论物理的黄金时代，在此以后的几年时间里，第二流的学生去做第一流的工作是不难的事情。”笔者提出的不变本征算符方法也许从一个侧面支持了狄拉克的观点，即指出了海森伯方程在求动力学系统能级时也能有所作为。

笔者的另一通感是：从光子的产生－湮灭机制谈量子力学出现的必然。

有一次去外校讲学，未及正题前笔者问听众：诸位想想为什么一定会有量子力学这门学科出现？

听众甲不假思索道：牛顿力学只能描写宏观物体，谈到微观世界就需要量子力学。

听众乙顿了一下说：因为物质有波粒子二象性，所以要有量子力学。

其他人众未置可否，也许皆以为然吧。

笔者说，量子力学理论是聪明人自由思考的产物。这里不说量子的出现如何源于普朗克思考热辐射的前前后后的历史（大自然的园地关不住春色，量子的“红杏出墙来”终于被普朗克觉悟到），也不讲德国人如何从观察钢水的颜色和温度的关系发现了量子的物理背景。笔者以为量子力学是为了适应和描写自然界光的产生－湮灭现象而出现的一门学科。

闻此语听众中颇有惊讶和不解之脸色。

笔者接着说：“不少人以为量子力学来得突兀，表现出诡异性，颠覆了人们以往的自然观，实际上它始终在我们身边发挥作用，例如，中国古代就有后羿射日的神话，实际上是对太阳能否晒死人的一种担忧（在海边晒日光浴的人都有皮肤晒黑的体验）。太阳的光谱就是遵循量子论的，光作为电磁能在一组电磁振子中的分布，低频的红光多，高频的紫光少，所以只要不在阳光下暴晒是晒不死人的。牛顿力学和拉格朗日－哈密顿的分析力学只能描写物体的运动规律；经典光学只讨论光在传播过程中的干涉、衍射等，它们都不涉及自然界中光的产生－湮灭（例如光的吸收和辐射）这一无时无刻不在发生的现象。电磁学也没有描写光的生－灭机制，例如，打雷时光的闪和灭，尽管把闪电归结到正负电荷之间的放电是电磁学的一大看点，但只是浅尝辄止，麦克斯韦发展出光的电磁波理论，还有更深刻的课题可研究。"

几十年的科研经历使笔者领悟到在自然界中，生－灭既是暂态过程，又是永恒的。暂者绵之永，短者引之长，故而生灭不息。

谈到生－灭，就有"不生不灭"说，不生不得言有，不灭不得言无，注意不是"不灭不生"。这表明生和灭是有次序的。

对于特指的个体，终是生在前，灭在后。我们人类的每一员也是如此，先诞生，后逝世（这里排斥人的因果轮回说）。那么，不生不灭有征兆吗？

回答是：既在某固定处，却又弥望皆是也。

固定处用狄拉克的 Delta 函数表示也，"弥望皆是"即为平面波也，这两种情形都是理想的。此理想情况下，动量 p 值确定的波是单值平面波 e^{ipx}，弥散在空间中，所以其 x 值不定；反之，当弥散的波收敛于一个点，如同一个经典意义下的有确定位置的质点，则用狄拉克发明的 $\delta(x)$ 表示，就无谓奢谈确定动量 p 的值，用数学表达为

$$\delta(x)=\frac{1}{2\pi}\int_{-\infty}^{\infty}\mathrm{d}p\mathrm{e}^{ipx}$$

上式左边代表粒子，右边的 e^{ipx} 代表平面波。介于这两个理想情况之间的就是一个波包，它是若干个不同 p 值的平面波的叠加，造就了坐标－动量之测不准关系也。可见坐标本征态（组成坐标表象）和动量本征态（组成动量表象）的相悖相成反映了德布罗意的波粒二象性。换言之，波粒二象性与海森伯的不确定原理自洽。

因此，当把生－灭用算符来表示，即有产生算符 $a^{\dagger}$ 和湮灭算符 a 之区别，两者是不可交换的。注意到 $a^{\dagger}a$，只是一个数算符（例如用手把一物体从口袋里拿出来，再放回口袋中的操作，相当于"数"一下，因为手里还是空的），$aa^{\dagger}$ 表示先产生后湮灭（例如在口袋里产生一物体，用手取出，手里就有一物），就可以理解 $\left[a,a^{\dagger}\right]=aa^{\dagger}-a^{\dagger}a=1$，这个 1 代表这个个体实际产生过，这就是量子力学的基本对易关系。

定义坐标和动量算符

$$X=\sqrt{\frac{\hbar}{2m\omega}}\left(a+a^{\dagger}\right),\quad P=\sqrt{\frac{\hbar m\omega}{2}}\frac{a-a^{\dagger}}{\sqrt{2}i}$$

就可以导出 $[X,P]=i\hbar$，由此即可得到其量子涨落

$$\Delta X\Delta P\geqslant\frac{\hbar}{2}$$

这就是海森伯不确定原理，所以量子力学在理论上是可以缘起光子的产生–湮灭机制的，这门学科的出现是必然的，相信这种理解不难为大众所接受。

4.6　物理和化学的通感

1833 年，法拉第在研究电解作用时，从实验结果发现通过电解池的电量与析出物质的数量有一定的关系，总结为电解定律：电解时，电极上发生化学反应的物质的质量和通过电解池的电量成正比。可用下列公式定量表示：

$$m=\frac{A}{n}\frac{Q}{F}$$

式中，m 为电极上发生化学反应的物质的质量 (kg)，A 为反应物质元素的原子量 (或摩尔质量)，n 为该元素的原子价，$Q=It$ 为电量，t 为时间 (s)，I 为电流强度 (A)，F 为法拉第常数。法拉第定律对电解反应或电池反应都是适用的。

其实，这个电化学公式在物理上有重要的启示和深远的意义，只是当年的法拉第自己也没有悟到。对于公式稍加分析就可看到，如果我们要从电极上电解分离出 $\frac{A}{n}$ 克质量的物质元素，则需要的电量是

$$Q=F$$

另一方面，质量为 $\frac{A}{n}$ 的任何元素中所包含的原子数目 N 是一定的，而且只与该元素的原子价 n 有关，$N=\alpha/n$，α 是阿伏伽德罗常数，电解分离出一个原子所需的电量是

$$q=\frac{F}{N}=\frac{F}{\alpha}n$$

对于一价元素，$q=\frac{F}{\alpha}$，n 是正整数，所以电荷是分离的，后来密里根用油滴法测电量加以证实。

可见 F 代表每摩尔电子所携带的电荷，单位 C/mol，它是阿伏伽德罗常数 α 与元电荷量的积，最早法拉第常数是在推导阿伏伽德罗常数时通过测量电镀时的电流强度和电镀沉积下来的银的量计算出来的。我们认为，法拉第的电解实验实际上预言了电荷量子化，但是他当时还未能意识到。

4.7 物理和数学的通感

笔者常常想这样一个问题：为什么中国古代出了那么多天文学家，他们都以修正历法闻名，如东汉的祖冲之发现岁差，元代的郭守敬测定回归年、朔望月等，但他们的成就远不如西方的开普勒通过观察发现的行星运动三定律呢？一个主要原因是他们缺乏系统的几何学知识，如椭圆的焦点等概念。后来的牛顿在开普勒三定律上提出万有引力公式也是用了平面几何的方法。可见物理和数学的通感对于发现物理规律是多么关键。

打通量子物理和数学之间的"围墙"的另一个范例是狄拉克符号法。量子力学的数学表述必须是能对量子系统状态和演化进行严谨的描述，能充分地反映物理概念。由于量子力学中许多物理概念与经典力学的截然不同，因此量子力学需要有自己的符号，或是"语言"。狄拉克发明了左矢 $\langle|$ 与右矢 $|\rangle$，它们的内积是个普通数，而 $|\rangle\langle|$ 是个算符，因为它作用于另外一个态矢（右矢或左矢）分别得到右矢或左矢。用狄拉克符号可把海森伯矩阵算符简化为 $|\rangle\langle|$（狄拉克称之为 q 数，右矢代表列矩阵，左矢代表行矩阵；而坐标空间薛定谔波函数 $\psi(x)$ 被表达为 $\langle x|\rangle$，注意这样一来，狄拉克就引入了坐标表象。$\langle x|p\rangle$ 即代表表象变换。表象（representation）原指客观事物在人类大脑中的映象，用以描述不同"坐标系"下微观粒子体系的状态和力学量的具体表示形式。系统状态的波函数看成抽象空间中的态矢量，力学量的本征函数系即此空间的一组基矢，波函数由这组基矢和相应的展开系数表示。狄拉克符号法成功地引入了 q 数和表象理论，"用抽象的方式直接地处理有根本重要意义的一些量"，业已成为量子力学的标准语言。

1930 年，狄拉克出版了《量子力学原理》一书。该书包含了量子力学的基本原理及数学基础，它的出版标志着量子力学的大体确立。狄拉克符号法不仅为量子力学做了奠基性的贡献，而且利用它可以解决某些数学问题，狄拉克符号法更能深入事物的本质，由他搭好的这个符号法框架，多年来，被认为是简明扼要而又深刻形象地反映了物理概念和物理规律。狄拉克用符号法建立起来的表象及其变换论是理论物理的精华，被另一位量子论的创造者海森伯认为是"惊人的进步"和对量子力学"超乎想象的概括"。符号法的引入符合爱因斯坦的研究信条:“人类的头脑必须独立地构思形式,然后我们才能在事物中找到形式。”

在量子论诞生 100 周年之际,物理学家惠勒写了一篇文章,题目是“我们的荣耀和惭愧”。荣耀是因为 100 年中,物理学的所有分支的发展都有量子论的影子。惭愧则是由于 100 年过去了,人们仍然不知道量子化的来源。(范洪义认为辐射的‘不生不灭’机制是量子化的来源,见第 4.5 节的说明。)

科学从某种意义上来说是为了改善我们的思考方式。量子力学普朗克常数的发现要求我们以能量分离的观点看待微观世界,这已经是金科玉律了。但笔者几十年的研究经验认为除此以外,还要用有序的观点去分析力学量算符,这是因为量子力学理论建立在一组基本算符的不可交换的基础上。按照奥地利物理学家马赫的观点:把作为元素的单个经验排列起来的事业就是科学,怎样排以及为什么要这样排,取决于感觉。马赫称作为元素的单个经验为“感觉”。算符的排列有序或无序,其表现形式便不同,感觉有差别。量子力学就是排列算符看好的科学。

说起有序,空间事物排列的有序使得人眼观察一目了然,信息量的摄入就多;相反,杂乱无章给人脑中留下一片狼藉。另一方面,事件的时间排序突出事情的轻重缓急。

生活中需要排序的事情不胜枚举,例如,在超市排队买东西付账;运动员比赛(淘汰赛)前抽签,两个顶级高手抽签的结果正好在第一轮就相遇,其中一个立马被淘汰出局,这样的排序是很不公正的。又如,整理书架,是按内容排序还是按书的购进日期排序,还是按书名的汉语拼音排序?为此,数学家研究出了一些排序算法。计算机也是靠编程序才有生命的,冯·诺伊曼发明了“合并排序”来编写计算机的程序,以提高编序的效率。

在量子力学中,由于两个基本算符不可交换,排序问题尤为重要。譬如说,光的产生和湮灭这两个相辅相成的机制虽然类似于投一个硬币的正反两面,以概率出现,但就某一个个体而言,生和灭是有次序的,光子的产生算符 $a^\dagger$ 和湮灭算符 a 之间遵循‘不生不灭’的顺序(注意不是‘不灭不生’),这就有 $[a,a^\dagger]=1$。这个对易关系和辐射的‘不生不灭’机制也许可以用来作为我们阐述量子化和量子光学的来源。另一方面,要探索新的光场,就要构建量子光场的密度算符,如果不按某种方式排好序,它是不露真相的,因而新光场不易被察觉、被研究琢磨。

光场的密度算符的复杂性用数学家的通常方法是很难被排成正规排序或 Wey-l 序的。为了摆脱困境,范洪义研究出了一套用量子力学表象完备性结合积分的排序方法给出了算符排序互换的积分公式。对于某个算符函数,按范洪义的公式只需做一个积分就完成了算符排序的任务。不但节约了大量的时间,而且发现在产生算符和湮灭算符按正规排列起来的空间可以导致测量坐标的正态分布律,而这恰是狄拉克的坐标表象。在哲学范畴,表象是事物不在眼前时人们在头脑中出现的关于事物的形象;从信息加工的角度来讲,表象是指当前不存在的物体或事件的一种知识表征,这种表征具有形象性。有序的排列使这种形象性更加鲜明。例如,坐标投影算符 $|x\rangle\langle x|$ 用正规排列的玻色算符表示出来就是 $:\exp[-(x-X)^2]:$,是高斯型,X 是坐标算符,$X=\left(a+a^{\dagger}\right)/\sqrt{2}$,$::$ 标记正规乘积,表示产生算符 $a^{\dagger}$ 排在湮灭算符 a 的左边。

另一方面,光场的很多物理性质只有在算符排好序后才能计算出来。例如,有序算符内的积分方法结合辛群结构能将多模玻色算符函数排好为正规序,由此求出了多模混沌光场的广义玻色分布。

有序算符内的积分方法——一种简捷而有效的算符序的重排理论,还可以将经典变换直接通过积分过渡到量子幺正算符,把普通函数的数理统计算符化,我们就在数学上对量子化的来源有了较深入的理解。

再则,量子谐振子的本征函数——厄密多项式的阶数也是按自然数的大小来排序的,阶数越高其函数形式越复杂。但是,笔者发现算符厄密多项式在正规乘积化以后就呈现为 X 的幂次形式了,可见量子理论的丰富多彩。

写到此,笔者想起奥地利物理学家路德维希·玻尔兹曼说的:“一个物体的分子排列可能性决定了熵的大小。举例说,如果某个状态有许多种分子排列方式,那么它的熵就很大。”量子算符函数有多种排列方式,所以其“熵”也很大,即可研究的内容很多。

数学和物理相结合如同好的乐曲要考虑到节奏、旋曲、和声。

爱因斯坦在 1933 年说:“创造性原理存在于数学之中”。在 1946 年写的《自述》一文中,爱因斯坦又写道:“……通向更深入基础知识的道路同时是同最隐秘的数学方法联系着的。只是在几年独立的科学研究工作之后，我才逐渐明白了这一点。”例如，他曾误认为闵可夫斯基把四维时空引入狭义相对论的做法没有必要，甚至觉得把此理论写成张量形式简直就是画蛇添足之举。后来他才意识到闵可夫斯基的做法促成狭义相对论推广为广义相对论。可见，精美的数学对于物理概念的形成及深化起了关键作用，学理论物理的人一定要喜欢数学，甚至自己创新数学。

4.8　物理和文学的通感

一个新的物理现象或概念需要冠名，或给以注解，这是靠有物理通感的人来做的事情。例如，对于一个平面镜如何注解它呢？

笔者曾在交流文物的地摊上看到明代薛晋候造的一方铜镜，仔细辨认其背面有楷书铭文：“既虚其中，亦方其外；一尘不染，万物皆备。”读后深为撰文者所折服。他既道出了平面镜成虚像的物理，又指出了照镜人应有的品德（虚心、方正和纯洁），更隐含了禅机（万物皆备于我）。可见注解物理需要好文字。好的文字描述不但能对物理意义一语中的，而且能给以文学的欣赏，正是一举两得。试想，中学的物理课本在讲到平面镜时，如能配上这面铜镜的像及这 16 字的铭文，则增色也；在讲平面镜时在黑板上写下“明镜不疲屡照”，也是很有意义的。

又如，关于接收各种波在传播中的变频效应，如果不用多普勒效应来命名，而用中文来特指，该用什么汉字呢？笔者认为可以用“曳声”来说明之。这是借用（唐代）方干的诗句“鹤盘远势投孤屿，蝉曳余声过别枝”。方干最先注意到飞蝉从远趋近再远离的过程中，蝉叫的音调由低向高再走低的变化十分明显，对此他印象深刻，记忆犹新。方干之所以用“曳”字，就是因为它有申（伸展、拖引、飘悠）的本义，伸展在这里当然是指频率的展开，所以笔者以为方干是中国最早注意到有多普勒效应的人，可惜他没有像多普勒那样继续琢磨下去，而只是写了一首诗就算了。

物理学是一门很客观的学问，绝没有感性的成分，但我们要描述它，就需尽量体现它的美，尤其是生活中物理学自身存在的美。人们正是觉察到物理学自身简单和谐之美才产生探求物理理论的动机，而这需要物理人一方面表达出发现物理规律的感受和经验，一方面又要准确恰当地诠释它们，这就需要物理和人文的通感。

笔者曾用南唐李煜的“剪不断，理还乱”来注释量子纠缠，也曾写下“乘梯觉重轻，照镜迷左右”来分别描写失重、超重的感觉和宇称。

物理学家 J.J.Thomson 在纪念瑞利（John William Rayleigh）的讲话中说：“在科学上，有两类人：一类是写那些科学的第一句句子的人，他们可能被视作领导者；而另一类是那些写最后一句句子的人。瑞利则属于第二类。”

写科学句子的人，是在重压下产生尽量贴切自然的语言。因为科学中的不少思想和规律是难以用一般的词汇来形容的，所以需要科学家有很好的文学功底。例如，英文的 entropy(热力学词汇）被胡刚复先生译为熵（范洪义曾在上海市五四中学的前身——上海大同大学附中就读初中，胡刚复先生当时任校长）。就这方面而言，理论物理学家应该具有诗人的素质。

文学作品里有无佳句能区分光的经典描述和量子描述的呢？

想了半天，笔者认为是唐代张若虚写的《春江花月夜》中的两句：

一句是“空里流霜不觉飞”，文人将它译为月色如霜所以霜飞无从觉察。物理人觉得这句是光的经典描述，这时我们无需把光看作光子；而另一句“月照花林皆似霰”，文人将其译为月光照射着开遍鲜花的树林好像细密的雪珠在闪烁。物理人觉得这是光的量子描述，即光子。

将物理现象与历史场景融通起来描述则可见于宋代林景熙的《蜃说》，他写道：

沧溟浩渺中，矗如奇峰，联如叠巘，列如崪岫，隐见不常。移时，城郭台榭，骤变欻起。……诡异万千。日近晡，冉冉漫灭。向之有者安在？而海自若也。

林景熙将海市蜃楼与秦之阿房、楚之章华、魏之铜雀以及陈之临春、结绮做比较，叹息道：“突兀凌云者何限，远去代迁，荡为焦土，化为浮埃，是亦一蜃也。何暇蜃之异哉！”

爱因斯坦曾有这样意思的话语：“想象力比获得知识更重要。”即便是荒唐的、疯狂的想象也有实现的可能。例如，德布罗意的波粒子二象性，这个想象把波与粒子“接通”，为爱因斯坦赏识，后来为实验证实。其实，中国古代也不乏想象丰富、奇谲的人，如明代的许仲琳，他的小说《封神演义》中出现两位神将：一名郑伦，其鼻子能哼出白气制敌；一名陈奇，能口哈黄气擒拿对方，称为哼哈两将（图 4.23），可谓盛气凌人，气势汹汹。

图 4.23

4.9　物理诊题和通变

物理题多变，学生觉得难，难在诊题及通变。这使笔者联想到医诊儿科。

明代名医张景岳写的《小儿则总论》，此文给我们物理学人以启发。张景岳写道：

小儿之病，古人谓之哑科，以其言语不能通，病情不易测。故曰：宁治十男子，莫治一妇人；宁治十妇人，莫治一小儿。此甚言小儿之难也。然以余较之，则三者之中，又为小儿为最易。可以见之？盖小儿之病，非外感风寒，则内伤饮食，以至惊风吐泻，及寒热疳痫之类，不过数种，且其脏气清灵，随拨随应，但能确得其本而撮取之，则一药可愈，非若男妇损伤，积痼痴顽者之比，余故谓其易也。第人谓其难，谓其难辨也；余谓其易，谓其易治也，设或辨之不真，则诚然难矣。然辨之之法，亦不过辨其表里，寒热，虚实，六者洞然，又何难治之有?……

做物理习题，就如同诊小儿之病，看似难，是因为小儿不会说话，病情不容易推测出来。而拿到物理题目如觉得难，是难辨用什么公式或定理解之也。通过分析物理题的已知条件，猜想结论，能在选定律时辨之确真，则接下来的事情就容易了。因为解题无非是要套物理公式、用物理定律而已。这就像正确地诊断了小儿的病，治疗实为容易。

中医看病,是基于望、闻、问、切而得到对病人的感觉。“望而知之谓之神,闻而知之谓之圣,问而知之谓之工,切而知之谓之巧。”学生解物理题,须要培养物理感觉。所以笔者花两年时间写了一本《物理感觉启蒙读本》,为困惑于物理学习者解忧。

举一个通变的例子:一个弹簧振子在无摩擦的环境下振动,振幅为 A,然而弹簧本身被渐渐腐蚀,其弹簧系数从 k_1 渐变为 k_2,求振幅如何变?

此题的就诊需要围绕绝热不变量来展开。在经典意义下,力学系统在外部条件无限缓慢改变(外来干扰)下的进程叫作“绝热的”。爱因斯坦曾经提出绝热不变量的概念,即在绝热过程中是一个不变量。

爱因斯坦通过单摆来说明:在长为 l 的摆弦的起点挖一细孔,通过小孔极其缓慢地拉动摆弦,以改变摆的长度,他指出尽管摆的能量 E 和摆的频率 ν 在此过程中都在缓变,但可以说明 $\dfrac{\delta E}{E}=-\dfrac{1}{2}\dfrac{\delta l}{l}$ 是常数,即 $\delta\ln E-\delta\ln\dfrac{1}{\sqrt{l}}=\delta\ln\dfrac{E}{\sqrt{l}}=0$,摆的频率 ν 正比于 $\sqrt{\dfrac{g}{l}}$,故 E/ν 是一个不变量,详情可见《物理感觉启蒙读本》的第 136 面。我们通过该孔缓慢地拉动摆弦,振动能量的改变将与频率成正比,这一点与普朗克的能量子公式 $E=\hbar\nu$ 自洽。

就本题的弹簧被渐渐腐蚀而言,将单摆的公式 $\omega=\sqrt{\dfrac{g}{l}}$ 与弹簧的公式 $\omega=\sqrt{\dfrac{k}{m}}$ 做一比较,就可知 $\delta\ln E\sqrt{k}=0$。由于

$$\frac{1}{2}m\omega^2A^2=E$$

$\dfrac{E}{\nu}$ 是不变量,即

$$\frac{\frac{1}{2}m\omega_1^2A_1^2}{\omega_1}=\frac{\frac{1}{2}m\omega_2^2A_2^2}{\omega_2}$$

故而振幅变化为

$$A_1=A_2\sqrt{\frac{k_1}{k_2}}$$

可见,选准了切题的定律,貌似困难的题就容易解了。

在一个电感、电容组成的 LC 回路中,当电感中的磁性慢慢绝热去磁时,求这个过程中的不变量。

当 LC 器件在外界干扰下做微小变化

$$\delta H=\delta\left(\frac{Q^2}{2C}+\frac{\Phi^2}{2L}\right)=-\frac{Q^2}{2C}\frac{\delta C}{C}-\frac{\Phi^2}{2L}\frac{\delta L}{L}$$

$\Phi=LI$ 是磁通,注意到平均电感能等于平均电容能,并且多次周期振荡的平均结果

$$\frac{\bar{Q}^2}{2C}=\frac{\bar{\Phi}^2}{2L}=\frac{\bar{H}}{2}$$

故而

$$\delta\bar{H}=-\frac{\bar{H}}{2}\left(\frac{\delta C}{C}+\frac{\delta L}{L}\right)$$

因为

$$\frac{1}{2}\left(\frac{\delta C}{C}+\frac{\delta L}{L}\right)=\frac{\delta\sqrt{LC}}{LC}$$

$$\delta\bar{H}=-\bar{H}\frac{\delta\sqrt{LC}}{LC}$$

故而

$$-\ln\bar{H}=\ln\sqrt{LC}$$

让 $E=\bar{H}$ 表示电路的平均能量,

$$\bar{H}\sqrt{LC}=\frac{\bar{H}}{\omega}\equiv\frac{E}{\omega},\ \frac{E}{\omega}\text{是常量}$$

电感的储能

$$W=\frac{\Phi^2}{2L}=\frac{LI^2}{2}$$

绝热去磁做的功引起电路的平均能量变化

$$\delta E=\frac{1}{2}I^2\delta L=\frac{E}{2L}\delta L$$

$$\delta\ln E=\delta\ln\sqrt{L},\qquad \delta\ln\frac{E}{\sqrt{L}}=0$$

鉴于电感 L 与磁性常数 μ 成比例,绝热去磁使得 μ 变小,L 相应变小,因为 $\omega=\dfrac{1}{\sqrt{LC}}$,故而 $\dfrac{E}{\omega}$ 不变。

第 5 章　物理通感——从人感官之综合感觉讲起

我们在日常生活中经历过这样的事情，人的听觉、视觉、触觉和嗅觉往往彼此交融而互补。例如，看一个人不顺眼时，觉得他的声音听起来也不舒服。又如，看到白色觉得冷，闻到花香觉得轻松，等等。人的时空感也是一种物理通感，因为它和视觉、听觉彼此交融而互补，看到了前后、左右和上下，就了解了三维空间；听到了声音的先后就觉到了时间。

5.1　通感是人之感觉的综合、交汇和潜沈印象

如孟子说的“万物皆备于我矣。反身而诚，乐莫大焉”，作为一个物理学家笔者理解为，世界上万事万物之理已经由天赋予我去感觉理解，在我的性分之内完全具备了，如果反躬自省理解自然规律，诚实无欺，便会感到莫大的快乐。难怪爱因斯坦也说，世界上最不可思议的事情便是这个世界是可以思议的。

例如，清代张问陶的《冬日即事》：“人断五更梦，天留数点星。乱鸦盘绕日，落木响空庭。云过地无影，沙飞风有形。晨光看不足，万象自虚灵。”

这里的虚灵是人感官之综合感觉。又如，韩愈的“夜深静卧百虫绝，清月出岭光入扉”也是有声－光通感的咏物诗。

白居易《琵琶行》：“大弦嘈嘈如急雨，小弦切切如私语；嘈嘈切切错杂弹，大珠小珠落玉盘；间关莺语花底滑，幽咽泉流水下滩。水泉冷涩弦凝绝，凝绝不通声渐歇。别有幽愁暗恨生，此时无声胜有声。银瓶

乍破水浆迸，铁骑突出刀枪鸣。曲终收拨当心画，四弦一声如裂帛。”这里将琵琶声分类想象成急雨声、私语声、珠落玉盘声、莺语声、幽咽泉声、银瓶破裂声、刀枪相击声、裂帛声，唤起各种意象，像急雨、私语、珠落玉盘直到刀枪相击和裂帛，即听觉通于视觉了。再像“莺语花底滑”“水泉冷涩”“滑”和“冷涩”是触觉，即听觉通于触觉了。这些都是“听声类形”的通感。而“幽咽泉流水下滩”，“幽”是心的感觉，是听觉通于心之官了。这说明人之听觉、视觉、嗅觉、味觉、触觉等结合所形成的通感还有曲喻的作用。曲喻是由一个比喻转到另一种比喻，属于心之官的感觉了。

《聊斋》中有一个故事《司文郎》，讲有一个瞎和尚判断文章的好坏是用嗅觉，不是视觉或听觉（让人读给他听）。书中写道：“只见这和尚烧了王子平的文章，闻了一闻，便赞许这文章有造诣。”说是用脾脏来品的，并且这文章可以考中。余杭生不相信，烧了一篇大家的著作，没想和尚真的品了出来，并说是用心来品的。当余杭生烧自己的文章时，和尚咳嗽不止，说：“莫再烧了，我勉强让胸膈把它承受了，再烧我便要作呕了！”余杭生很惭愧地走了。没承想余杭生考上了，王子平却落榜了。和尚说这只是命运不同，让余杭生把所有考官的文章拿来，看看谁是他的阅卷老师。当闻到第六篇时，和尚忽然对着墙拼命呕吐，屁响如雷。这是讲此瞎和尚有连通嗅觉、视觉和听觉的“通感”，但这只是蒲松龄的艺术夸张，并不是物理通感。

欧阳修指出：“人为动物，唯物之灵；百忧感其心，万事劳其形。”他写《秋声赋》就是“闻有声自西南来者，悚然而听之”有感而发而写就的。如果他聪耳不闻，并生其心，我们能见到这位贤人对自然界的这曲千古绝唱吗？

诚然，欧阳修在文章中的结尾还是自我慰藉地写道：“奈何以非金石之质，欲与草木而争荣？念谁为之戕贼，亦何恨乎秋声！”无奈之下，表达了一丝“应无所住”的意思。但就其整个思维活动来说，他的“住”是因为“思其力之所不及，忧其智之所不能”呀。

《秋声赋》中有一个配角，即欧阳修的书童。当欧阳修问：“此何声也？汝出视之。”童子曰：“星月皎洁，明河在天，四无人声，声在树间。”以后，对于欧阳修的感慨“童子莫对，垂头而睡”，他真是做到了“应无所住，而生其心”。

我们研究物理的，时时处处要留心周围发生的物理现象而思考，认可“宜其渥然丹者为槁木,黟然黑者为星星”的命运了。

5.2 生理感觉引起的物理通感

例如,人对空气湿度的感觉是综合对热和水 - 汽相变的一种通感。空气湿度大时,人觉得透不过气来,身上的汗水黏在皮肤上,蒸发不了带不走热量,于是容易中暑。

坐着飞机从高空下降,耳膜感到疼痛,这是什么原因呢?

一派意见是,飞机下降,人处于失重状态,如同坐电梯下降也有耳朵疼痛感。但这未说到根本上。

应该说:这是飞机下降,耳朵外气压增强,耳膜受到的张力增大的缘故。耳道的气压跟外界大气压一致,而鼓室内的压力还来不及调整,耳膜两边就产生了压力差,使耳膜充血。此时乘客就会感到耳朵疼,且人耳对飞机降落时的气压差更敏感、更疼痛。

这类感觉,既是生理的,又是物理的。在这个问题上的物理通感是:气压随高度的变换由玻尔兹曼分布律描述为

$$p(y) = p(0)\exp(-ky)$$

其中,$p(0)$ 是地面上的大气压强(单位面积上的压力);$p(y)$ 是高度为 y 的大气压强,$k = \mu g/RT$,μ 是大气的摩尔质量(约为 1.29 kg/mol),g 是重力加速度,$R = 8.31$(单位略)为气体普适恒量,T 为大气的温度。

这就是为什么飞机客舱是增压舱,通过各种手段保持客舱内的气压尽量维持不变。

与上题意思相通的问题是,一个宇航员登上宇宙飞船飞向轨道,会感到头部充血,这是为什么呢?

此问题与气体分子在重力场中的分布相通。设宇航员足部的血液浓度是 $C_0 = \dfrac{n_0}{V}$,n_0 是足部的血量;头部的血液浓度是 $C = \dfrac{n}{V}$,他的身高是 h,类比于气体分子在重力场中的分布,在地球上,身体这两处的血液浓度之比为 3。

$$\frac{C}{C_0} = \frac{n}{n_0}\Big|_{地} = \exp\left(-\frac{mg_{地}h}{RT}\right)$$

而在太空轨道上

$$\frac{C}{C_0} = \frac{n}{n_0}|_{轨} = \exp\left(-\frac{mg_{轨}h}{RT}\right)$$

由于 $g_{地} > g_{轨}$，所以

$$\frac{n}{n_0}|_{轨} > \frac{n}{n_0}|_{地}$$

所以在轨道舱内，他会感到头部充血，这是生理感觉，反映了真实的物理感觉。

当一个青年看到异性害羞时，为什么脸蛋会红？

一成人肩上坐一个重为 M 的小孩，小孩手里有个轻玩具滑梯，一个重为 m 的铁球从滑梯上端光滑滑下，滑梯的角度是 θ，求此人感到压力 F 的大小。

铁球的分量一部分用于下滑而失重，故

$$F = Mg + mg\cos^2\theta$$

如图 5.1 所示，想用在铁跕上敲击的方式折断一个长为 l、质量为 m 的均匀杆，手持杆的一端，问：砸在杆的什么位置，手的震感最小？

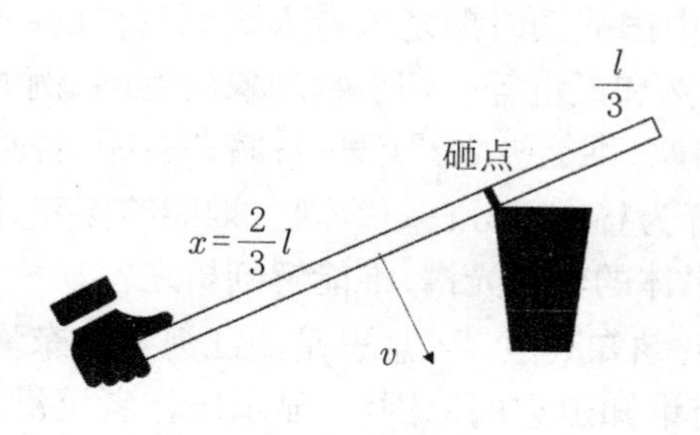

图 5.1

所谓手的震感最小，即是以手握杆的地方为转动支点。设用力砸在离开手握点 x 处，铁跕给杆的动量矩是 mvx，v 是杆的质心速度，鉴于杆绕手的转动惯量是 $\frac{1}{3}ml^2$，角速度为 ω，$v = \frac{1}{2}l\omega$，于是，从动量矩守恒得到

$$mvx = I\omega$$

可知

$$x=\frac{I\omega}{mv}=\frac{\frac{1}{3}ml^2\omega}{m\frac{1}{2}l\omega}=\frac{2}{3}l$$

即是说，当砸点离手为 $\frac{2}{3}l$ 时，手的震感最小。

从以上例子看到，物理通感是：吾人的心之官能自觉地将多种物理感觉彼此腾挪转移，触类旁通，将甲感觉移用来表示乙感觉，左右逢源，使意象更为活泼、新奇，进入新境界，有“独出门前望野田，月明荞麦花如雪”之感。

大物理学家的物理通感能出神入化。例如，关于时间的感觉，爱因斯坦认为不同惯性参照系中由于其相对速度不同，时间不同时。

5.3 从经天纬地的经历中获得物理通感

晚上看到月亮，就想想为什么它上面没有表观大气（嫦娥和吴刚还有白兔如何生存）？就会联想到用月球表面的重力加速度（$167\,\mathrm{cm/s^2}$）、表面温度（约 $300\,\mathrm{K}$）和气体分子的麦克斯韦速度分布律去解释。

《天问》是中国战国时期楚国诗人屈原创作的一首长诗。全诗通篇是对天地、自然和人世等一切事物现象的发问，例如：“上下未形，何由考之？冥昭瞢暗，谁能极之？”（冥：昏暗；昭：明；瞢暗：昼夜未分）

这既可解释为昼夜不分，一片浑暗，谁能够探究其中原因？也可以在当下理解为黑体的辐射光谱，谁能解剖析之？

“东流不溢，孰知其故。”（意思是说江河日夜东流不息，可是海水却不溢出来，有谁知道它的原因？）显示出作者沉潜多思、思想活跃、想象丰富的个性。这对今人的启示就是，若要培养物理通感，就要有问天察地、追求真理的探索精神。

明代的著名文人杨慎对于“东流不溢，孰知其故”给出了正确的答案。杨慎有朴素的科学方法，他先就这个问题做文献调研，发现庄子说过：“日之过河也，有损焉；风之过河也，有损焉。”可是，“风、日皆能损水，但甚微，而人不觉。”于是，杨慎做起了科学实验，“以气嘘物，则得水；又以气吹水，则即干。”从而得出结论：“水由气而生，亦由气而灭。”

为了进一步发展自己的观点，杨慎又指出："若曝衣于日中，摽湿于风际，则立可验……覆杯水于坳堂，则立而汍。"所以，随时随地都有水气轮番转换、朝云暮雨的现象。

例如，当发生雷击时，空气的绝缘被击穿，刹那间变为导电状态。在其放电通路之附近造成静电场和磁场。所以此闪电路（脉冲电路）必然存在冲击阻抗。可以建立一个物理模型。

如图 5.2 所示，设雷击向大地竖直方向，并设雷云为圆盘形，半径为 R，而闪电路半径为 r，位于圆盘之中心。另设闪电路是圆筒形的通路，电荷在圆筒中移动。此移动带来的电场变化引起与放电电流相等的交变电流在半径为 $(R-r)$ 的筒中均匀分布，其流通方向与放电电流相反，在位于 r 外、R 内的某点 x 处所含的区域，总电流是与 $1-\dfrac{\pi x^2}{\pi R^2}$ 成比例，x 处的磁场与 $\dfrac{1}{x}$ 成比例。于是这正反两电流产生互感，它正比于 $\displaystyle\int_r^R \frac{1}{x}\left(1-\frac{x^2}{R^2}\right)\mathrm{d}x$，再计入闪电路内部磁通与电流耦合产生的自感，合起来记为 L。另一方面，闪电路存在静电电容 C，这可由 $LC=1/c^2$（c 代表光速）来计算。综合以上考虑并根据闪电路的冲击阻抗公式 $Z=\sqrt{\dfrac{L}{C}}$ 可以求出 Z。例如，当 $R=500\,\mathrm{m}$，$r=0.3\,\mathrm{m}$，可以算得 $Z=415\,\Omega$（这里的积分计算省略）。

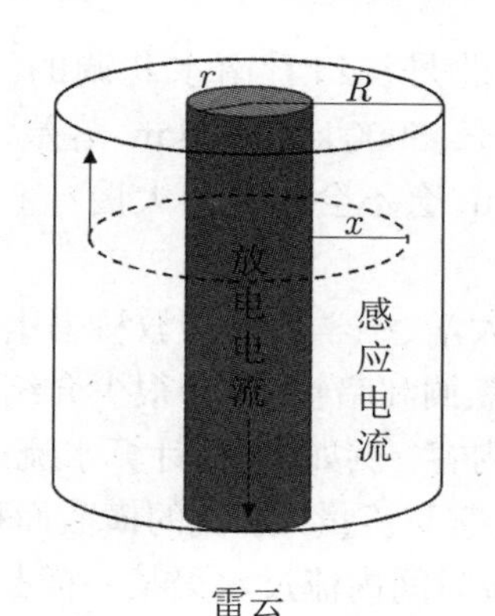

图 5.2

又如，笔者从合肥坐高铁去南京，车往东开，望着南边的太阳在云絮中时隐时现，以云为参照系，它向西行，用一秒钟它穿过目测为 S 距离的朵云。设高铁速度为 V，云层高度是 D（卷云最高大概

10000 m),能估算出太阳与地球的距离吗?

再如,朋友驾车走过一条公路,观察地面情形,如图 5.3 所示,为了在软质黏土地区开挖一沟,边坡坡脚为 80°,黏土密度为 1.92 t/m³,凝聚力为 1.22 t/m²。问:沟开挖到多深时,边坡就要倒塌?

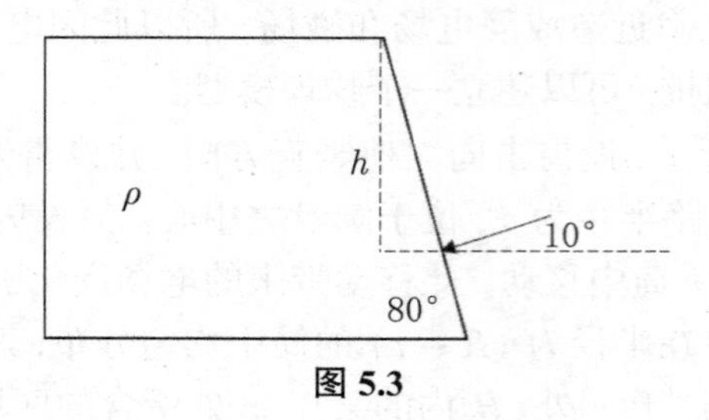

图 5.3

如同水愈深,水下压强愈大一样,土地的深度愈深,压强愈大(向各个方向作用),所以动物陷入淤泥会胸部受压而窒息,压强为 ρh,ρ 是黏土密度,当

$$\rho h \cos 10° > \text{黏土凝聚力}, \quad \cos 10° = 0.985$$

$$h = \frac{1.22\,\mathrm{t}/\mathrm{m}^2}{1.92\,\mathrm{t}/\mathrm{m}^3 \times \cos 10°} \approx 0.63\,\mathrm{m}$$

边坡就要倒塌。

一次随朋友去湖北丹江口看南水北调的源头水库, 其海拔约 1000 m 处, 水途中线长 5000 km, 10 km 落差 1 m 流速够吗? 或是平均 40 km 落差 2.5 m, 会不会水流得太慢? 途中需要多少个水泵站把水打上去呢?

可惜的是我们的大学、中学的物理教科书中有介绍高科技的物理知识,如激光和超导,黑洞和暗物质,却很少介绍这些俯拾皆是的有实际应用的物理概念和内容。例如,如何计算水流冲击力。

估计水流的功率,它与流量(水流的横截面积)成正比,与水流速度的平方成正比。单位时间内流过水渠某一横截面的水的总动能为

$$E = \frac{1}{2} m v^2 = \frac{1}{2} (\rho v s) v^2$$

式中,ρ 是水的密度。知道有温室效应,就联想到地球南北两极冰山融化会给赤道供水,使得地球的转动惯量增加,由角动量守恒,就知道地球的自转变慢了。

古人曰:“悟者吾心也,能见吾心便是真悟。”这说的是理解的重要性。对于同一件东西,不同的人也许有不同的理解。古人又云:“学问以澄心为大根本。”

晚上赏月,想到月球上没有空气,嫦娥如何呼吸呢?为什么月球上没有空气呢?

而笔者通过自己的科研经历体会到悟是物理理论进步的起端。例如,笔者学量子力学,悟出了经典物理学缺乏描写光子的产生和湮灭机制,故量子力学应运而生:抓住自然界“不生不灭”这条显而易见的规则就可以理解产生算符和湮灭算符的不可对易性,从而求出真空投影算符的正规乘积形式,导致有序算符内的积分理论的诞生,把经典正则变化直接用狄拉克符号积分操作映射为量子力学幺正算符。此所谓独家之悟,便有独诣之语。

又如,在讨论算符排序时,笔者悟出将它与量子化方案结合起来考虑,即每一种算符排序规则对应于经典函数的一种量子对应,再用有序算符内的积分就可以方便地导出所需的算符排序结果。再如,笔者认识到波恩的量子力学的概率假设可以用表象完备性的正规乘积算符排序之正态分布形式来理解,便事半功倍地发展了表象理论,构建了纠缠态表象。

所以说,学研中,博闻强记容易,床上架屋也易,通解彻悟困难,别出心裁更难。能将各种相互作用之理论统为一,如爱因斯坦生前想做的那样,难上之难也。可谓“雪里烟村雨里滩,看之容易作之难”矣。

5.4　观察动物世界酝酿物理通感

一只甲虫掉在半径为 R 的半球形碗内,它想逃逸,于是往上爬,它能如愿以偿吗?它在碗内可以爬得多高?假定,甲虫与碗的摩擦系数 $\mu=\dfrac{1}{4}$。

如图 5.4,记甲虫对碗的正压力是 N,动力学方程是

$$-mg\sin\theta-\mu N=mR\ddot{\theta}$$

$$N-mg\cos\theta=mR\dot{\theta}^2$$

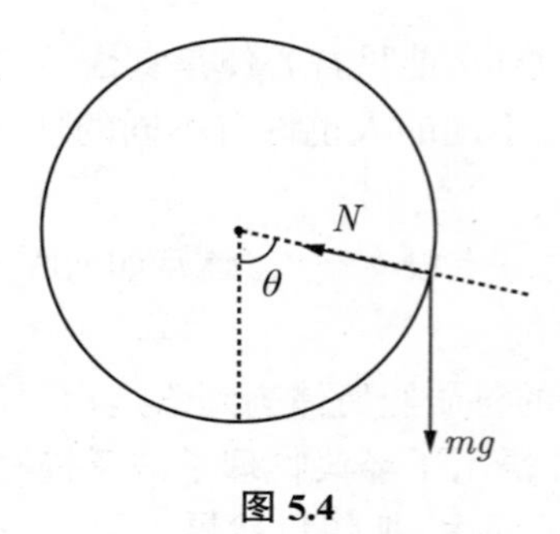

图 5.4

设甲虫在碗内可以爬到的高度是 h,随即便掉下了,此刻 $\ddot{\theta}=0,\dot{\theta}=0$

$$-mg\sin\theta-\mu N=0$$
$$N-mg\cos\theta=0$$

于是

$$-mg\sin\theta-\mu mg\cos\theta=0$$

由 $\mu=\tan\theta=\dfrac{1}{4}$,得到

$$\cos\theta=\frac{4}{\sqrt{17}}$$

甲虫爬的高度是

$$h=R(1-\cos\theta)=R\left(1-\frac{4}{\sqrt{17}}\right)<R$$

可见它爬不了多高就掉下来了。

🎓 唐代诗人骆宾王《在狱咏蝉》诗中的“露重飞难进,风多响易沉”,反映了什么物理知识?

📘 雷雨天气,一只狗熊淋了雨,在野外被带电云的静电感应而带电。将它模拟为一个球形导体电容,$R=0.5\,\mathrm{m}$,粗略估计它的带电量。

💡 球形导体电容

$$C=4\pi\varepsilon_0 R$$

ε_0 是真空介电常数,$\varepsilon_0=8.85\times10^{-23}\,\mathrm{F/m}$。电能

$$W=\frac{Q^2}{2C}$$

其平均值与热力学量关联

$$\frac{\bar{Q}^2}{2C} = \frac{1}{2}kT$$

k 是玻尔兹曼常数,$k = 1.38 \times 10^{-23}\,\mathrm{J/K}$,取 $T = 300\,\mathrm{K}$,就有

$$\begin{aligned}\sqrt{\bar{Q}^2} &= \sqrt{CkT} = \sqrt{4\pi\varepsilon_0 RkT} \\ &= \sqrt{4\pi \times 8.85 \times 10^{-12} \times 0.5 \times 1.38 \times 10^{-23} \times 300} \\ &= 4.8 \times 10^{-16}(\mathrm{C})\end{aligned}$$

第 6 章　物理通感的特点

一般的逻辑思维控制纵向思维。思维是从一个概念出发、脑力驱动意识沿着某种路径行走过程中把若干个概念关联起来形成刚柔相济的链条的活动。然而通感是一种直觉性的横向思维,横向思维是沿着综合、横贯隧穿的路径行走的脑力活动,当有直觉辅助之,便是通感了。所以做题时进行横向比较,可以培养物理通感。兹举一例。

如图 6.1 所示,质量为 m 的物作为长度为 l 的轻杆之锤摆,在离开摆的悬挂点 b 处远的地方有一根弹簧相连,求弹簧的振动频率?当这个系统转 90 度后,转动频率是多少?系统转 180 度后,情况又如何?

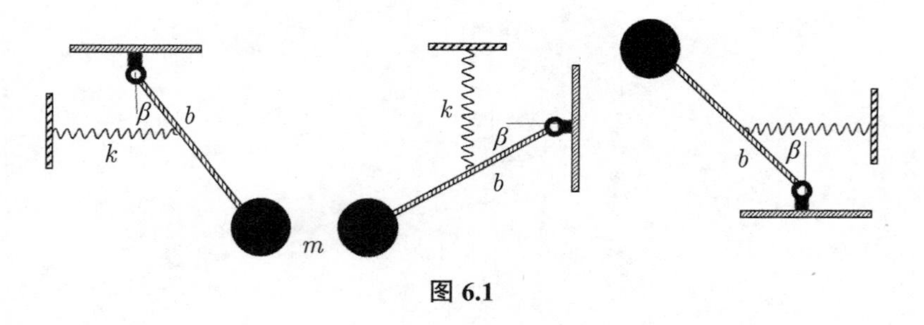

图 6.1

这是一个弹簧结合单摆的力学系统。对悬点的力矩方程是

$$ml^2\ddot{\beta} = -mgl\sin\beta - kb\sin\beta \cdot b\cos\beta$$

这里 β 是摆的角加速度,恢复力有两个,重力和弹簧力 $-kb\sin\beta$,此力对于转轴的力臂是 $b\cos\beta$。对于小振动,约化为

$$ml^2\ddot{\beta} + \left(mgl + kb^2\right)\beta = 0$$

所以

$$\omega^2 = \sqrt{\frac{mgl + kb^2}{ml^2}} = \sqrt{\frac{g}{l} + \frac{kb^2}{ml^2}}$$

当这个系统转 90 度后，mg 对弹簧始终是拉力，它对振动机制无贡献，故振动频率为

$$\omega'^2 = \frac{b}{l}\sqrt{\frac{k}{m}}$$

系统转 180 度，mg 对弹簧是时有拉长时有压缩，力矩方程是

$$ml^2\ddot{\beta} = mgl\sin\beta - kb\sin\beta \cdot b\cos\beta$$

振动频率为

$$\omega''^2 = \sqrt{\frac{mgl + kb^2}{ml^2}} = \sqrt{\frac{kb^2}{ml^2} - \frac{g}{l}}$$

这三种情形一比较，可以加深振动频率只是与恢复力有关的理念。

解此题，也可从能量角度着手。

6.1　物理通感是简约的

牛顿说，真理是在简单性中发现的。

有物理通感者，力求根底无易其固，而裁断必出于己。也就是说，思考问题，必从最原点出发以简单性认定规律，而在理解时有自己独到见解。若不以意运法，转以意从法，则误入泥泞之路也。

物理大家维格纳说："如果我的工作在有些人看来是平庸的，我并不在乎。""在我的整个生涯中，我发现最好是寻找这样的物理问题，其解答看起来原本是简单的，而在具体做的时候会揭示出这样的问题常常是很难完全处理得了的。"事实上，维格纳一生用群论研究量子理论的对称性和原子核物理，后来得了诺贝尔奖。

物理通感总是将问题追溯至原始而简约的状态，并置于恰当的背景中，然后以自己合适的语言描述和理解问题，谋求一个尽可能简单的想法，而不是先去套一个公式，更不是先做复杂的数学演算。既不铺陈始终，也避浩瀚演迤。

简洁、平淡的东西最能体现艺术，也容易被记忆、被传承。例如，狄拉克符号平淡得紧，但成了量子力学的语言，狄拉克自豪地称它是永垂不朽的。

平淡的东西是“潭影空人心”，不起眼，不招风，然“空即是色”，有丰富的内涵。笔者有幸从司空见惯的狄拉克符号 $\int_{-\infty}^{\infty} \mathrm{d}x\,|x\rangle\langle x| = 1$ 出发，很“平庸地”将 $|x\rangle$ 变成 $|x/2\rangle$，旨在积分 $|x/2\rangle\langle x|$，结果是“无心栽柳柳成荫”，另辟蹊径地发展出一套有序算符内（包括 Weyl-排序）的积分理论来，使得量子力学的表象和变换理论有了别开生面的发展，而且推陈出新，使人逐渐认识量子论的“真经”。笔者又将本征态的思想推广到本征算符的情形，将薛定谔算符和海森伯方程这两样熟视无睹的东西结合起来考虑，提出不变本征算符的方法，为求某些物理系统的能隙带来方便。

在简洁、平淡的物理文章和公式面前，不少人掉以轻心。如金圣叹在评点《水浒》时写的那样：“今人不会看书，往往将书容易混账过去。于是古人书中所有得意处，不得意处，转笔处，难转笔处，趁水生波处，翻空出奇处，不得不补处，不得不省处，顺添在后处，倒插在前处，无数方法，无数筋节，悉付之于茫然不知，而仅仅粗记前后事迹，是否成败，以助其酒前茶后，雄谭快笑之旗鼓。”做物理题，难就难在怎样翻空出奇、怎样发现不得不补处。

有物理觉悟的人看物理公式，就能从其平淡的表观看出内蕴的暗流。

例如考虑如下的问题：如图 6.2 所示，一个匀质圆盘，半径是 R，质量为 M，盘边缘上绕有轻质线，线上挂一质量的 m 的重物，圆盘在重物作用下转动，求角加速度。

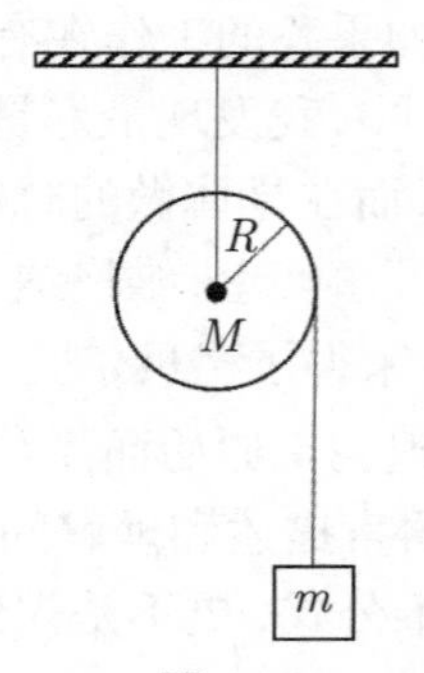

图 6.2

💡本题如何将问题追溯回原始而简约的状态呢？想此重物原本的自由落体加速度是 g，现在有了拖累，要带动一个转动惯量是 $I=\dfrac{1}{2}MR^2$ 的圆盘转，重物 m 的下落加速度 a 肯定要比 g 小。拉动圆盘转的力矩是 TR，角加速度是 $\beta=\dfrac{a}{R}$，需用的力是

$$T=\frac{I\beta}{R}=\frac{1}{2}MR^2\frac{a}{R^2}=\frac{1}{2}Ma$$

此方程说明重物 mg 要同时拖动 m 和 $\dfrac{1}{2}M$，所以线加速度为

$$a=\frac{mg}{m+\frac{1}{2}M}$$

角加速度为

$$\beta=\frac{2mg}{(2m+M)R}$$

本题的物理通感体现在谋求一个尽可能简单的想法：重物 mg 要同时拖动 m 和一个等效的 $\dfrac{1}{2}M$。

📘 如图 6.3 所示，质量为 m，半径为 r 的圆盘的中心与弹簧（刚性系数 k）相连，弹簧另一端固定在墙上，圆盘在地上无滑滚动，求振动频率。

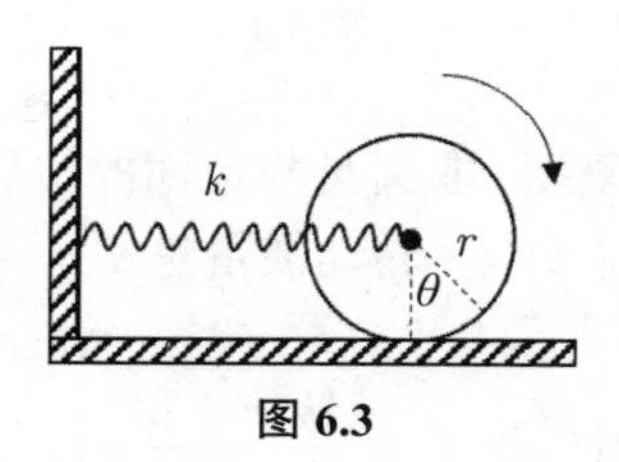

图 6.3

💡此题似乎缺了一个已知条件，即圆盘与地面的摩擦系数，其实不然，无滑滚动即已知条件。取圆盘与地面的接触点为转轴，摩擦力的力矩为零。转动惯量是 $I=\dfrac{3}{2}mr^2$，设圆盘转过 θ 角，圆盘中心位移 θr，弹簧力矩是 $kr\theta\cdot r$，于是可建立方程

$$I\frac{\mathrm{d}^2\theta}{\mathrm{d}t^2}+k\theta r^2=0$$

所以振动频率是

$$\omega=\sqrt{\frac{2k}{3m}}$$

本题也可以从能量角度讨论，记圆盘中心位移是 x，$\theta r = x$， 圆盘动能

$$E_t = \frac{1}{2}m\dot{x}^2 + \frac{1}{2}\left(\frac{1}{2}mr^2\right)\left(\frac{\mathrm{d}\theta}{\mathrm{d}t}\right)^2 = \frac{3}{4}m\dot{x}^2$$

弹簧势能 $E_s = \frac{1}{2}kx^2$ 。能量守恒 $\frac{\mathrm{d}}{\mathrm{d}t}(E_s + E_t) = 0$ 给出

$$\frac{3}{2}m\ddot{x} + kx = 0$$

也得到相同的 $\omega = \sqrt{\frac{2k}{3m}}$。

推广：如图 6.4 所示，圆盘上某点离圆心距离为 b，该点系上两根相同弹簧，弹簧的另一端分别固定于两堵墙，圆盘在地面上无滑滚动，求该系统的振动频率。

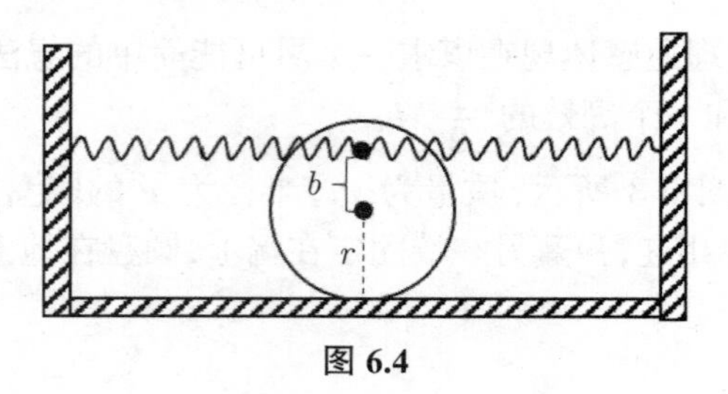

图 6.4

视此系统为复摆，取圆盘与地面的接触点为转轴，两根弹簧对此点力矩是 $2k\cdot(r+b)^2$， 转动惯量是 $I = \frac{3}{2}mr^2$， 所以

$$\omega = \sqrt{\frac{4k(r+b)^2}{3mr^2}}$$

了解已有的物理知识和资料，综合分析之上升到通感，会顿悟产生新想法。爱因斯坦就是在综合已有的物理知识基础上，如迈克尔逊干涉实验结论、Lorenz 变换、费索实验结果等产生新想法，创造了狭义相对论，而在当时，其他人只是停留在牛顿的时空观上。

就思维特点而言，小结物理通感的特点是：

（1）松弛“钻井”式的逻辑思维，只考虑状态，不牵挂过程。

例如，蹦床运动员的跳跃问题。如图 6.5 所示，我们将它抽象为质量为 m 的人从 h 高度自由落下到一块质量为 M 的水平垫

子上，平垫子下有个轻弹簧，恢复系数是 k，弹簧的另一端固定在地面，设人掉在平垫子上是完全非弹性碰撞，求垫子面会塌下去的最大距离。

图 6.5

💡本题我们只考虑结果，不牵挂过程。人掉在平垫子上的瞬间速度为 $\sqrt{2gh}$，人陷于平垫子上一起运动的速度为

$$v=\frac{m}{m+M}\sqrt{2gh}$$

动能为

$$T_0=\frac{1}{2}(m+M)v^2=\frac{m^2gh}{m+M}$$

人掉在平垫子上的瞬时（作为人与平垫子一起下陷的初态），位置势能（若取弹簧的原长处为零势能位置）是 $\left[-(m+M)g\frac{Mg}{k}\right]$，弹簧势能是 $\frac{1}{2}k\left(\frac{Mg}{k}\right)^2$，所以初态势能为

$$V_0=\frac{1}{2}k\left(\frac{Mg}{k}\right)^2-(m+M)g\frac{Mg}{k}=-\frac{g^2}{2k}M(2m+M)$$

在垫子面塌下去的最大距离 y 处，这是终态，动能为零，弹性势能是 $\frac{1}{2}ky^2$，位置势能是 $[-(m+M)gy]$。初态与终态的机械能守恒，故有

$$\frac{1}{2}ky^2-(m+M)gy=T_0+V_0=\frac{m^2gh}{m+M}-\frac{g^2}{2k}M(2m+M)$$

由此解出垫子面塌下去的最大距离是

$$y=\frac{1}{k}\left[(m+M)g+mg\sqrt{1+\frac{2kh}{(m+M)g}}\right]$$

（2）能较快捷地识别出问题的关键所在，简化问题，产生解题的主导思路。

例如，如图 6.6 所示，质量为 M 的滑块 A 可沿着导轨无摩擦滑动，滑块以光滑铰链连接一长为 l 的无重杆，杆另一端有 m 小球，在铅直平面内小幅度摆动，求摆动周期。

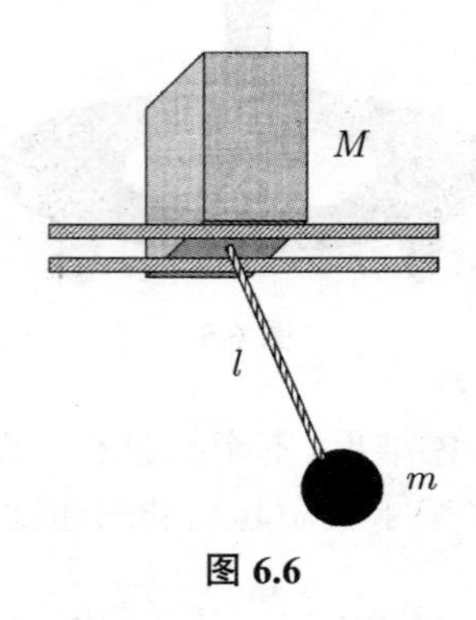

图 6.6

为简化问题，将其看作系统绕质心在摆动，质心离杆的尾端距离是 $\dfrac{Ml}{M+m}$，故摆动周期为

$$T = 2\pi\sqrt{\frac{M}{M+m}\frac{l}{g}}$$

此题若不是如此想，则处理会较复杂。

（3）会从多个角度去想同一个物理现象和问题。

当你看一个大楼时，你不但要一层一层地爬楼看，也需围绕着楼走一圈，边走边看，更需要登顶鸟瞰。

通感导致的方法与思路并不总是正确的，但其快捷的特点使你无须每进一步都要考虑保持暂态平衡，当你快步登上山巅时，再回头看哪条才是捷径、或最佳路线，也未尝不可。

例如，如图 6.7 所示，圆形细管所在的平面垂直于纸面，悬挂在固定点 P 的圆形细管半径为 R，质量为 m，可绕水平轴在垂直于纸面摆动，管内有一个质量也为 m 的小球做无摩擦运动（看作质点），求系统做微摆动时的固有频率。

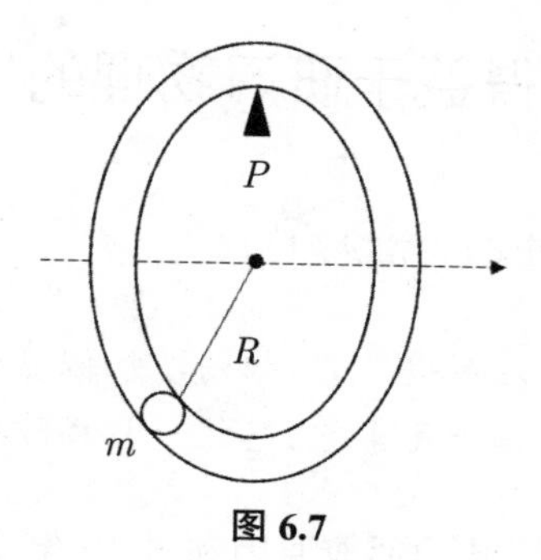

图 6.7

快捷思维：当小球顺着圆盘摆动方向运动，看作其质心的等效摆动，鉴于圆环质量与小球的质量相同，故

$$\omega_1 = \sqrt{\frac{g}{R/2}}$$

而当小球逆着圆盘摆动方向运动，相当于重力加速度减半，所以

$$\omega_2 = \sqrt{\frac{g/2}{R}}$$

（4）会形象化思维。

例如，转动着的匀质圆盘，半径是 R，质量为 M，角速度是 Ω_0，突然关掉电门，圆盘在空气中渐渐停下来，问：这期间它还能转多少次？

一般而言，空气阻力 F 比例于圆盘上各块圆盘小面积的线速度 v，单位面积比例系数是 $k = F/v$，所以圆盘面上各处受到的阻力不同。但我们可以只考虑结果，不牵挂过程，能继续转的次数首先与圆盘的质量成正比，质量越大，惯性越大，转动不容易停下来。其次，能继续转的次数与空气阻力系数、与圆盘面积 πR^2 成反比，但空气阻力与圆盘上各块小面积的线速度成比例，这就需要微积分来做，为了避免用它，可以想象阻力作用于一个相同半径的球面，所以它还能转的次数 N 估计为

$$N = \frac{M\Omega_0}{4\pi R^2 k}$$

注意，这里的 k 的量纲是 $\mathrm{N \cdot s/m^3}$。

6.2 物理通感得益于研习物理的"以大观小"法

读宋代诗人杨万里的《岸沙》诗：

水嫌岸窄要冲开，细荡沙痕似翦裁。
荡去荡来元不觉，忽然一片岸沙摧。

按字面理解是讲岸沙的形成原因和过程，笔者却从其中领悟到物理通感形成之难，须待反复琢磨，才有机会一朝豁然开朗。

那么培养物理通感为何是艰难的历程呢？

这是因为我们天天生活在这个自然界里，司空见惯浑闲事，不会"断尽苏州刺史肠"。爱因斯坦说："对于容易安排的事物而已经被证明有用的概念，很容易让我们深信不疑，以至于我们忘记了它们的世俗渊源，将它们视为不可更改的铁律。"

近日读沈括的《梦溪笔谈》，这位宋代卓越的科学家在书里讥评宋代画家李成采用"仰画飞檐"的画法。他说：

谈到大都山水之法，盖以大观小，如人观假山耳。若同真山之法，以下望上，只合见一重山，岂可重重悉见，兼不应见其溪谷间事。不如屋舍，亦不应见其中庭及后巷中事。若人在东立，则山西便合是远景；人在西立，则山东却合是远景，似此何以成画？李君盖不知以大观小之法，其间折高折远，自有妙理，岂在掀屋角也？

以大观小的画法比较当代西方画法，孰优孰劣，不好评论。前辈文字学家吕叔湘对沈括的话注解为："(以大观小) 当讲作'把大的看成小的'，若作'拿大的看小的'讲，便讲不通。此处所谓'以大观小'，实寓'以高观下'之意，所谓'鸟瞰'也。"诚然，以大观小，是为了兼顾到山前山后、屋内屋外的景致，绝不是要把真山真水画得如同假山盆景那般小巧玲珑，失却真山真水的气魄。

这与《红楼梦》第四十二回薛宝钗对惜春谈到大观园图的章法相同：

这园子却是像画儿一般，山石树木，楼阁房屋，远近疏密，也不多，也不少。恰恰的是这样。你若照样儿往纸上一画，是必不能讨好的。这要看纸的地步远近，该多该少，分主分宾，该添的要添，该藏该减的要该藏该减,该露的要露。这一起了稿子,再端详斟酌,方成一幅图样。

近代画家陆俨少认为:"画要有大画面,一大丛树林,或一块山石,间以细碎的东西,如房屋、桥梁、溪流之类,在虚实繁简之外,又需有大小相间,有了大块面,就浑厚,也有气势,突出主题在大块面上。"中国山水画革新家李可染也认真研究过"以大观小"和"小中见大"的画法。

若想在思考物理问题上做到以大观小,必须胸中有深厚的修养,这里的"大"不是指形状大,而是指基本、根本博大。如诺贝尔奖得主维格纳首先用群论研究量子力学,用自然界的对称性看物理问题,就是"以大观小"。量子论是一幅大"画面",有宏伟气势,是海森伯、薛定谔和狄拉克的大手笔。他们三人各自以独特的视点观察这个"山重水复的量子世界",就像中国画没有固定的视点一样,画家可以挪动自己的脚步,绕到各个侧面去发现那柳暗花明的又一村。终于造就了量子力学的以博大观精深,此即物理上的以大观小也(寓"以高观下"——"鸟瞰"之意)。

例如,爱因斯坦用普朗克的量子观点(大)解释光电效应(小)。记得薛定谔曾说:"你(指爱因斯坦)在寻找大猎物,你是在猎狮子。而我只是在抓野兔。如果不是因为你从关于气体简并的第二篇论文中,硬是把德布罗意想法的重要性摆到了我的鼻子底下,整个波动力学根本就建立不起来,并且恐怕永远也构建不起来(我说的是光靠我自己)。"薛定谔的话说明他是以波粒二象性(大)来导出后来以他名字命名的薛定谔方程的(小)。

"会当凌绝顶,一览众山小",以大观小,才能通过平远、高远、深远的"散点透视法"去研究物理。

如图 6.8 所示,一木块 m 与一斜坡 M 表面皆光滑,斜坡(倾角 α) 与地面之间无摩擦,求水平外推力 F 多大,方能使木块相对于斜面为静止?

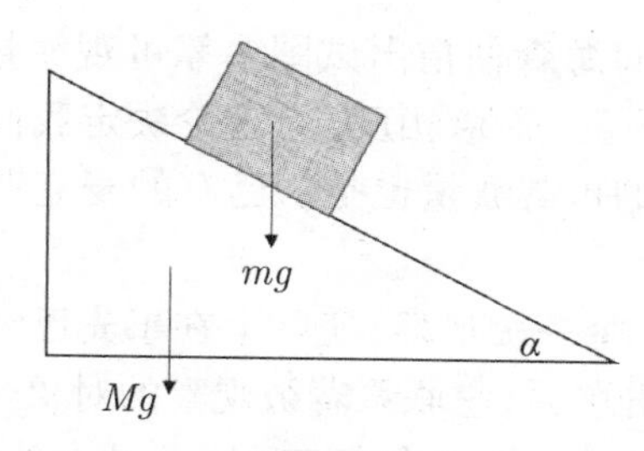

图 6.8

用“以大观小”法，即所谓“鸟瞰”。鉴于这木块 m 与质量为 M 的斜坡组成的系统，外推力 F 作用时，木块 m 与斜坡 M 作为一个整体运动，故可想象：把此斜坡面想象为我们在第 2.2 节提到的一辆水车在做加速运动的液面，它满足液面状态方程，同时把木块想象为在液面上画出一水块，此水块相对于整个水面为静止。加速度是 $a = g\tan\alpha$，所以外力是

$$F = (m + M)\, g\tan\alpha$$

培养物理通感，就需练习“以大观小”法。

6.3 物理通感是否体现马赫的思维经济原则?

爱因斯坦和海森伯曾谈论马赫的思维经济原则。该原则认为，科学就是花费尽可能少的思维，以尽可能简单明了的形式探讨和解释各门科学。那么，物理通感应该体现思维经济原则吗?

这里，我们揣摩他们的长篇哲理谈话（海森伯的回忆）做如下的简化，以突出其主要观点，希望大致符合他们的原意。1926 年海森伯毅然决然放弃电子轨道概念代之以可观测量（跃迁频率和相应的振幅）来研究原子光谱，也就是在那年春天，在柏林，他遇到爱因斯坦，俩人就海森伯的论文讨论了好久。

爱因斯坦问海森伯：“难道你是认真地相信只有可观察量才应当进入物理理论吗?”

海森伯反驳道：“你的相对论中不也认为绝对时间是不可观察的，只有运动参照系或静止参照系中的时钟读数才同时间的确定有关吗?”

于是爱因斯坦向海森伯指出试图单靠可观察量来建立理论，那是完全错误的。实际上，恰恰相反，是理论决定我们能够观察到的东西——你现在所谓的可观察量也是从已有的麦克斯韦理论那里因袭来的。

爱因斯坦认为，每一次观察，实际上在事先已经假定了存在一种我们已知的不含糊的联系，它联系着被观察的对象与最终映入我们意识中的知觉。只有当我们知道决定这种联系的自然定律时，才能确定

这种联系。不过，如果这些定律还不清楚时，就像当时的原子物理的情况那样，则甚至“观察”这个概念也失去了它明晰的意义。在这种情况下，是理论先决定什么是被观察的。

海森伯不甘示弱，说：“一个好的理论最多不过是按照思维经济原则把观察结果凝聚起来，这种思想无疑回到了马赫，而且实际上，据说你的相对论决定性地利用了马赫的概念。但是你刚才对我讲的，似乎表明恰恰相反。你自己究竟是如何想的呢？”

爱因斯坦在回答中提到：“马赫的思维经济概念可能包含有部分真理，但是我觉得它的确有点太浅薄。马赫多少有点忽略了这样的事实：这个世界实际上是存在的，我们的感觉印象是以客观事物为基础的……马赫关于观察的概念也太朴素了。他假装我们完全正确地理解‘观察’这个词的意思，并且以为这就使他不必去辨别‘客观的’现象和‘主观的’现象。难怪他的原则有这样一个可疑的商业上的名称——思维经济。实际上，自然规律的简单性也是一种客观事实，而且正确的概念体系必须使得这种简单性的主观方面和客观方面保持平衡。”

海森伯表示同意爱因斯坦，说“正像你一样，我相信自然规律的简单性具有一种客观的特征，它并非只是思维经济的结果……”

海森伯接着说他的理论工作显示了自然界的简单性和美，他被这个数学体系强烈地吸引住了，并可以继续想出许多实验来与理论的预测做比较。爱因斯坦说：“实践的检验当然是任何理论的有效性的一个必不可少的先决条件。但是一个人不可能什么事情都去试一试。这就是为什么我对你关于简单性的意见如此感兴趣的原因。可是，我却永远不会说我真正懂得了自然规律的简单性所包含的意思。”

读完以上的对话，可以认识到物理通感不只是为了要体现思维经济原则才需要培养的。

6.4　物理通感反映了人性与物性的和谐

常言道天人合一。有人将其注解为人与自然的相互和谐，即把“天”字解释为自然。其实，人也属于自然，人类的生生不息应与自然相互和谐。人对自然规律的理解越深，就越趋向天人合一的境界。培养物理通感，就更能亲近自然。

笔者以为天人合一也可理解为人性与物性的和谐。“物性”是物理学范畴的，常用作“物理性质”的简称。

人性应适应物性。例如，唐太宗李世民了解水的物性，说出“水能载舟，亦能覆舟”，他把百姓比作水，把君主比作船，水既能让船安稳地航行，也能将船推翻吞没，沉于水中，所以他施仁政，有贞观之治。

古人也把水、冰、汽（虹霓）三态的性质赋予人的秉性，如将“水性杨花”形容见异思迁的行为不端女子，把“玉洁冰清”描写坚贞自爱的女子。将“冰冻三尺非一日之寒”描写成功的人在于有恒心，将“气吞虹霓”形容人的气魄宏大。笔者则把江湖上见利忘义的油滑小人从物理上来说是惯性小。

又如，认识到水位高有势能，飞流直下，就将人分两类，有甘愿随波逐流的，也有敢浪遏飞舟的。看到水有浮力，就拿“心浮气盛”来形容人性情浮躁、态度傲慢。看到竹子的生长，就想到“竹拔高节探虚无”的探索精神。

拿竹来比喻人性的词汇就更多了，如“扎根可墙隅，入室贫不嫌。家徒四壁处，亦有晾衣竿”。

再如，见到闪电，听到雷声，恶人怕被雷击，就想从善。见到太阳照亮群山，人就拿“阳煦山立”自喻，追求性格温和，品高行端。见月有阴晴圆缺，就拿来泛指生活中经历的各种境遇和由此产生的各种心态。

诗人杜甫写诗擅长于把物性用一个“自”字人性化。如“花柳自无私”“故园花自发”“风月自清夜”“虚阁自松声”。影响到后来的李商隐也有“秋池不自冷”和“青楼自管弦”句。

总之，人性是物性的绽放，人从小五官受物触动，则心有所感，自然而然，而不知其所以然也。如此说来，顺其自然的人，体物而缘情，应该是人性高尚者吧。

有了物理通感，就更能体会“知性以为存，知义以为荣”的境界。

物理学家在探索自然规律时，也有境界。何为境界呢？翻开王国维的《人间词话》，内中写道：“境非独谓景物也。喜怒哀乐，亦人心中之一境界。故能写真景物，真感情者，谓之有境界。否则谓之无境界。”

他进一步指出：“有有我之境，有无我之境”“泪眼问花花不语，乱红飞过秋千去。”“可堪孤馆闭春寒，杜鹃声里斜阳暮。”乃有我之境也。“采菊东篱下，悠然见南山。”“寒波澹澹起，白鸟悠悠下。”无我之境也。有我之境，以我观物，故物我皆著我之色彩。无我之境，以物观物，故不知何者为我,何者为物。

叔本华的一段话可用来注释无我之境:“每当我们达到纯粹客观的静观心境,从而能够唤起一种幻觉,仿佛只有物而没有我存在的时候,物与我就完全融为一体。”(《世界是意志和表象》)也就是说,我与其他景物融为一个和谐的境界,我观物,就是物观物,故不知何者为我,何者为物了。

物理是一种生活方式。一个优秀的物理学家能悟出自然原理包孕着自我。举例来说,当伽利略在平滑的水流上行舟时,当众人只顾及景物时,他却悟出了“封闭舱中不能分出是否真正在动”,在理解世界的过程中得到心灵的静静满足。这可以说是“无我之境”。

物理学家常把自己想象为置身于物理系统中的一个子系统,这样的思维似乎进入了无我之境,而实际上如今的量子力学主观观测都要影响客体,故还是有我之境。

6.5 物理通感是与时俱进的

物理通感是与时俱进的。譬如说,学了量子力学,知道其本质是概率性的。在全空间找到粒子的概率为1,数学表达式为

$$\int_{-\infty}^{\infty} p(x)\mathrm{d}x = 1$$

$p(x)$ 称为概率密度,是指在 x 处发现粒子的概率。于是我们就可以返回到经典力学的框架中,问:一个总能量为 E 的弹簧振子,弹性系数为 k,相应的空间概率密度是多少?

由

$$E = \frac{1}{2}kx^2 + \frac{m}{2}\left(\frac{\mathrm{d}x}{\mathrm{d}t}\right)^2$$

得到

$$\sqrt{\frac{m}{2E - kx^2}}\mathrm{d}x = \mathrm{d}t$$

在振动的一个周期内,

$$\int_0^T \mathrm{d}t = T = 2\pi\sqrt{\frac{m}{k}}$$

振子经历一个轮回，故而

$$\oint \sqrt{\frac{m}{2E-kx^2}}\mathrm{d}x = 2\pi\sqrt{\frac{m}{k}}$$

所以

$$\frac{1}{2\pi}\oint \sqrt{\frac{k}{2E-kx^2}}\mathrm{d}x = 1$$

对照 $\int_{-\infty}^{\infty} p(x)\mathrm{d}x = 1$，我们可以说经典弹簧振子的空间概率密度是 $\frac{1}{2\pi}\sqrt{\frac{k}{2E-kx^2}}$。这说明，当有新领域拓展时，对旧有的知识允许有新看法，此亦通感也。

早在 1917 年，爱因斯坦在给克莱因的信中写道："尽管我们用简单性原则选择复杂（现象），但是没有任何根据说明这种理论方法是永远恰当的（充分的）……我毫不怀疑，总有一天，因为我们现在还不能想象的理由，会出现另一个新的描述来代替现在这个。我相信，这种理论代谢的深化过程是没有尽头的。"因此在学习物理时，有必要探讨新的方法以进入更深的物理境界。

6.6 物理通感敏捷之自我检测

通过长时期磕磕绊绊的做题以后，你觉得自己似乎已经具备张皇幽眇之功，异人之所同，详人之所略。具体说来：

（1）能从最基本的原理出发，思考问题。有的学生有好主意，即顺着想下去，想到后来，却忘记了思路的源头，所谓"白云回望合"，"难得糊涂"了。所以，一开始就要把思源记录下来。往往是提出的问题越是貌似简单，却随后显露峥嵘奇崛，你的物理通感越是容易发挥。

例如，学过量子力学坐标表象完备性的人都知道

$$\int_{-\infty}^{\infty} |x\rangle\langle x|\,\mathrm{d}x = 1$$

这里 $|x\rangle$ 是坐标 $\hat{X}$ 的本征态，$\hat{X}|x\rangle = x|x\rangle$，但是

$$\int_{-\infty}^{\infty} \frac{\mathrm{d}x}{\sqrt{\mu}}|x/\mu\rangle\langle x| = ?,\quad \mu > 0$$

长期以来，此问既无人提出，更不用说算了。笔者发明了一个独特的方法推导出

$$\int_{-\infty}^{\infty}\frac{\mathrm{d}x}{\sqrt{\mu}}\left|x/\mu\right\rangle\left\langle x\right| = \mathrm{e}^{\frac{a^{\dagger 2}}{2}\tanh\lambda}\mathrm{e}^{\left(a^{\dagger}a+\frac{1}{2}\right)\ln\sec h\lambda}\mathrm{e}^{\frac{a^{2}}{2}\tanh\lambda}, \quad \mu=\mathrm{e}^{\lambda}$$

这里 $\hat{X}=\dfrac{a^{\dagger}+a}{\sqrt{2}}$，$[a,\ a^{\dagger}]=1$。

（2）隐隐地觉得有结论可得，却不透脱，盯着的目标渐行渐远，慢慢地模糊了，所谓"青霭入看无"，这时能换一个角度思考，或可柳暗花明。

例如，笔者看了爱因斯坦等三人于 1935 年发表的著名的文章，发现文中只给出了纠缠波函数，便换一个角度思考，即求两个粒子的相对坐标和总动量的共同本征态，发明了纠缠态表象，并用狄拉克符号注释了连续变量系统的量子纠缠。

（3）能想出另用一个办法检验你的结论（包括实验方案），或把问题转化为另一个容易着手的问题。

如图 6.9 所示，一根弹簧（弹性系数 k）在其两端连接着两个不同质量的小球 m 和 M，求振动频率。

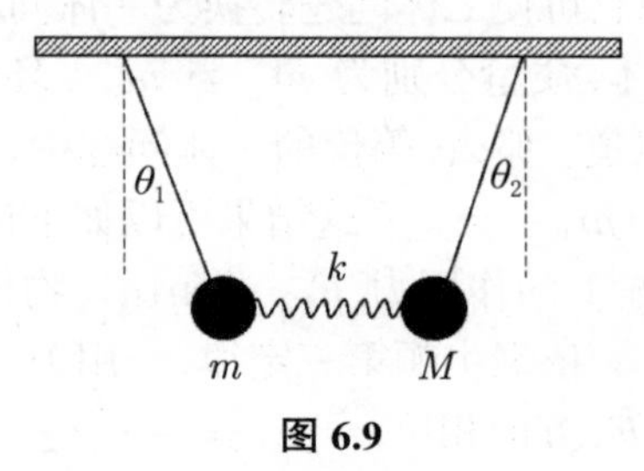

图 6.9

此题先前讨论过，这里想出另一个办法来检验。我们可以设想将每个小球都连上一根无质量的长为 l 的（虚拟）摆杆，杆的另一端悬挂起来，成为单摆。摆杆离开平衡位置的摆角分别为 θ_1 和 θ_2，则有力矩方程

$$ml^2\ddot{\theta}_1 = kl\left(\theta_2-\theta_1\right)\cdot l\cos\theta_1 - mgl\sin\theta_1$$
$$Ml^2\ddot{\theta}_2 = -kl\left(\theta_2-\theta_1\right)\cdot l\cos\theta_2 - Mgl\sin\theta_2$$

对于小振动

$$Mml^2\ddot{\theta}_1 = Mkl^2\left(\theta_2-\theta_1\right) - Mmgl\theta_1$$

$$mMl^2\ddot{\theta}_2 = -mkl^2(\theta_2-\theta_1) - mMgl\theta_2$$

两个方程相减

$$mMl^2\left(\ddot{\theta}_1-\ddot{\theta}_2\right) = kl^2(\theta_2-\theta_1)(M+m) - Mmgl(\theta_1+\theta_2)$$

到这一步，我们忘掉虚拟的摆杆，即略去摆的力矩，此方程约化为对 $(\theta_1-\theta_2)$ 的振动方程

$$mM\left(\ddot{\theta}_1-\ddot{\theta}_2\right) + k(\theta_1-\theta_2)(M+m) = 0$$

可见振动频率是

$$\omega^2 = \frac{k(M+m)}{mM} = \frac{k}{mM/(M+m)}$$

可见 $mM/(M+m)$ 是折合质量。当人们在很远处看这个系统，肉眼不能分辨这两个不同质量的小球，只看到折合质量在质心处振动（一体问题）。

在牛顿力学里，约化质量，也称作折合质量，是出现于二体问题的“有效”惯性质量，用它可使二体问题转换为一体问题。

假设有两个物体，质量分别为 m_1 与 m_2 ，环绕着两个物体的质心，运行于各自的轨道。那么，等价的一体问题中，物体的质量就是约化质量 $\mu = m_1m_2/(m_1+m_2)$ 。这结果可以如下证明：用牛顿第二定律，物体 2 施于物体 1 的作用力 $F_{12} = m_1a_1$；物体 1 施于物体 2 的作用力，$F_{21} = m_2a_2$。依据牛顿第三定律，作用力与反作用力，大小相等，$|F_{12}| = |F_{21}| = F$；方向相反，$m_1a_1 = -m_2a_2$。故两个物体的相对加速度为

$$\begin{aligned} a = a_1 - a_2 &= a_1\left(1+\frac{m_1}{m_2}\right) \\ &= a_1\frac{m_1+m_2}{m_2} = \frac{F}{m_1}\frac{m_1+m_2}{m_2} \equiv F/\mu \end{aligned}$$

所以 $\mu = m_1m_2/(m_1+m_2)$。即相对于物体 2 ，物体 1 的运动就好似一个质量为约化质量的物体的运动。

小结：二体组成的孤立系统内部相互作用，一物体以另一物体为参照物时，若不引入惯性力，则等效以折合质量 $\mu = m_1m_2/(m_1+m_2)$，受力产生加速度。

折合质量的概念也会出现在质量为 m_1 的水柱冲击在一块质量为 M_2 的平板上使其运动。设此水的冲击没有弹性,冲击前水速是 v_1,平板的行进速度是 v_2,水柱的冲击运动相对于平板而言,就好似一个质量为约化质量的物体的运动,所以这部分水做的功(或冲击失去的能量)为

$$\frac{1}{2}\frac{m_1 M_2}{m_1+M_2}(v_1-v_2)^2$$

当 $m_1 \ll M_2$ 时,上式近似为 $\frac{1}{2}m_1(v_1-v_2)^2$ 。平板所获得的能量是冲击水柱前后的动能差再减去它做的功,即

$$E=\frac{1}{2}m_1\left(v_1^2-v_2^2\right)-\frac{1}{2}m_1(v_1-v_2)^2=m_1 v_2(v_1-v_2)$$

设每秒水量体积是 Q,则平板得到的冲击功率是

$$W=\rho Q v_2(v_1-v_2)$$

ρ 是水的密度。当 $v_2=\frac{v_1}{2}$ 时,冲击功率 W 最大。若记 $W=P\cdot v_2$,则水对平板的垂直冲击力是

$$P=\rho Q(v_1-v_2)$$

若平板原为静止,$v_2=0$,则

$$P=\rho Q v_1$$

设 S 为冲击水流之横截面,则每秒的水量 $Q=v_1 S$,则

$$P=\rho S v_1^2$$

此公式有一定的普适性。

例如,划船的双桨,横截面一共为 $2S$,划桨人划桨的速度相对于船是 u,船对于静水的速度是 v,那么桨面对于静水的速度是 $u-v$,该船受到桨的推力是 $2S\rho(u-v)^2$。

又如,水力采煤用的高压水枪射出的水柱在煤壁上向四周散开,所以对煤壁的作用力 F 也可以用上述公式表示,S 是水枪喷口面积。当水柱速度是 $100\,\mathrm{m/s}$,$S=6\,\mathrm{cm}^2$,则 $F=6\times10^3\,\mathrm{N}$。

如图 6.10 所示,水流经过一个弯管的净推力也可以用上述公式推导,从图上画的力的分解、合成得到

$$P=2\rho Q v_1\sin\frac{\alpha}{2}$$

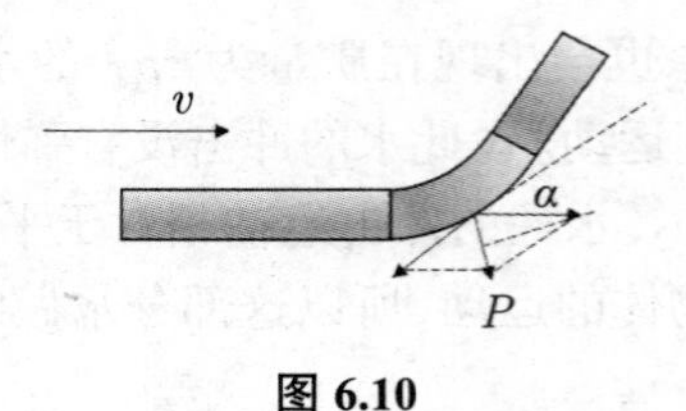

图 6.10

例如,有 $d = 1\,\text{m}$ 直径的弯管,每秒的排水量是 $Q = 1.5\,\text{m}^3/\text{s}$,弯曲成 60°,求冲击力。

水速度

$$v = \frac{Q}{\pi d^2/4} = 1.91\ (\text{m/s})$$

冲击力为

$$P = 2\rho Q v \sin\frac{\alpha}{2} = \left[2 \cdot 1000 \cdot 1.5 \cdot 1.91 \cdot \frac{1}{2}/9.81\right] \text{kg} = 292\,\text{kg}$$

如图 6.11 所示,游乐场中有一根水管长 $l = 80\,\text{cm}$,两端向相反方向成 90° 的弯曲,水管可绕中轴转动,边转边喷水,水在 $d = 1\,\text{cm}$ 直径的喷嘴处流速为 $v = 6\,\text{m/s}$,求转动力偶。

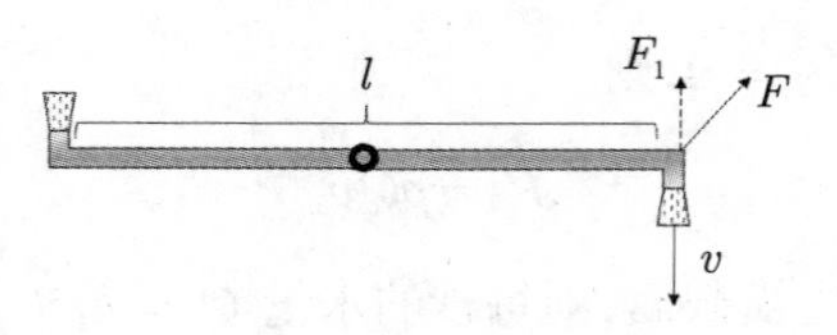

图 6.11

水流在成 90 度的弯曲的弯头处受管子的反作用力为

$$F = 2\rho Q v \sin\frac{90^\circ}{2} = \sqrt{2}\rho S v^2$$

其垂直于水管的分力

$$F_1 = F\cos 45^\circ = \rho S v^2 = \rho\frac{\pi d^2}{4}v^2 = 2.8\ (\text{N})$$

故转动力偶

$$M = F_1 \cdot l = 2.25\ (\text{N}\cdot\text{m})$$

(4)算了好长时间的东西,过几天想想,原来只需三言两语就能解决的,原问题一下子变成是天真、平庸的了。

例如，如图 6.12 所示，考虑一个质量 m 均匀分布在长为 l 的杆，其顶端在一枢纽中可自由旋转。杆的中点受两只弹簧（弹性系数 k）约束，求其固有频率。

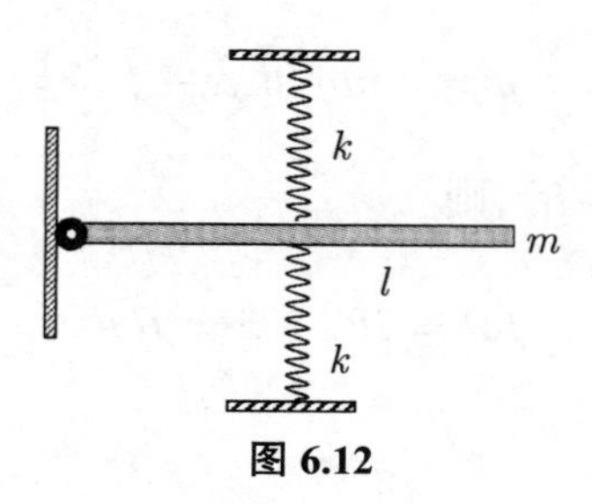

图 6.12

解此题之通感体现在用系统的能量表达式分析，注意到杆绕顶端旋转的转动惯量是 $\frac{1}{3}ml^2$，便可一眼看出

$$\omega^2 = \frac{3}{2}\left(\frac{g}{l} + \frac{k}{m}\right)$$

（5）能从物理考虑找出推导的谬误在何处。

（6）能根据推演的结果，从似是而非的东西中攫取物理意义。

（7）能将物理知识用于解决工程问题。

例如，高压电线在野外高空和高巍的烟囱如何避免风吹的共振；对于具体的有振动的物理系统，消振的弹簧刚性系数应该取多少；等等。

（8）对于别人说的东西，有判断正误的能力，也不轻易相信类比。

比如有人说：帆船在正风中顺行，船速越大，获利越多。这是正确的吗？

上面刚说到流体的冲击力正比于流体速度的平方，对于风的情形，也是如此。

一条帆船在静水中顺风航行，速度是 v，船工将风帆对准风向，风速是 u，设帆面有弹性，那么风对帆面的垂直冲击力是正比于 $2(u-v)^2$，帆船获得的功率是比例于 $2(u-v)^2 v$，鉴于 $(u-v)$，$(u-v)$ 和 $2v$ 这三个量的乘积当三者相等时为极大，所以当 $u = 3v$ 时，帆船获得的功率最大。此时，船工调节船速应是风速的 $\frac{1}{3}$。可见，并非船速越大获利越多。

再如，一个重物和一个轻物从同一高度落下，所需时间是相同的，那么就可以断言一个实心球和一个相同半径的球壳从同一斜面的同一处无滑滚下是同时抵达斜面底端吗?

对于球壳,质心加速度为

$$m\ddot{x} = mg\sin\alpha - f$$

绕接触点的 $I_1 = \frac{1}{3}mR^2$,则

$$fR = I\ddot{\theta}, \quad \ddot{x} = R\ddot{\theta}$$

故

$$m\ddot{x} = mg\sin\alpha - \frac{I\ddot{\theta}}{R} = mg\sin\alpha - \frac{1}{3}mR^2\frac{\ddot{x}}{R^2}$$

即

$$\ddot{x} = \frac{3}{5}g\sin\alpha$$

对于实心球,有

$$I = \frac{2}{5}MR^2$$

质心加速度为

$$\ddot{X} = \frac{5}{7}g\sin\alpha$$

可见实心球滚动快于外形相同的球壳。

第 7 章　物理通感的培养

强烈地喜爱观察和理解事物，是培养物理通感的必由之路。物理通感的产生如同妇人怀孕结胎，十月之内，先具胚廓，渐成形骸，器脏百窍，一时毕备，绝非今日长一嘴、明日长一鼻式的嫁接。所以，企图从分离的思维模式设想物理通感是徒劳的。大家如爱因斯坦者，可在物态起灭转接之间（如布朗运动）觉有不可识处，激发创新，此奇人奇气也。吾辈后学者想要提高物理通感，宜从点滴物理现象着想训练，不摒弃一知半解、不轻视旁门小径，如此努力持久，忽一日，可脱却凡骨也。

生活中无处没有物理问题，培养通感可以从自身起居出行做起。譬如问自己，笔者身高 1.8 m，在匀速步行时，步长多少比较省劲？

如图 7.1 所示，记人体重为 Mg，腿重为 mg，腿长为 l，脚步匀速为 v，步长为 x，此即前后两腿分开的距离，单位时间走 n 步，故 $v = xn$。记初始时刻人的重心离开地面高度是 y，近似等于

$$y = \sqrt{l^2 - \left(\frac{x}{2}\right)^2} = l\sqrt{1 - \left(\frac{x}{2l}\right)^2} \approx l\left[1 - \frac{1}{2}\left(\frac{x}{2l}\right)^2\right]$$

图 7.1

一般而言,人行走时后腿抬起比前腿要高,使人体前倾重心升高了,步长 x 大时,重心升高也大。例如,人的步长 x 是 40 cm,腿长 100 cm,故而 $\frac{x}{2l}$ 近似可作为小量,所以重心升高约为

$$\Delta y \approx \frac{x^2}{8l}$$

单位时间走 n 步,重心需升高 n 次,人为势能增量要做的功是

$$P = nMg\delta y \sim nMg\frac{x^2}{8l} = Mg\frac{vx}{8l}$$

另一方面,人腿几乎是在绕重心转动,$v = \omega l$,人腿的转动惯量为

$$I = \frac{1}{3}ml^2$$

n 次摆动动能为

$$E = n\frac{1}{2}I\omega^2 = \frac{1}{6}nmv^2$$

于是,单位时间人做功为

$$\begin{aligned} W &= P + E = Mg\frac{vx}{8l} + \frac{1}{6}nmv^2 \\ &= \frac{v^2}{2}\left(\frac{Mg}{4nl} + \frac{mn}{3}\right) \end{aligned}$$

这里还没有考虑摩擦力。步长多少比较省劲的问题就是问 n 取值多少可使得做功 W 极小,由上式计算可得

$$n = \sqrt{\frac{3Mg}{4lm}}$$

例如,某人的体重与腿重比 $\frac{M}{m} = 4$,腿长 l =100 cm,步长 x 是 40 cm,$n \approx 5$,$v = 2\,\mathrm{m/s}$。

一成年人是一少年的两倍高,他们的体态相似,问做相同的体操动作时,他俩的骨骼和肌肉承受的应力相同吗?

两人相应的机体的质量比是 8,相应的面积比是 4,故应力比是2。

一个体操运动员两手分别攥着两个吊环,两臂对称使劲,夹角为 2α,身体处在空中平衡,两个吊环距离是 d,突然一个手松开,问在那个瞬间,他的另一只手受的拉力是多少?(你可自己补上充分必要的已知条件来完成此题的解。)

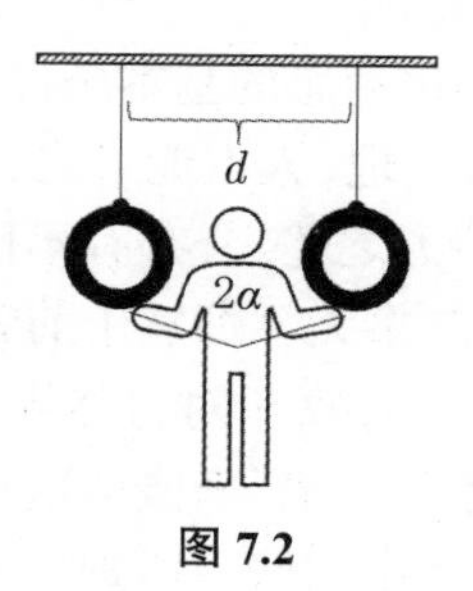

图 7.2

提示：为了解此题，想象另一个题目。如图 7.3 所示，一根均匀杆，质量为 m，长为 l，一头悬在墙上可自由转动。另外有一个支架支撑着杆，杆身与水平线成 α 角。求当突然撤去支架时，悬点受的力是多少？

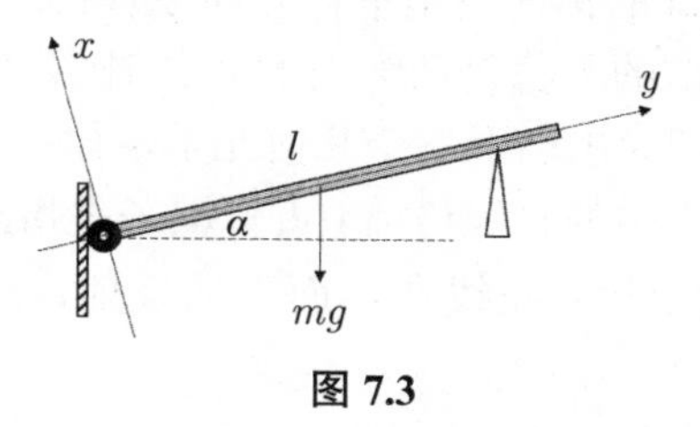

图 7.3

选坐标架沿着杆身（为 y）和垂直杆身（为 x），铰链点受的力记为 N_x 和 N_y，则

$$m\ddot{x} = N_x - mg\cos\alpha$$
$$m\ddot{y} = N_y - mg\sin\alpha$$

记 β 为垂直杆身的角加速度，$\ddot{x} = -\dfrac{l}{2}\beta$，绕质心的转动惯量是 $\dfrac{1}{12}ml^2\beta$，故力矩方程是

$$\frac{1}{12}ml^2\beta = N_x\frac{l}{2}$$

在突然撤去支架时 $\ddot{y} = 0$，所以 $N_y = mg\sin\alpha$，$N_x = \dfrac{1}{4}mg\cos\alpha$。

7.1 物理通感的产生基于至简至美

苏东坡说："静故了群动，空故纳万镜。"心灵空，物理通感才充实，不会让人间之喜怒哀乐之心理感觉干扰物理感觉。

精神的淡泊是滋养物理通感的基本条件。具备物理通感是一种很高的境界。古人云:“可言之理,人人能言之,安在诗人能言之;可征之事,人人能述之,又安在诗人之述之,必有不可言之理,不可述之事,遇之于默会意象之表,而理与事无不灿然于前者也。”物理通感的产生基于对万千现象可理解的信心,寓于对自然界至简至美的观念,笔者曾写对联“千秋几人圣,万象一式描”来概括这一点。

大道至简的例子:光学中的费马原理——光传播的路径是光程取极值的路径,最早由法国科学家皮埃尔马在 1662 年提出。这个极值可能是最大值、最小值,甚至是函数的拐点。最初提出时,又名最短时间原理——光线传播的路径是需时最少的路径。

费马原理更正确的称谓应是平稳时间原理:光沿着所需时间为平稳的路径传播。所谓的平稳是数学上的微分概念,可以理解为一阶导数为零。从费马原理导出以下三个几何光学定律:

(1)光线在真空中的直线传播(古代墨子先指出)。

(2)光的反射定律:光线在界面上的反射,入射角必须等于出射角。

(3)光的折射定律(斯涅尔定律)。

例如,如图 7.4 所示,某光学系大学生小贝,一日在 B 处(距离河边 $s\,\text{m}$)散步,忽然听到远处的河心中传来小孩呼救声,河宽是 $d\,\text{m}$,小贝与小孩的直线距离是 $w\,\text{m}$。小贝学过几何光学,知道折射率分别为 n_1 和 n_2 的介质的光线折射定律

$$n_1 \sin\theta_1 = n_2 \sin\theta_2$$

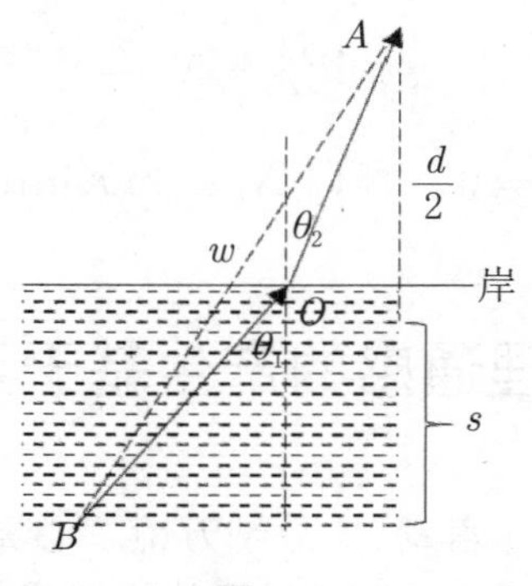

图 7.4

其中，θ_1，θ_2 分别是入射角和折射角。小贝而且知道折射定律可以来自于费马原理:光线传播的路径是需时最少的路径。

小贝发挥其物理通感，为了在最短时间内救出小孩，他类比光线折射定律，根据自己在陆地跑的速度 v_1 和在水里游泳速度 v_2，选择在陆地跑的运动方向（与河岸垂线的夹角 θ_1），和水里游泳的运动方向（与河岸垂线的夹角 θ_2），让它们满足方程

$$\frac{\sin\theta_1}{\sin\theta_2}=\frac{n_2}{n_1}=\frac{v_1}{v_2}$$

n_1 和 n_2 分别为光在空气和水中的折射率，再由几何关系

$$\frac{d}{2}\tan\theta_2+s\tan\theta_1=\sqrt{w^2-\left(\frac{d}{2}+s\right)^2}$$

联立两式便可导出 θ_2 和 θ_1。小贝选定 θ_2 和 θ_1 就可在最短时间内救出小孩。

英国数学家 W.B. 哈密顿于 1834 年发表的动力学中一条适用于完整系统十分重要的变分原理。它可表述为：在 $N+1$ 维空间 (q_1，q_2，$\cdots$，q_N；t) 中，任两点之间连线上动势 $L(q_1$，q_2，$\cdots$，q_N；$t)$ (见拉格朗日方程) 的时间积分以真实运动路线上的值为驻值。亦称最小作用原理。它是力学中的一个变分原理。拉格朗日函数 L 是质点组的动能与势能之差，即 $L=T-V$。

把握物理的至简至美需要抽象的功夫。抽象是指从众多的事物中抽取出共同的、本质性的特征，而舍弃其非本质的特征。抽象思维是人们在认识活动中运用概念、判断、推理等思维形式，对客观现实进行间接的概括，从而获得超出靠感觉器官直接感知的知识。空洞的、臆造的、不可捉摸的抽象是不科学的抽象，科学抽象需要现代数学帮忙。

抽象的角度取决于分析问题的目的，不同角度的抽象，结果可能不同。抽象要恰到好处，所谓“物微意不浅，感到一沉吟”。一个最好的物理抽象的例子是麦克斯韦总结了电磁学的库仑定律、安培环路定律和法拉第电磁感应，引入涡旋电场和位移电流的概念，将矢量场论抽象为精炼的微分方程组，预言了光波就是电磁波。麦克斯韦之所以果断地在方程中加入位移电流项，是他在研究中发现了有趣的情况。把两块中间夹有介质的金属板接在交变电源上，介质内并没有自由电荷，也不存在传导电流，可是磁场却依然产生。所以麦克斯韦认为这里

的磁场是由另一种电流形成的，该电流存在于任何变化的电场中，称为位移电流。

物理学家、诺贝尔奖得主盖尔曼曾说："在我们的工作中，我们总是处于进退两难的困境中，我们可能会不够抽象，并错失了重要的物理学，我们也可能过于抽象，结果把我们模型中假设的目标变成了吞噬我们的真实的怪物。"

这使笔者想到读古诗的难处，因字少而抽象，例如，杜甫的诗句"月是故乡明"，解释为"此地的月同故乡那样的明"，还是"此地的月没有故乡那里的明"?

有人说这要看此句的前后句的意思乃至整首诗的意思才能判断，而笔者觉得这还要看读诗人的直觉，因人而异。可见抽象过分，反而失去其本意。然抽象的能力因人而异，有被常人认为是抽象的东西，在个别人看来是"小菜一碟"。数学家庞加莱就这样描述过另一数学家厄密："与厄密先生讲话，他从不唤起具体的形象；然而你很快就发觉，最抽象的本质对于他来说也像活着的生物一样。"厄密发现了以他名字命名的厄密多项式，范洪义将其进一步抽象、发展为量子力学的算符厄密多项式理论。

物理抽象不同于哲学抽象，例如看到一个钟摆，物理学家关心摆动周期与摆长的关系；而哲学家觉得人生就像一个钟摆，钟摆的一端是无聊，而另一端是痛苦。当欲望得不到满足就痛苦，当欲望得到满足就无聊。曾有人比喻说：物理学家是探险者，而哲学家是观光客或评论家。

物理抽象有时要落实在列出正确的数学演算式上。

如图 7.5 所示，两个一样的轻弹簧悬挂着一根质量为 m 的均匀杆，杆长 L，求其固有振动模式。

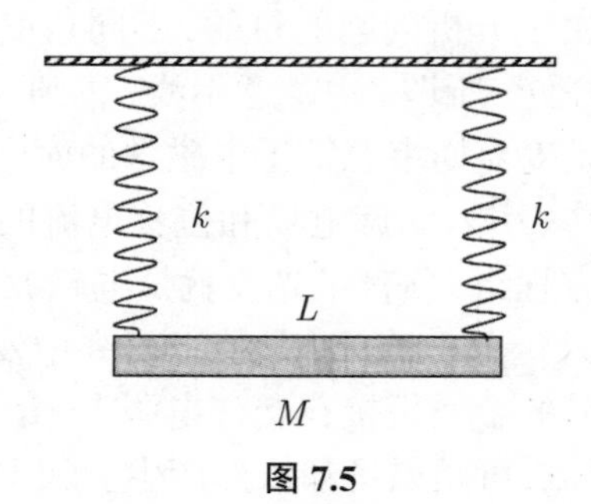

图 7.5

我们已经将固有振动模式抽象为两个轻弹簧有相同的恢复能力的模式，故立即可知对称振动模式 $\sqrt{\dfrac{2k}{M}}$，对应杆平动。另一种情形是，一根弹簧压缩，另一根伸长，压缩与伸长量相同，对应于杆的转动，即反对称振动模式。

为了列出正确的数学演算式，令杆悬挂处的位移分别是 x_1 和 x_2，质心平动方程为

$$m\frac{\ddot{x}_1+\ddot{x}_2}{2}=-k\left(x_1+x_2\right)$$

绕质心角加速度 $\beta=\dfrac{\ddot{x}_2-\ddot{x}_1}{L/2}$，力矩是 $k\left(x_1-x_2\right)L$，绕质心转动惯量 $I=ML^2/12$，转动方程为

$$k\left(x_1-x_2\right)L=I\beta=I\frac{\ddot{x}_2-\ddot{x}_1}{L/2}$$

联立这些方程可得对称振动模式 $\sqrt{\dfrac{2k}{M}}$，及反对称振动模式 $\sqrt{\dfrac{6k}{M}}$。

7.2　物理通感是托物寓感，来自善于和勤于观察

按照理论物理学家费曼的意思，在普遍的理解之前，都要怀着一个特例。特例给人经验和直觉。所以物理通感的培养，还是要从具体事例做起。

1. 天幕上嵌着的一个大钟

笔者在上海中学念高中时，同学中有一个是天文爱好者，每晚观察星星，观察北斗七星。古代中国人民把这七星联系起来想象成为古代舀酒的斗形。天枢、天璇、天玑、天权组成为斗身，古曰魁；玉衡、开阳、摇光组成为斗柄，古曰杓。

北斗星在不同的季节和夜晚不同的时间，出现于天空不同的方位，所以古人就根据初昏时斗柄所指的方向来决定季节：斗柄指东，天下皆春；斗柄指南，天下皆夏；斗柄指西，天下皆秋；斗柄指北，天下皆冬。

北斗七星从斗身上端开始到斗柄的末尾，按顺序依次命名，中国古代天文学家分别把它们称作天枢、天璇、天玑、天权、玉衡、开阳、瑶

光。从“天璇”通过“天枢”向外延伸一条直线，大约延长 5 倍多些，就可见到一颗和北斗七星差不多亮的星星，这就是北极星。地球的北极终是指向北极星。我们注视着北斗七星，每隔一个小时观察一次，发现斗柄的从“天璇”到“天枢”的连线在围绕北极星转动，每隔 6 h 转 90°，所以我们就将这个系统看作一个天幕上嵌着的一个大钟，“天璇”到“天枢”的连线看作时针。这就是一种物理通感。当然，这种视觉效应是由于地球在自转。

2. 高压电传输线下不设居民区

在田野里我们常可看见高压电传输线横空穿过（图 7.6），时如蛟龙。但不见有高压电传输线下设居民区。原因是高压电传输线容易招来感应雷和直击雷。通常所说的雷击是指一部分带电的云层与另一部分带异种电荷的云层或者是带电的云层对大地之间的迅猛放电现象。带电的云层对大地上的某一点之间发生的放电现象，称为直击雷击，即带电云层（雷云）与某一物体，如建筑物、人、畜、防雷装置的迅猛放电现象，并由此伴随而产生的电效应、热效应或机械力等一系列的破坏作用。雷，又称为二次雷。一般来说，感应雷击没有直击雷击那么猛烈，但它发生的概率比直击雷高得多，危害也越来越大、越来越突出。因为直击雷只有发生雷云对地闪击时才会对地面上的物体或人造成灾害，而感应雷击不论雷云对地闪击，或者雷云与雷云之间发生闪击，都可能发生并造成灾害。此外，直击雷袭击的范围较小，而一次雷闪可以在比较大的范围内多个小局部同时发生感应高电压现象，并且这种感应高电压可以通过电力线、电话线、各种馈线及信号线等金属导线传输到很远，致使雷害范围扩大。特别是进入 20 世纪 80 年代以后，由于大量的微电子设备的广泛应用，感应雷击已成为雷电灾害的主要方面。感应雷击是由于雷雨云的静电感应或放电时的电磁感应作用，使建筑物的金属物线（如钢筋、管道、电线等）感应出与雷雨云相反的电荷，而悄悄发生，因而不易被察觉。

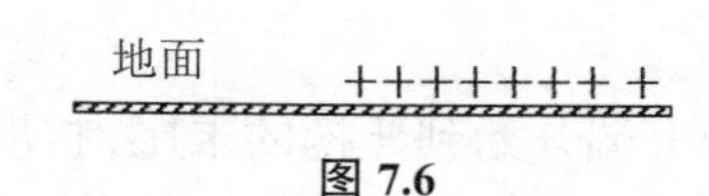

图 7.6

3. 观察液滴从输液管中掉下，测表面张力

古人云:“眼前景物口头语，便是诗家绝妙词。”对于有物理准备的头脑，任何风树之感都是与物理感觉相通的。人的大脑思维是有张力的，笔者把从脑海里冒出来的一个个主意比作营养输液管中液滴的产生。笔者有一次喝了没发酵好的所谓红茶引起皮肤过敏，在医院里输液。躺在床上，颇觉无聊，看到输液管中一滴滴掉下来的液滴，这是液瓶中的液体沿着输液管流淌下来将消耗势能做了功，变成液滴的表面能，于是想起了表面张力，如何测量它呢?

仔细瞧，如图 7.7 所示，看到液滴慢慢从塑料细管中先是形成一袋状，渐渐变大，其下部突出，上部形成狭长的颈部，越来越细（视觉），直至脱离管口自由下落，那一刹那液滴重力 mg 与表面张力平衡（对现象之刹那间的感觉中抉取与心之官所思相契合的意象，在恍惚中默而识出约定俗成的物理观念——通感）。塑料细管内径为 d，等于液滴颈部直径，表面张力系数为 σ，有

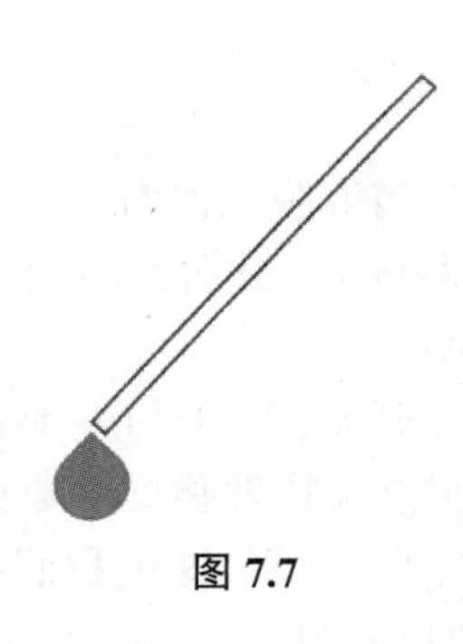

图 7.7

$$\pi\sigma d = mg$$

故

$$\sigma = \frac{mg}{\pi d}$$

知道了 m 和 d，就可知水在玻璃管内的表面张力系数约为

$$\sigma = 7.3 \times 10^{-2}\,\mathrm{N/m}$$

接着想，如何测量水银与玻璃的表面张力系数呢?

此张力所支撑的在玻璃管中水银的高度是

$$h = \frac{2\sigma}{r\rho g}$$

ρ 是水银密度。拿两个毛细管，内半径不同，分别为 r_1 和 r_2，水银在这两个毛细管的高度差是可测的

$$\Delta h = \frac{2\sigma}{r_1\rho g} - \frac{2\sigma}{r_2\rho g} = \frac{2\sigma}{\rho g}\frac{r_2 - r_1}{r_2 r_1}$$

所以

$$\sigma = \frac{\rho g r_2 r_1}{r_2 - r_1}$$

思考题:(1)在内半径 $r = 0.3\,\mathrm{mm}$ 的毛细管中注入水,在管的下端形成一个半径为直径 $6\,\mathrm{mm}$ 的水滴,求水柱的高度。

(2)如图 7.8 所示,两个液膜泡,一大一小,中间以细管相连,当管中阀门被打开后,两个泡中的气体能对流,问:泡如何变?

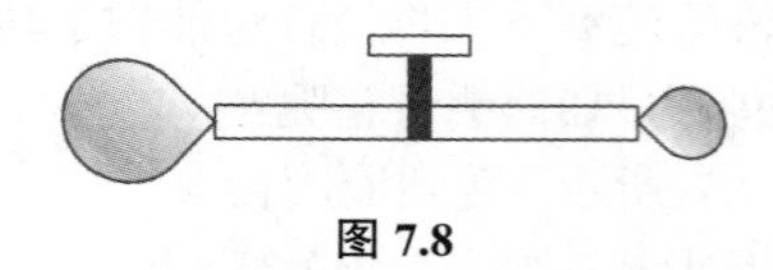

图 7.8

当液膜很薄时,内外表面压强差为 $4\sigma/R$,说明泡的半径越小,内压强愈大,故而大泡变大,小泡变小最后消失。此题也可以用熵变来说明。

联想:庄子和惠子就鱼儿在阳光下游水是否快乐的问题辩论过,我们在《物理感觉启蒙读本》一书中曾对这次辩论给予评论,认为庄子略胜一筹。这里我们编一个关于他们的新故事,惠子问庄子:在大雨时鱼儿都不在水面上呆着,这是为什么?

庄子一时回答不了。于是庄子打着伞,站在池塘边看下雨。池塘面积 $S = 10\,\mathrm{km}^2$,雨滴半径 $r = 0.1\,\mathrm{cm}$,一场大雨后,水面升高了 $d = 5\,\mathrm{cm}$,那么雨滴的数目是

$$\frac{Sd}{\frac{4}{3}\pi r^3} = N$$

记 α 是水的表面张力系数,约等于 7.3×10^{-2}(N/m)(气体与液体之间要形成交界面,需要一定的能量,表面张力就是反映了单位面积的表面能,而作为力来理解,表面张力可看成在交界面内任一假想线上的张力,单位是 N/m)。每个雨滴聚能 $\alpha 4\pi r^2$,那么多的雨滴放弃此表面能,汇聚成池塘水释放出能量是

$$E = \alpha 4\pi r^2 N = \alpha \frac{3sd}{r} = 1.1 \times 10^8 \text{ (J)}$$

人在池塘边也许感觉不到这能量,而鱼儿会感到这是在对它做功呢。庄子悟到了这就是为什么下大雨,鱼儿都不在水面上呆着。他把此推理公式给惠子看,惠子认可。

思考:庄子和惠子看过鱼儿在阳光下游水以后,就租船过河,河水流速不大,庄子对艄公提出要以最短时间渡河,而惠子要艄公以最短路径渡河,请问给艄公的船费应该是哪一种方案省一些呢? 设艄公划船的速度大于水流速度。

又如:吾人路过新建中的楼层时,看到在砌砖的地基上铺一层油毡,这是为何?

联想:人在潮湿的泥土上走过,地面上的脚印里会渗出水来。这是防止土壤中的毛细管将水引上来使得楼层泛潮。

如图 7.9 所示,水在土壤中的毛细管中上升 h,毛细管水头来源于表面张力 T,水面成弧形,与管壁成角 α

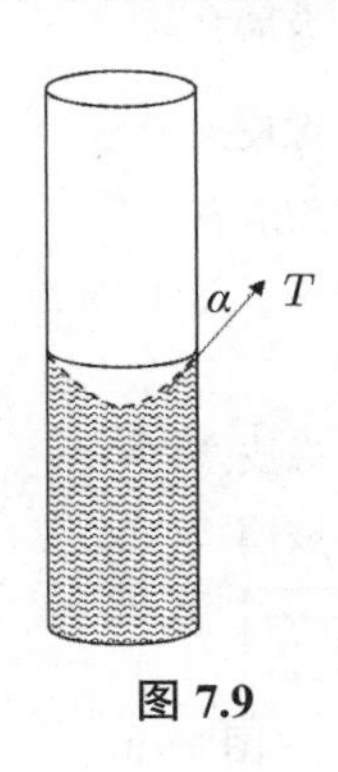

图 7.9

即

$$h\pi r^2\rho g = 2\pi r T\cos\alpha$$

$$h = \frac{2T\cos\alpha}{r\rho g}$$

普通室温下,水表面张力 $T = 0.075\,\mathrm{g/cm}$。毛细现象可以提示我们如何在干燥的地方找地下水。挖 1~2 m 深的土坑,清晨在不远处观察,如有雾气上升,就有地下水。

那么作为一个有物理通感的人,如何设计一个仪器来测量某种土壤样品的毛细管水头(即上升高度)呢?

如图 7.10 所示,准备一个过滤管密封在玻璃套筒中,过滤管底部下面有一个约为 1 cm 厚的软木板,其中间有个小孔,过滤管通过一个橡皮管连接一根长玻璃套管。将土壤样品不压实地放入过滤管中,约为 4 cm 高。注水入玻璃套管中,其水面达到土壤样品的底部,浸

5 min 后,将套管内水面降到软木板底部,以后每 5 min 下降 5 cm。一直到过滤管中的水柱突然下降并有空气入内时,此时土样底面到套管内水面的距离就是该土壤的毛细管水头(因为在此距离的极限,水上不来了)。

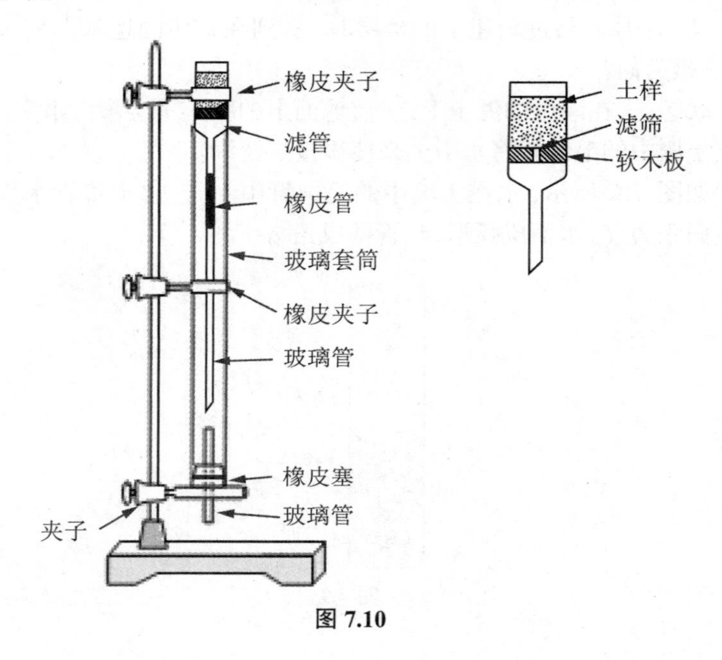

图 7.10

联想:又有一次,庄子和惠子一起外出钓鱼,庄子的细长鱼竿掉水里了,驶过一个小船将鱼竿的一头顶了一下,杆在水面上打转,惠子问这是为什么? 不计水的阻力,打转的速度是多少?

庄子设船给鱼竿的冲量是 P,杆长为 l,角速度是

$$\omega=\frac{P\dfrac{l}{2}}{I}=\frac{P\dfrac{l}{2}}{\dfrac{1}{12}ml^2}=\frac{6P}{ml}$$

这个题目的联想可以结合《水浒传》中的一则故事。

如图 7.11 所示,水浒人物浪里白条张顺用激将法把黑旋风李逵骗到一个长为 L 的均匀竹筏上,筏重 M,张顺站在竹筏 A 端,$AB=L$,李逵站在筏的中心。张顺突然在向竖直于筏身的方向以速度 v 水平跳出,使得李逵站不稳,求竹筏打转的角速度 ω。

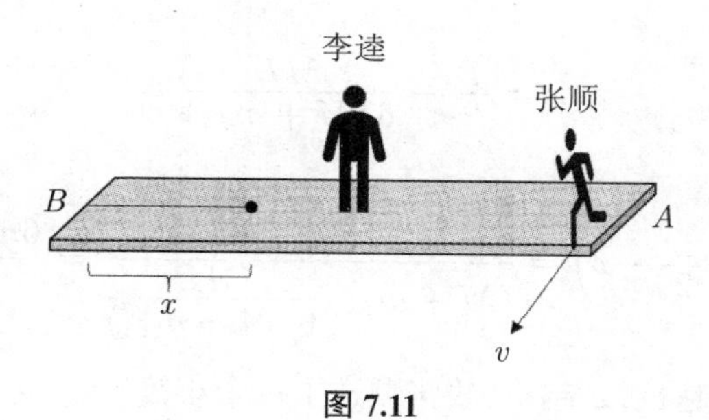

图 7.11

设竹筏在河面上绕筏上某点为轴打转（相对于河岸），设此点离开 B 端的距离是 x，记 J 为筏和李逵绕此轴的总转动惯量，由动量矩守恒

$$J\omega = m_{zhang}v(L-x)$$

其中总转动惯量

$$J = \frac{1}{12}ML^2 + M\left(\frac{L}{2}-x\right)^2 + m_{Li}\left(\frac{L}{2}-x\right)^2$$

故

$$\omega = \frac{m_{zhang}v(L-x)}{J}$$

再由动量守恒，注意李逵站在筏的中心，由动量守恒得到

$$(M+m_{Li})\,v_0 = m_{zhang}v$$

其中 v_0 竹筏中心速度为

$$v_0 = \left(\frac{L}{2}-x\right)\omega$$

故

$$\omega = v_0/\left(\frac{L}{2}-x\right) = \frac{m_{zhang}v}{(M+m_{Li})\left(\frac{L}{2}-x\right)}$$

联立上面第四式得到

$$\frac{L-x}{J} = \frac{1}{(M+m_{Li})\left(\frac{L}{2}-x\right)}$$

代入 J 的表达式得到

$$\frac{L-x}{\frac{1}{12}ML^2 + (M+m_{Li})\left(\frac{L}{2}-x\right)^2} = \frac{1}{(M+m_{Li})\left(\frac{L}{2}-x\right)}$$

由此解出

$$x = \frac{L}{2} - \frac{ML}{6(M + m_{Li})}$$

并可得角速度

$$\omega = v_0 / \left(\frac{L}{2} - x\right) = \frac{m_{zhang} v}{(M + m_{Li}) \frac{ML}{6(M + m_{Li})}} = \frac{6 m_{zhang} v}{ML}$$

可见竹筏越重越长,ω 越小,故张顺选了一个小筏。

又如图 7.12 所示,笔者买了一幅裱画画卷回家,站在高凳上松开束缚绳子并用手提着,画轴顺势滚下,设其在滚落时转动惯量不随画纸展开而变化,卷轴的半径 r 也看作不变,求画轴中心加速度。

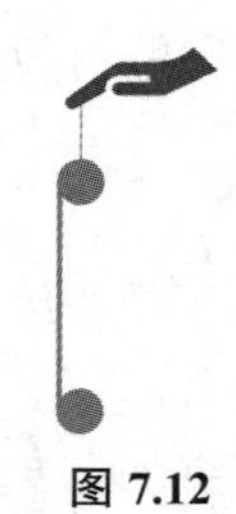

图 7.12

如图 7.12 所示,列出质心运动方程

$$ma = mg - T$$

T 是手拉着绳子的竖直向上的力,画轴回转力矩方程是

$$I\beta = rT$$

而且 $a = \beta r$,且

$$a = \frac{r^2 T}{I} = \frac{r^2}{I} m (g - a)$$

因此画轴中心加速度为

$$a = \frac{r^2}{I} mg / \left(1 + \frac{r^2}{I} m\right) = \frac{r^2 m}{I + r^2 m} g$$

如引入广义惯性质量(详见下节)$\mathfrak{M} = I/r^2 + m$,有

$$a = \frac{m}{\mathfrak{M}} g < g$$

我国明末学者方以智曾将其研究成果写成《物理小识》一书，提出了："宙轮于宇"的见解，即是说时间在空间中像轮子一样旋转不停，时间中有空间，空间中有时间，时间、空间相互渗透，即时空是相寓相成的，这个时空观虽然只是思想的火花，带有自发的猜测的性质，却先于闵科夫斯基的把时间和空间综合在一起的认识。

方以智有"穷理极物之僻"。他研究物理有两个鲜明的特点：一是总结和发展前人的知识，如他自己所云："且劈古今薪，冷灶自烧煮"；二是在日常生活中观察物性细腻，如他仔细地记录了用比重的差异从混合矿石中分离各类金属的方法，以及用莲子、桃仁、鸡蛋、饭豆试验盐卤浓度的方法等。

可以用简单明了的实验模拟自然现象来，训练物理通感。

例如，天空是蓝色的现象，理论上认为是大气中单个原子散射到人们眼中的太阳光蓝色比起红光强。而日落时看着夕阳如血是因为蓝色光被大量地散射掉了。聪明人可以自己来演示这个结论是否正确。滴几滴牛奶到清水里，搅浑后用手电筒光照射，使光束透过水，从侧面看从悬浮的牛奶分子的散射光是淡蓝色的（天空之蓝），而直接透过水的注视手电筒的电珠见有淡红色（日落之红）。

又如，为了了解彩虹的形成机制和光的偏振特性（是径向的还是切向的），可以在阳光充足的时候，用一个浇花水龙头来做实验。

7.3　物理通感产生于多问自己一个为什么

我国清代学者俞樾在《九九消夏录》中曾对格物致知（即研究物理）写道："致知在格物。是故格者，格之训正，经传屡见正也。"他又写道："格，正也。欲致其知，在正其物，其物不正，知不可得而致也。"

我们不妨把"格"理解为研究，"正"理解为正派的研究学风和正确有效的方法，方法不对头，态度不端正，不可得知也。理论物理学家致力于用简单性原则去了解透析复杂嶙峋的现象，并以自己的感觉（直觉）和平易的方式感染与影响大众。此所谓"经传屡见正也"。

以下是格物的几个例子。

（1）如何解释满月在接近日落时升起，新月在接近日出时升起？注意月亮不是一个发光体。满月在月半，新月在月初。

（2）冬日走过校园，见有人在树干上涂白色的石灰水，就想起了关于辐射的基尔霍夫定理，又联想到北极熊的皮毛为什么是白色的，非洲斑马皮色为何是黑白相间的。

一日朋友贾新德载笔者等共 4 人坐他的汽车去郊游。空车质量 M 为 1000 kg，4 人共重 m 为 300 kg。入座后，车身下沉了 6 cm。车开动后穿越一条年久失修的每隔 15 m 就有一个浅坑的路段，车身反跳颠簸得很厉害，我们可据此估计车速是多少。

车座的弹簧恢复系数

$$k = \frac{300\,\mathrm{kg} \times 9.8\,\mathrm{m/s^2}}{0.06\,\mathrm{m}}$$

圆频率

$$\omega = \sqrt{\frac{k}{M+m}}$$

振动周期

$$T = \frac{2\pi}{\omega}$$

鉴于车身共振的现象，说明车速大约是

$$v = \frac{15\,\mathrm{m}}{T} \approx 53\,\mathrm{km/h}$$

与车上的车速表指示的读数相近。这体现了物理通感。

（3）我们经常谈到速度和加速度，而加速度的变化（称为“突震”）却很少提及，现实生活中能感觉到吗？

当然有，坐在加速的汽车里，加速度的突然变化所引起的振动会产生不舒适。

物理通感在于雅俗共赏物理学。在科学的诸多分支中，物理学是最能达到雅俗共赏的了。这是因为人生活在时空中，时空的存在本身就孕育着挑战性极强的物理问题。而且，生活中处处有物理，就是你弯腰举足之间、放眼月亮之望、坐车行轨之劳、饮食吐纳之中都有物理可言。例如，人都知道，坐公交车要是遇到急刹车撞到了别的乘客，这是惯性在起作用，而不关德性。

再则，历史上的神话与物理是休戚相关的，例如，后羿射日与太阳能有关，夸父逐日与时间有关，嫦娥奔月与引力有关。唐代诗人韦庄写的诗句：“若无少女花应老，为有姮娥月易沉”，暗示了重力的存在。神话反映了大众心之所系，所以物理是雅俗期待共赏的学科。

实际上,大众是十分关心新物理的。例如,伦琴刚发现X光时,就有人向伦琴发来订单,要求购买一磅X光,并尽快交货。一家英国公司马上登出广告,销售"防X光"的妇女内衣。有的地方提出议案,要求禁止在剧院使用带X光的观剧望远镜。有的医生还说用X光能拍出人的灵魂的照片。所以物理知识一旦被普及,雅俗皆可赏。这也就是为什么物理学家卢瑟福经常说:"一个物理理论,仅当它也能够被酒吧女招待员理解时,才算得上是好理论。"可见物理学家有责任将"高雅"通俗化,为大众接受。例如,物理学家费曼就喜欢将"高雅的"物理知识说得简单,很多学生都喜欢听他上课。又如,电磁学的麦克斯韦方程组享在高雅之堂,把它说成动电生磁、动磁生电(电动机和发电机)就被雅俗共赏了。爱因斯坦和因费尔德写了《物理学的进化》,也是为了让大众了解并懂得相对论。

物理学最能达到雅俗共赏,也体现在爱因斯坦作为物理学家是最雅俗共赏的科学家,比起大数学家希尔伯特来,大众对爱翁要耳熟能详得多。

爱因斯坦本人,也经常提出一些雅俗都可以讨论的问题,例如,河流为什么越来越弯曲?当自由下坠且封闭得严严实实的油灯从灯塔上掉下来,为什么火焰在灯没有着地前就熄灭了?为什么半湿的沙土表层很结实?

雅诗中偶有简明的物理思考。唐代的方干写过这样的诗句:"卧闻雷雨归岩早,坐见星辰去地低。"为什么打雷容易聚集在岩巅呢?就连"青山依旧在,几度夕阳红"这两句雅诗都有物理可说,夕阳为什么是红的呢?明代的杨慎在感叹这自然景色和人生苦短时,大概也想到了物理吧,难怪他写了《东流不溢》这篇论文呢!

总之,物理理论之高雅脱于俗,又须归于通俗,如果做不到这一点,那么其雅也是空中楼阁也。

7.4　物理通感融会于特征量的记忆和近似估计

处理具体的物理问题,由于其复杂性,需要根据数量级突出起支配权的量的贡献,而暂时忽略次要因素,通感才能酝酿,否则,胡子眉毛一把抓,是不可能理出头绪的。这就需要记住一些特征量。如在原子物理方面,要记住电子的静止能量、玻尔半径、康普顿波长、电子的经典半径等,它们都是由基本常数构成。

例如,当我们在晴天看云时,电场强度向大地方向是 100 V/m,而当有雷云时电场强度极大,但由于空气的绝缘被打穿而火花放电,所以对大地的电位梯度也变小,约为 1000 V/m,在此强电场的云层中,存在电离子,其移动速度约为 3 m/s。直径 0.1 mm 的水滴降落速度约为 3 m/s。

地表的大气层,距离地面越高,其气温越低,约为 6℃/km。

雷云的数值:雷云的厚度为 2~8 km,宽度为 8~12 km,长度为 40~80 km,移动速度为 40 km/h。有一次,笔者和朋友贾新德开车去金华讲学,时速为 100 km。在途中遇到雷雨,笔者对贾新德说,估计开半小时车,能跑出云雷区。果不其然,在高速公路上车行进了 25 min,不再遭雨。

7.5 物理通感仰仗浅入深出引入新物理概念

记得老一辈物理学家严济慈曾教导我们:"教书要深入浅出,学习要浅入深出"。(注意这里的学习是广义的,即包含研究。)本书就是实践了"学习要浅入深出"这条规则,因为我们从海森伯创建矩阵力学的思想出发,关注能级的间隙,同时结合薛定谔算符的物理意义,把本征态的思想推广到"不变本征算符"的概念,这样做似乎是"蜻蜓点水",浅显易为,但以往的物理文献却未见有报道。现在想起 80 年前海森伯和薛定谔关于矩阵力学和波动力学各执一词的争论,难免有"怀旧空吟闻笛赋,到乡翻似烂柯人"的感觉。

多年来在教育界"深入浅出"这个成语用得较多,也是大众追求的目标。但是对"学习要浅入深出",不少学生与研究生感到迷惘,或是根本没有耳闻。综观近代物理发展史并结合笔者自己的科研经验,很多理论物理的重大创新成果都来自于"浅入深出"。

例如,德布罗意注意到,由相对论的质能关系式,凡粒子皆有能量;再由普朗克公式,能量可关系于频率,有频率皆表现为脉动,而脉动的粒子就有波动性,所以粒子总是同某种波动性相联系。他于是导出了重要而深刻的关系,这是浅入深出的生动体现。

狄拉克关于正电子的预言是研究理论物理体现“学习要浅入深出”的又一范例。正如他自己所回忆的:“答案来自数学游戏。我玩弄着三个量 σ_x, σ_y, σ_z ……我用它们做出表达式 $\boldsymbol{\sigma} \cdot \boldsymbol{P}$,并把它平方[其中 $\boldsymbol{\sigma}(\sigma_x, \sigma_y, \sigma_z)$ 是泡利矩阵,$\boldsymbol{P}(P_x, P_y, P_z)$ 是动量的三个分量],得到的正好是动量的平方和。这是非常漂亮的数学结果,看来它必定很重要,它为取得三个平方项之和的方根取线性形式提供了一个有效方法。然而如果我们要想有一个粒子的相对论性理论,我们就需要四个平方项之和的方根,用这个方法却不行。”狄拉克后来突然想到没有必要死守量不放,既然他们可以用两行两列的矩阵来表示,也许可以用四行四列来代替,这样就很容易得到四个平方项之和的方根,在 1928 年 1 月初他得到了形如以后被称为“狄拉克方程”的电子波动方程。

笔者不才,在理论物理的其他一些研究中也体现了“学习要浅入深出”的规律。笔者在上大学二年级时学了光学的菲涅尔衍射,后来在自学量子力学时就自问相应的量子变换是什么,进而提出了量子统计力学的广义刘维定理。

以上例子表明,“浅入”的科研工作是别出心裁的,有另辟蹊径、推陈出新、别开生面的效果。“浅入”的科研工作似乎人人可做,其实不然,只有那些有直觉肯钻研的物理学家才有机遇碰到。“浅入”的科研工作往往给人一种恍然大悟的感觉,因为它以很简洁明快的思想切入主题,“深出”即指经过努力得到深刻而深远的新结论。浅和深是相对的,某些看来肤浅的东西,却意境深远;而深的知识经过“更上一层楼”的思考,也会觉得浅显易懂。当然我们在求学时既不能浅尝辄止,也不提倡一味地钻牛角尖,因为这与深入的概念不同。

根据“浅入深出”的原则,我们在第 3.1 节已经发明了一个研究振动系统简正频率的新方法——波动法,首次求出了若干有复杂周期结构系统的振动模式和若干动力学系统新能级公式。这说明物理学家另辟蹊径创建自己的数学理论对于物理的进步是至关重要的,是值得推崇的。让我们重温爱因斯坦的话:“理论科学在越来越大的程度上被迫以纯数学的、形式的考虑为指导,理论家从事这样的工作,不应该吹毛求疵地认为他们‘富于幻想’;恰恰相反,他们应该有权让自己的想象力自由奔驰,因为要达到目的没有别的办法。”

例如,从以上的一些涉及无滑滚动和弹性振动的综合问题时,该

系统的振动频率常以如下的形式出现:

$$\omega=\sqrt{\frac{k}{m+I/r^2}}$$

于是我们可以深化之,提出系统的蕴含转动惯量的“广义惯性质量”的概念,即令

$$m+I/r^2=\mathfrak{M},\quad r^2/I=\frac{1}{\mathfrak{M}-\mathfrak{m}},$$

或

$$I=r^2\left(\mathfrak{M}-\mathfrak{m}\right)$$

则

$$\omega=\sqrt{\frac{k}{\mathfrak{M}}}$$

$\mathfrak{M}$ 就是虚拟质量。有了此概念,就可简化对另外一些物理问题的求解。于是马上就有以下推广:

任意在斜面(仰角为 θ) 上的半径为 r 的无滑滚动物体在重力场中的下滑力为

$$f=\frac{g\sin\theta}{1+\dfrac{d^2}{r^2}}=\frac{g\sin\theta}{1+\dfrac{I}{mr^2}}=\frac{m}{\mathfrak{M}}g\sin\theta$$

这里的 $md^2=I$ 是回转半径。

🎓 两个球体质量和尺寸相同,而密度不同,一为实心,一为中空,如何鉴别它们?

🎓 在《物理感觉启蒙读本》中的第 110 页我们曾做了一个题,一颗平动的子弹射入一木块受摩擦而渐渐停止,求子弹钻入木块的深度?这里我们提问:如子弹出枪膛后还打着转,答案应该如何修正?

7.6 物理通感落实在对物理公式的口述与默写

前不久为一名大二学生辅导电磁学,笔者对他说准备考试光用心去理解和记忆还不够,还要练习默写物理公式,如高斯的电通量公式、安培环路公式等。这样才能在考卷上顺畅地答题,留有时间思考。最

好是一边默写一边口述（或想象）其物理意义，例如，在默写奥–高定理时自述：做一个封闭球面将穿出的电位移矢量都收拢在一起（积分），拢在一起的量肯定与球面所包含的全部电量成比例；而在默写安培环路公式时可以想象一根电流像一条蛇那样从一个圆环中窜出，环上的"气场"与流强成比例。学生时期的默写公式也是为将来写研究论文练基本功，所谓拳不离手，曲不离口。笔者的老师阮图南教授推导公式淋漓酣畅，行云流水，字字珠玑，就是得益于他常常默写公式的习惯。

笔者在默写公式时，偶尔会妙笔生花，能于不急煞处转出别意来，此时突然一个念头袭来，一个移项、一个配方、两个公式一比较等小技，都可能有意想不到的效果，化境顿生。例如，笔者在默写海森伯方程时，忽然将它与薛定谔算符比较，就想出了不变本征算符理论，它为求某些周期量子系统的能级带来方便。默写时，要释烦心，涤襟怀，才有可能忽有妙会。

清代学问家曾国藩说读书与看书不同："看者攻城拓地，读者如守土防隘，两者截然两事，不可阙，亦不可混。"他是把看书作为汲取与扩充知识范围，需用心去领会，而读书只是为了防止遗忘，读的功能仅在于背书了。然而，当我们用自己的领会来复述（复读），那就有更上一层楼、尽收眼底的视野了。

例如，已经知道了弹簧振动的频率公式 $\omega=\sqrt{\dfrac{k}{m}}$，如何简洁地导出重为 mg 的复摆摆动的频率公式呢？

只需默写

$$\omega=\sqrt{\frac{k}{m}}=\sqrt{\frac{kr\cdot r}{mr^2}}=\sqrt{\frac{F\cdot r}{mr^2}}=\sqrt{\frac{M}{I}}$$

视 F 为重力，r 是复摆重心到支点的距离，$M=F\cdot r$ 是力矩，I 是转动惯量，便得所愿。

7.7　成果积累有利于滋养物理通感

近 20 年来，笔者陆续出了十几本专著，是笔者 50 多年来从事科研与教学的心得，是在积累成果的基础上写就的。只有有见地的选题研究才有可持续性，可写的论文才可能如涓涓细流、自成干渠、聚水成库。成果积累不是“$1+1=2$”，而是积水可成广袤汹涌之势，有望再次突破某个缺口。

一个人的科研工作如果没有成果积累，那么，他的工作即使不是偶然性的，也很难持久和扩大。系列成果的形成，意味着这些成果的内涵有根有基，有长远的价值，要么它们来自同一个科学思想或理念，要么基于某一方法创新，贯穿成链，成了一门学问，就像科苑里种植了一棵大树，枝叶繁茂。已故的中国科大的老校长严济慈就鼓励学子们将来能在科苑里种一棵树。实际上，对于一个科研人员来说，成果积累意味着他掌握了新的思想、技术或某种科研模式，并且使之成为以后新发现或新发明的生长点，并有望形成学派，甚至开拓出新的前沿领域。科学史上，某些学派的长盛不衰，以及父子、师徒、夫妻获得诺贝尔奖的事例时有发生，正是成果积累的必然结果。

另一方面，论文的价值需要时间的检验，成果的积累（写书）也有利于后人的检验，不断地受验证，就会普及。

成语“厚积薄发”中，“厚积”指大量地、充分地积蓄；“薄发”指少量地、慢慢地放出。成果积累得越多，被后人学习传承而薄发的机会越大。而且，能积累的成果往往是有美感的，才容易被欣赏传承而进一步积累。不美的东西人不爱看，即使看了也记不住。笔者创造的有序算符内的积分理论是美的理论，在抒发它时积累了系统的成果，越来越多的人乐意了解掌握它，继续发扬之。

例如，对于如图 7.13 所示的一张射箭的弓的系统，弓弦长为 $2l$，弦的中部串有一小球，重 mg。箭手在弦的中部微微拨开弓，使得弓上的张力为 F，求振动周期。

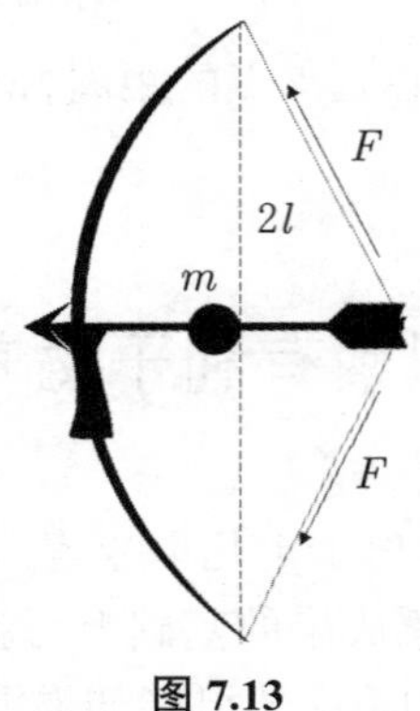

图 7.13

我们已经积累了关于弹簧的知识,其振动周期是 $2\pi\sqrt{\frac{m}{k}}$,于是我们马上可以写下此题的答案:

$$T = 2\pi\sqrt{\frac{m}{2F/l}} = 2\pi\sqrt{\frac{ml}{2F}}$$

再举一例:两个天体质量分别为 m 和 M,因万有引力而相互吸引。假设初始时刻两天体相距无穷远,求当两者相距距离为 D 时接近的速度 v。

两者接近的速度即为相对速度,在第 6.6 节我们已经有了折合质量(或称约化质量)μ 的概念

$$\mu = \frac{mM}{m+M}$$

故具有折合质量之物的速度即为所求,由能量转换

$$\frac{1}{2}\frac{mM}{m+M}v^2 = G\frac{mM}{D}$$

G 是万有引力常数。所以两者相距为 D 时接近的速度是

$$v = \sqrt{\frac{2G}{D}(m+M)}$$

7.8　"正身以俟时"滋养物理通感

古人有云:"欲见圣人气象,须于自己胸中洁净时观之。"我们读物理大家的文章,如爱因斯坦的广义相对论,狄拉克的量子力学原理,要想从中悟出些他们原本没有想到的东西是很难的,因为他们的文章已经是字字珠玑,一尘不染的了。要想有心得必须在具备物理通感的基础上"正身以俟时",笔者有幸能在狄拉克的《量子力学原理》中找到一些发展的方向,实在是机遇偏爱那些比较单纯的"胸中洁净"(即正身)的人的缘故。

胸中洁净时看科学大家的文章,不但能看出端倪,而且有机会发现新课题。坚守自己的观点和想法,才能发现新的物理规律,此所谓"守己而律物。"如笔者读费曼的理论,就提出了系综意义下的量子平均值定理;笔者读 Weyl-Wigner,就导出了 Wigner 算符的 Weyl-排序公式——Delta 算符函数,发展了量子 Tomography 理论,等等。

“正身以俟时，守己而律物”是《儒林外史》中的一副对联，作者吴敬梓在第七回中，讲到老年童生周进中了进士做了广东提学后，他的学生荀玫和冒充学生者梅玖在他曾教学的观音庵的屋子里发现他的亲笔对联一副，红纸都久已发白了，上面十个字就是：“正身以俟时，守己而律物。”梅玖要和尚拿些水喷了，揭下来裱一裱，做收藏。

此联意思是：端正自身来等待机遇，自己安守本分再去约束别的东西。理论物理修炼到一定程度，就有望做到“闭门即是深山，读书随处净土”，时时会有新想法，只是爱因斯坦、狄拉克那些大家想的是大问题，而我们想的是小问题，好比他们打的是狮子，我们只能逮兔子。但是，起初似乎是小问题有时也能渐成规模、成气候，这需要研究者的眼光犀利和不懈的努力。

“正身以俟时”也可以描写在时间的流淌中缓变的物理过程。

例如，在第 4 章最末一节讲到 LC 回路的电感在绝热去磁过程中的不变量，指出 E/ω 是不变量，这里 ω 是 LC 回路的振荡频率，E 是 LC 回路的储能。知道了这一点，就可扩充想象 $E=\frac{1}{2}mv^2$ 是一个运动粒子在两座高墙之间运动的动能，而将 ω 想象为该粒子在这个壁垒中往复的频率，高墙之间距离是 l，于是不变量 E/ω 就转化为

$$E/\omega \to \frac{v^2}{v/l} = vl$$

这说明当两座高墙之间的距离缓慢缩短时，存在一个不变量 vl。

另一例子：如图 7.14 所示，竖直地悬挂在墙上的一金属柱，它会随着时间渐渐伸长吗？

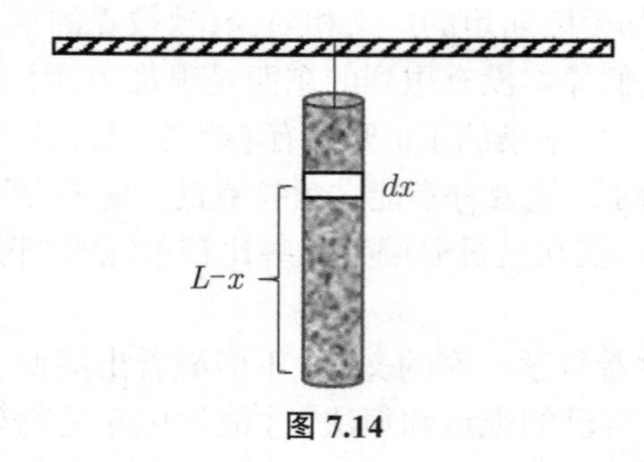

图 7.14

知道了弹簧的刚性系数性容易联想到杨氏模量 $\mathcal{E}$，它是固体材料抵抗形变能力的物理量。当一条长度为 L、截面积为 S 的金属丝在力

F 作用下伸长 ΔL 时,F/S 叫应力,其物理意义是金属丝单位截面积所受到的力;$\Delta L/L$ 叫应变,其物理意义是金属丝单位长度所对应的伸长量。应力与应变的比叫弹性模量。挂一个重物于弹簧上,弹簧便伸长。那么竖直地悬挂在墙上的一金属柱(密度 ρ)因为自重也会伸长,可谓"正身以俟时"。距离悬挂处到金属圆柱某个截面是 x,此处受重力 $\rho g\,(L-x)$,伸长为

$$\mathrm{d}\lambda=\frac{\rho g\,(L-x)}{\mathcal{E}}\mathrm{d}x$$

积分得全部伸长为

$$\lambda=\int_0^L\frac{\rho g\,(L-x)}{\mathcal{E}}\mathrm{d}x=\frac{\rho g}{2\mathcal{E}}L^2$$

问题:一根均匀金属杆绕其一端在水平方向转动,角速度是 ω,求它伸长多少?

7.9　"从悟到通"是一个追寻糊涂难的过程

问能解疑,也是思维的方式之一。清代桐城派代表人物之一刘开专门写了《问说》一文,强调提问题对于长学问的重要性。

故要提倡不耻下问。若不问,耻在一日,误在终身;一时之惮,毕生之悔也。

好几回笔者去外校给大学生做报告,报告结束后,主持人问听众有问题提吗?有观点要与范老师交流吗?

有的听众举手提问题,但表达不清问题本身,自己不知道问题的症结所在,连糊涂都谈不上,更不要说在糊涂中理出头绪来。其实,学习是一个发现问题、追寻糊涂难的过程。郑板桥写的"聪明难,糊涂难,由聪明而转入糊涂更难"可以被自学者当作挖掘新知识的心路历程。

自学中,如能隐约觉得有问题就是好的开端。接下来便是明晰问题,使之逻辑化,有时问题不只是一个,则需条理化,分清主次,删繁就简,以最简洁的语言表达问题。然后是深入问题,以不同的角度揣摩问题,从相似处找寻不同处,所谓"数回细写愁仍破,万颗匀圆讶许同",刚刚觉得聪明了一些,又陷入新一轮的糊涂中。

笔者的朋友何锐说:带着问题去学习是一种正确的学习方式,只要问题明确,即便自己对答案是什么不清楚,处于糊涂阶段,也要比茫然一片好。这就好比某人来到一个陌生的城市,他对该城市的地理一窍不通,但是他对目的地在该地的方位却是明白的,因此,不管他通过什么方式——也许是糊里糊涂地,但最终他总会到达目的地,通过一阵子摸索,他就会掌握该处的地理。但如果他既不通地理,又没有目的地,那就会一直糊涂下去。

笔者曾写诗“爱绕竹林行,追寻糊涂难。望竹慕板桥,抚笋欲冒尖”,这里的“追寻糊涂难”有两种理解:一是理解为追寻糊涂难本身,另一是说追寻糊涂这件事是难的。

大物理学家狄拉克有一次做完学术报告后,有位听众举手发问说:“教授,某个地方我不懂。”狄拉克回答说,这不是一个问题,而是一个声明。可见提出明确的、要害的问题之不易。

海森伯说过,在研究的行程中,提出问题往往不是孤立的一个,而往往是一系列的。一个人不能在一时只解决一个问题,他不得不在同时解决相当多的困难才能真正前进。

在第 2.3 节我们曾指出:一个竖直的烟囱因老化而自然倒下时(图 7.15 为上海的北宋护珠塔,正处于自然倾倒过程中,此图由贾新德、翁海光摄),往往在倾倒的过程中其中部会断裂,这是因为其根部比较坚固不能移动,而质心的水平位置又必须不变,于是只有断裂了。

图 7.15

现在深化这个问题的讨论，如图 7.16 所示，如果某个烟囱高为 l，其根部地基因连降暴雨而松软，因而倒下。问：为何烟囱在倒下时，会全身裂开、分崩离析？

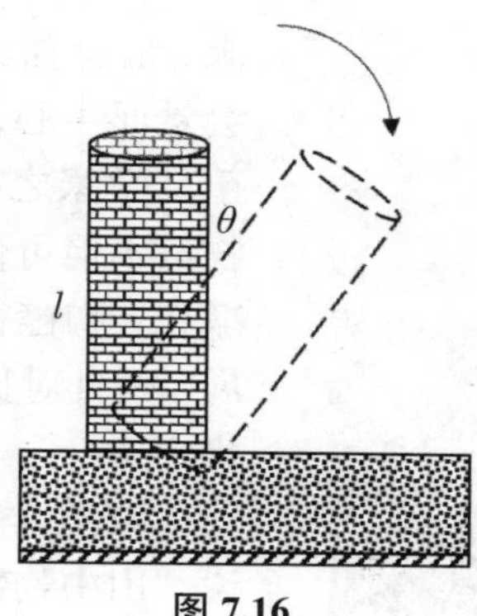

图 7.16

从分析烟囱顶的加速度着手。设烟囱的重心高 $h=l/2$，烟囱（视为圆柱体）对根部地基的转动惯量是 $I=\frac{1}{3}ml^2$，倒下过程中偏转角是 θ，在此位置的角加速度为

$$\beta=\frac{\text{力矩}}{\text{转动惯量}}=\frac{hmg\sin\theta}{\frac{1}{3}ml^2}=\frac{3g\sin\theta}{2l}$$

相应的烟囱顶的切向线加速度为

$$a_t=\beta l=\frac{3g\sin\theta}{2}$$

那么有径向加速度吗？烟囱偏转角为 θ 时刻，有

$$\frac{1}{2}I\omega^2=mg\frac{l}{2}\left(1-\cos\theta\right)$$

故

$$\omega^2=mgl\left(1-\cos\theta\right)/I$$

烟囱顶的径向加速度

$$a_d=\omega^2 l=3g\left(1-\cos\theta\right)$$

可见当偏转角 θ 渐渐变大时，$a_d>a_t$，于是烟囱在倒下时会全身裂开。

7.10 学写咏物诗有利于培养物理通感

物理学家对物之变幻独具慧眼，情有独钟，所谓“含情而能达，会景而生心，体物而得神”，必有异于文学家之妙作也。所以，学做咏物诗不但可使得物理学家人格得以净化，胸襟得以开阔，志向得以舒展，而且对提高物理通感有潜移默化之功。

图 7.17

诚然，如宋代诗人杨万里所说，“山中物物是诗题”，如清代王原祁画中题诗“游人不知春已老，来往桥边踏落花”（图 7.17）。那么，什么样的咏物诗对提高物理通感最好呢？

笔者以为能体现实物与空灵相辅相成的诗，有相非相之妙。如清代张问陶（图 7.18 为张问陶画像）的《冬日即事》：

图 7.18

> 人断五更梦，天留数点星。
> 乱鸦盘绕日，落木响空庭。
> 云过地无影，沙飞风有形。
> 晨光看不足，万象自虚灵。

其中“云过地无影，沙飞风有形”颇有物理味道。记得有一年笔者与妻子翁海光同攀黄山，忽然雷电大作，急雨滂沱，身处绝壁，心悬虚空，便写下一联“闪电裂天撕雨帘，霹雷掷地无踪迹”，验证了清代学者梅曾亮所说：“无我不足以见诗，无物也不足以见诗，物与我相遭，而诗出其间也。”这里的“我”指物理学家尤为中肯。

李白说:"不有佳咏,何伸雅怀?"

另一方面,欣赏古诗中的时空穿越也有利于培养物理通感。

现代人几乎每人都有手机显示时间,时间的流逝很清楚,其中物理学家是最关心时空的群体,对于一个物理学家来说,时刻仅仅是时钟所能准确丈量的东西。时间的迁移,为写《水浒传》的施耐庵所注意,他特意引入一个叫时迁的人物,是梁山第一百零七条好汉,时迁起的绰号是鼓上蚤,其轻功堪称一流。之所以称他为鼓上蚤,是因为跳蚤所跳的高度是自身长的几百倍,跳跃的加速度也很大。但古代文人对于时间先后的感觉似乎不像现代人那么明确,他们在触景生情时往往表达了恍恍惚惚的时间观。如南宋状元张孝祥过洞庭湖所吟:"……万象为宾客。扣舷独啸,不知今夕何夕!"这种境界与爱因斯坦说的"时间是一个错觉"相似乃尔。

古诗中所表现的时序往往是模糊的,而更为可贵的是所叙事件跨越时空,了无痕迹,读了给人以自由驰骋在广袤的天地中的感觉,这正是古诗的魅力。如唐代的王湾写过"海日生残夜,江春入旧年"就有时序的模糊,当夜还未消退之时,红日已从海上升起;当旧年尚未逝去,江上已呈露春意。他从对空间事物的视觉品味着时序的浑然,不知所踪,于是接着吟出了"乡书何处达?归雁洛阳边。"又如"秋草独寻人去后,寒林空见日斜时",诗中要表达的时空给人的感觉也是混沌的,说不清道不明。给人以孤苦的追忆或想象的悬念。

这方面类似的诗句有:

朦胧闲梦初成后,宛转柔声入破时。(梦之成与破的时序)
湖上残棋人散后,岳阳微雨鸟归时。(人散和鸟归的时序)
橘花满地人亡后,菰叶连天雁过时。(人亡和雁过的时序)
空亭绿草闲行处,细雨黄花独对时。(闲行和独对的时序)

以上是两个事件的时序不分明。还有时序更朦胧的,如:

甲子不知风御日,朝昏唯见雨来时。
晨鸡未暇鸣山底,早日先来照屋东。
四时最好是三月,一去不回是少年。
一株一影寒山里,野水野花清露时。

对联有:

闭门推出窗前月，投石冲开水中天。

那么古人为什么能写出如此令今人心思揣摩的诗句呢？笔者以为是他们如宋代王安石所说："酒醒灯前犹是客，梦回江北已经年。"他们已经和自然界融为一体了。对于他们，过去、如今和将来仅仅是一种幻觉。

而拿欧阳修的话来回答是："予闻世谓诗人少达而多穷，夫岂然哉？盖世所传诗者，多出于古穷人之辞也。凡士之蕴其所有，而不得施于世者，多喜自放于山巅水涯之外，见虫鱼草木风云鸟兽之状类，往往探其奇怪……"

其大意为：我听到世人常说，诗人仕途畅达的少，困厄的多。难道真是这样吗？大概是由于世上所流传的诗歌，多出于古代困厄之士的笔下吧。大凡胸藏才智而又不能充分施展于世的士人，大都喜爱到山头水边去放浪形骸，看见虫鱼草木风云鸟兽等事物，往往探究它们的奇特怪异之处。

这段话出现在欧阳修为梅圣俞写的诗序中，通常被认为是表达了欧阳修对怀才不遇者的同情与理解。帮助理解为什么好的诗人，如李白、杜甫、苏轼等都有受打击和排挤的人生经历。而笔者对这段话有新的见解，仕途上怀才不遇者转而向自然界"探其奇怪"，研究物理，如明末清初的方以智。

与自然界融为一体的聪明人，容易滋养物理通感。

7.11 散步中酝酿物理通感

德国著名物理学家亥姆霍兹（他是普朗克的老师，也是维恩的引路人，维恩以光辐射的位移定律传名于世）有句名言："散步是自然科学家的天职。"

散步的本意是为了使人从艰忍的脑力劳动中解脱出来，使脑系统得以暂休。可往往事与愿违，意外的灵思在散步过程中随所见所闻会不由自主地在脑海里掠过。笔者总结一下有如下场合的见闻：

凭栏望江迎客思，明月出云秋馆思，鉴里移舟天外思，帆樯落处远乡思，夜闻归雁出乡思，林间急雨生秋思，迎凉蟋蟀喧闲思，望山又生红槿诗，听磬澄心沉凝思，心逐秋风无限思。这是正经思索外的灵思，是物理学家散步的意外所得。

英国物理学家狄拉克曾在散步中想到海森伯的量子算符的不对易性就是经典力学的迫使括号的类比。在此基础上，他将量子力学和经典力学“打通”，为玻尔的对应原理提供理论基础，也奠定了量子力学的哈密顿形式。

唐代的韩愈在送孟郊出行时写了《送孟东野序》：

> 大凡物不得其平则鸣：草木之无声，风挠之鸣。水之无声，风荡之鸣。其跃也，或激之；其趋也，或梗之；其沸也，或炙之。金石之无声，或击之鸣。人之于言也亦然，有不得已者而后言。其歌也有思，其哭也有怀，凡出乎口而为声者，其皆有弗平者乎！

其大意为：凡各种事物处在不平时就要发出声音：草木没有声音，风摇动它就发出声响。水没有声音，风震荡它就发出声响。它的腾涌，或是受到激励；它的趋向，或是受到梗塞；水花沸腾，或是有火在烧煮它。金属石器本来没有声音，有人敲击它就发出音响。人的说话，也是这样，不得已时，才开口讲，或唱或泣，体现情思胸怀。

可见韩愈是一位善于将物理现象拟人化的高手。

清代方薰也说：“物本无心，何与人事？其所以相感者，必大有妙理。”

可见，散步使得人融在自然界中酝酿物理通感。

笔者在一次散步中，混杂在人流里，突然想到要把对纯态平均的费曼定理推广到对混合态求平均的新课题，并与陈伯展一起提出了相应的新定理。在另一次散步时，突然想到通常的牛顿二项式定理是

$$(q+y)^m=\sum_{l}^{m}\binom{m}{l}y^l q^{m-l}$$

若当 $q^{m-l}y^l$ 被 $q^{m-l}H_l(x)$ 替代，$H_l(x)$ 是一个 l-阶厄密多项式，那么如何求和 $\sum_{l=0}^{\infty}\binom{m}{l}q^{m-l}H_l(x)$ 呢？于是笔者发明了算符厄密多项式方法。即先替代 $H_l(x)$ 为算符 $H_l(X)$，$X=\left(a+a^{\dagger}\right)/\sqrt{2}$ 是坐标算符，$\left[a,\ a^{\dagger}\right]=1$，再用 $H_n(X)=:(2X)^n:$，$::$ 表示正规排序，即产生算符排在湮灭算符之左，就有

$$\sum_{l=0}^{m}\binom{m}{l}q^{m-l}H_l(X)=\sum_{l=0}^{m}\binom{m}{l}q^{m-l}:(2X)^l:=:(q+2X)^m:$$

构造幂级数

$$\sum_{m=0}^{\infty}\frac{t^m}{m!}:(q+2X)^m:=:\exp\left\{t\left[q+\sqrt{2}\left(a+a^{\dagger}\right)\right]\right\}:$$

$$=\mathrm{e}^{tq}\mathrm{e}^{\sqrt{2}ta^{\dagger}}\cdot\mathrm{e}^{\sqrt{2}ta}$$

$$=\mathrm{e}^{tq}\mathrm{e}^{\sqrt{2}ta^{\dagger}+\sqrt{2}ta}\mathrm{e}^{\frac{1}{2}\left[\sqrt{2}ta^{\dagger},\ \sqrt{2}ta\right]}=\mathrm{e}^{(q+2X)t-t^2}$$

$$=\sum_{m=0}^{\infty}\frac{t^m}{m!}H_m\left(q+2X\right)$$

再让 $X\to x$，最终给出新的二项式定理

$$\sum_{l=0}^{m}\binom{m}{l}q^{m-l}H_l\left(x\right)=H_m\left(q+2x\right)$$

7.12 数理推导过程中闪现物理通感

英国的狄拉克曾说（大意）：通向深刻物理思想的道路是靠精密的数学开拓的。数理推导过程中酝酿物理通感，初学物理者要每日练习推导。

联想起禅宗中的一个故事。有一个和尚问睦州禅师："我们每次要穿衣吃饭，如何能避免这些呢？"睦州回答："穿衣吃饭。"这和尚大惑不解地说："我不懂你的意思。"睦州回答说："如果你不懂我的意思，就请穿衣吃饭吧。"

推导是"下学"。古语有"下学而上达"，明朝的王阳明这样说："夫目可得见，耳可得闻，口可得言，心可得思者，皆下学也；目不可得见，耳不可得闻，口不可得言，心不可得思者，上达也。如木之栽培灌溉，是下学也；至于日夜之所息，条达畅茂，乃是上达。人安能预其力哉？故凡可用功，可告语者，皆下学。上达只在下学里。凡圣人所说，虽极精微，俱是下学。学者只从下学里用功，自然上达去，不必别寻个上达的工夫。"

推导如剥竹笋，皮壳不尽，真味不出。

举例说明，在推导中悟物理意义。

如图 7.19 所示，一根长为 l 的均匀竹竿 AB 紧靠在墙角，质量为 m，受微扰以 A 点为轴而倾倒，当转到水平位置时竹竿 AB 上某一点

(设为 C)碰在地面上一块锋利尖石上而弹回,问:弹回的竹竿是否有可能在那瞬间只是平动,而不转动?要想知道结果,只有根据定理推导了。

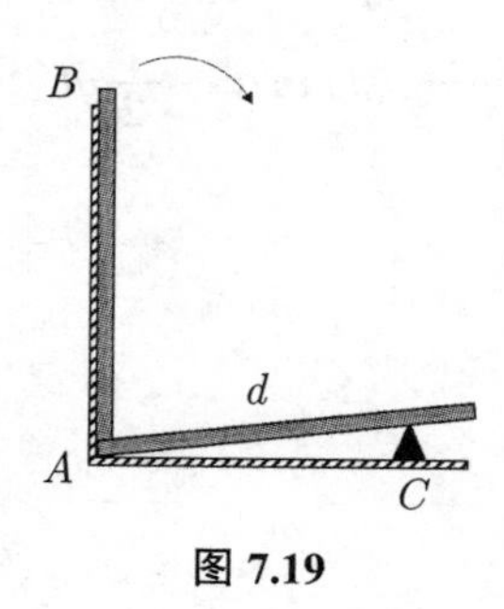

图 7.19

碰撞瞬时前:设竿的角速度是 ω,竹竿以 A 点为定轴转动,故竹竿质心速度 $v_0=\omega l/2$,方向向下。设 AC 长为 d,竹竿上点 C 的速度 $v=\omega d$。

碰撞瞬时后:按题意要求,若竿只是质心的平动,可设竿的瞬时平动速度为 v',方向向上。因为是弹性碰撞,$v'=v=\omega d$,但 v' 与 v 方向相反。

用冲量矩守恒定理,碰撞瞬时对竹竿质心的冲量矩(取向下为正):

$$L_1=mv_0\left(d-l/2\right)-\frac{1}{12}ml^2\omega=\frac{ml\omega}{6}\left(3d-2l\right)$$

这里的第一项是尖石贡献的冲量矩,$\frac{1}{12}ml^2$ 是竹竿绕质心的转动惯量,因为惯性矩作为一个物理量,通常被用作描述一个物体抵抗扭动、扭转的能力,所以 $\frac{1}{12}ml^2\omega$ 前面取负号。碰撞后对竹竿质心的冲量矩(v' 方向向上,故取负号)

$$L_2=-mv'\left(d-l/2\right)=-\frac{md\omega}{2}\left(2d-l\right)$$

由 $L_1=L_2$ 导出

$$d=\frac{l}{\sqrt{3}}>\frac{l}{2}$$

即在 $\frac{l}{\sqrt{3}}$ 处放置一块尖石可满足题意。可见此题最终的物理意义在推导完后才显现。

又如,如图 7.20 所示,对于以 α 仰角做斜上抛运动,一般的教科书上有

$$x = v_0 t\cos\alpha$$

$$y = v_0 t\sin\alpha - \frac{1}{2}gt^2$$

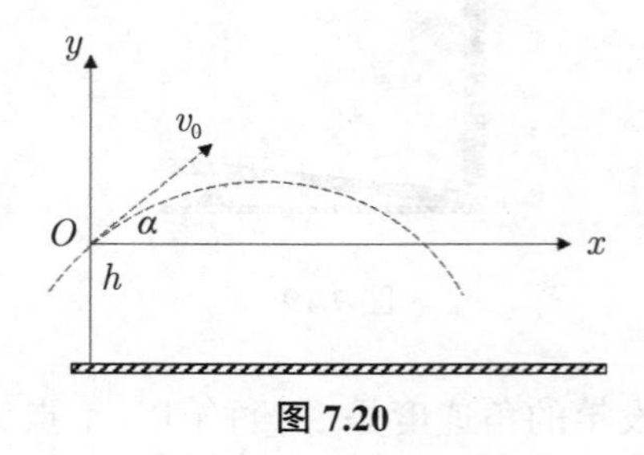

图 7.20

但如果我们能进一步在两式中消去 t,就得到斜上抛物线轨迹方程

$$y = x\tan\alpha - \frac{g}{2v_0^2\cos^2\alpha}x^2$$

这个公式可以提供我们思考相关运动学问题的通感。例如,人站在一个高为 h 的塔顶以 α 角度仰抛一物,初速度为 v_0,取塔顶为坐标系原点,有

$$-h = x\tan\alpha - \frac{g}{2v_0^2\cos^2\alpha}x^2$$

就可从此一元二次方程方程解出 x,它是 α 的函数,即物的落地处。再通过 $\mathrm{d}x/\mathrm{d}\alpha = 0$,就可知道取 α 角度为多大时,落地处最远。

7.13 猜多种体裁的谜有助于训练物理通感

猜谜是旁敲侧击,可训练物理通感。

汉字的一大优点是可以分拆,作为娱乐活动用来猜灯谜,这是外国语言所不具备的。逢年过节,合肥城隍庙里张灯结彩,悬挂了很多谜面,供熙熙攘攘的人群思考、中奖。猜谜人先要判断一下,这条谜语的体裁是什么,是考你的象形能力还是会意能力,还是其他方面。体裁如果想偏了,就猜不出正确答案来。

会意是猜谜的一类求解方案，例如，猜“倾国倾城”，打一物，比较容易猜到谜底是地震仪。物理学家常用会意法来找课题，如德布罗意会意了光有波粒二象性，就领会到电子也会有，再联想到青蛙跳水入池塘激荡的波形，就提交了他后来得诺贝尔奖的论文。

猜谜的另一种体裁是“增损”，例如，谜面是“清波滚滚西流去”，打一个词，谜底就是“青皮”，这是把三点水割去了的结果。英国的麦克斯韦发现电磁波，也是在理论上增补了一项位移电流。

还有一种体裁是“象形”，例如，谜面是“篱横竹复处，隐隐有人家”，打一个字，谜底是“篇”。它的下部形象为篱横，上部是竹复，“人家”指“户”。物理学家则也根据象形来写下公式，如量子电动力学的费曼图。

说起笔者发明的有序算符内的积分方法（IWOP），也是对狄拉克符号积分用“增损”法，即将坐标表象的完备性中的 $|x\rangle\langle x|$ 增加一个参数 k，变为 $|x/k\rangle\langle x|$，问：对 $\mathrm{d}x$ 积分得到什么结果？另一方面，这个题也包含了会意，即经典数 x 变到 x/k，那么其相应的量子力学变换算符是什么？可惜问了很多高材生都答不出来。当然，此题也有象形的成分，隐喻了压缩变换。

笔者花了功夫将这个积分做出来，发展了狄拉克的符号法，也为牛顿–莱布尼茨积分找到了一个旁支，得到“两弹一星”元勋彭桓武先生和于敏先生的赞赏。可以说，当今学量子力学理论者，不知道此法就是没有能完全欣赏量子力学的美感，岂不是很遗憾吗？

其他的一些猜谜体裁也能帮助学好物理，就不一一枚举。

其实，出谜题容易，猜谜底难，这是因为从已知结果追溯原因稍易。解物理又何尝不是如此呢？但也有这样的谜，谜底和谜面似乎联系不起来，叫人莫名其妙，那就是里面蕴含了典故。

7.14　听音乐增强物理通感

不少理论物理大师，如爱因斯坦、普朗克和薛定谔等都能演奏某种乐器、欣赏音乐，费曼能打鼓。笔者以为听音乐和欣赏理论物理有共通之处。

有人去听了一场演奏，回家就能在钢琴上自己重演。不但如此，他还能耳辨旋律（旋律抽象地反映了音乐所说的故事情节）。类似地，理论物理学家听一次报告，记下结论，回家就能抓住本质，把有关公式全部推导一遍，并识别出其中的物理意义。

有音乐天赋的人，能把当下听的乐曲与以往听过的联系起来，所谓“似曾相识燕归来”。理论物理学家也是如此，能将新知识与已经掌握的融会贯通。

音乐家听到一个旋律也许就能猜出下一个旋律是什么，理论物理学家也有整体思维的一盘棋。

音乐的涵义需要欣赏，而理论物理更需欣赏其美，不知其美的人并不真正懂得它。音乐重在表达，理论物理更需好的简洁符号去表达，如狄拉克关于量子力学的 ket-bra 符号已经成为量子力学的语言。再进一步，对音乐家来说是纯音乐（音符）的欣赏，而对理论物理学家的要求是发展符号法本身，如笔者发明的有序算符内的积分方法。

听音乐会改善人的气质，研习理论物理也有此功能。

笔者不是音乐家，也不会演奏乐器，但是会吹口哨，可惜现在中气不足了。所以上面所说的，只是蜻蜓点水而已。

第 8 章　形形色色的物理通感

8.1　物理通感将物理知识融会贯通、博陈通新

譬如张三在某月某日出差到某个城市，看到有个枯井，中午太阳光恰好射入枯井底，说明此城市的天顶方向与太阳光线一致。于是一个感觉萌生，立刻打电话给住在其正北方（约在同一条经线上）城市的一位朋友李四，让他在地上竖立起一个杆，测量当地的天顶方向与太阳光线之夹角，譬如他测得的角度 A 是 8 度（图 8.1），它与内错角 B 相等，角 B 与同位角 C 也相等，角 C 是地球的圆心角，等于它所对的弧度，那么张三与李四两地之间的圆弧的长度（距离）乘上 360/8 就约等于地球的周长。这是几何结合物理的例子，是通感的一种。

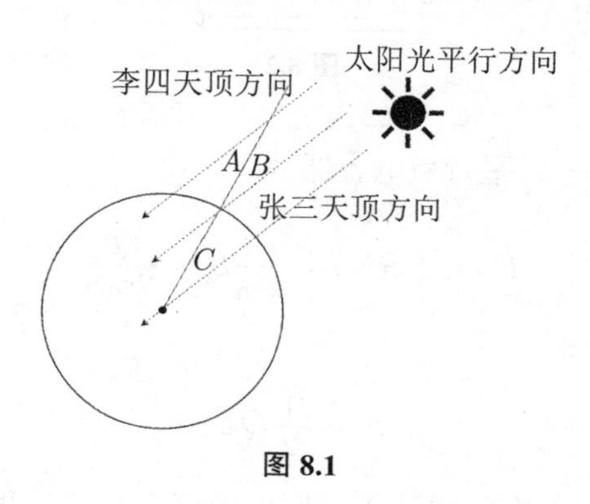

图 8.1

再举一例。物理通感是一种综合感，例如，牛顿将运动学与动力学贯通，考虑苹果落地之力与行星保持在轨道上的力是否相同。开普勒给出的观察是：对于任何两个行星，它们环绕太阳运转的时间之比的平方等于这两个行星对于太阳平均距离 r 之比的立方。牛顿看了他

的报告后,知道了行星运动轨道的周期 T 正比于 $r^{3/2}$,而 $T=2\pi r/v$,故而 $v\sim 1/\sqrt{r}$,再用向心加速度公式得到引力反比于距离平方

$$F\sim\frac{v^2}{r}\sim\frac{1}{r^2}$$

这是一个将运动学概念 T^2 正比于 r^3 和向心力结合的结果,显示了牛顿敏锐的物理通感。

有物理通感的人,在解题时,会构想多种方法。

举例:平行板电容器——板长间隔缝小,每板带电量是 Q,内部场强 E,求其一个极板受的力?

天真想法:类似点电荷 q 在电场中的受力公式 $F=Eq$,在此题中 $F=EQ$。但这不对,所以要换一种方法。

如图 8.2 所示,设想两板块间距拉开 Δd,平行板电容器(由高斯定理)内部场强 E 不变,但体积变,储能变化等于做功

$$\frac{\epsilon_0}{2}E^2S\Delta d=F\Delta d$$

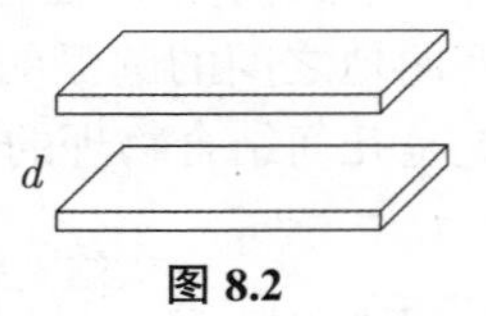

图 8.2

所以,根据 $\epsilon_0E=\sigma$,平行板电容器

$$F=\frac{\epsilon_0}{2}SE^2=\frac{\sigma^2}{2\epsilon_0}S=\frac{Q^2}{2\epsilon_0S}$$

或

$$F=\frac{1}{2}QE$$

那么为什么那个天真的想法不对呢?请读者思考。我们留在本章第 8.6 节中解答。

如图 8.3 所示,平行板电容器的极板是正方形,带电 Q,边长为 b,塞入一块电解质块至其 x 处,相对电容率是 ε,厚度正好是间距 d,求电解质块受到的电场力?

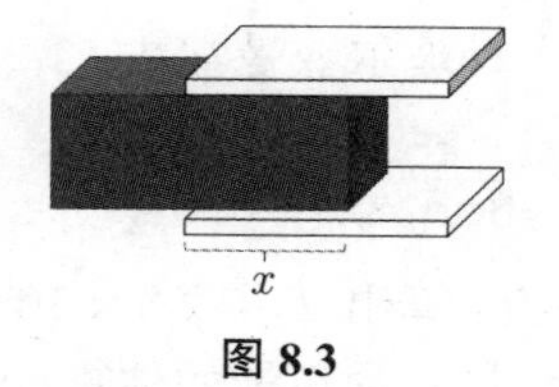

图 8.3

当插入 x 时,电容为

$$C=\frac{\epsilon_0\varepsilon xb}{d}+\frac{\epsilon_0(b-x)b}{d}=\frac{\epsilon_0 b}{d}[b+(\varepsilon-1)x]$$

此时电容储能的变化

$$\Delta W=\frac{Q^2}{2C}-\frac{Q^2}{2C_0}=Q^2\Big/\frac{2\epsilon_0 b}{d}[b+(\varepsilon-1)x]-\frac{Q^2}{2C_0}$$

力

$$F=\frac{\Delta W}{\Delta x}=\frac{Q^2(\varepsilon-1)}{2\epsilon_0 b[b+(\varepsilon-1)x]^2}$$

注意电解质块是被拖进去的。

有物理通感者能够将力学、热学、电磁学和光学等知识融会贯通,不但能够对一个新的物理问题找到最有效的解答方案,而且能从多个角度分析,搜遍所有的方法。尤其是综合热学、电学和力学的知识解题,这种物理通感极为难得。

例如,已经知道太阳大气中氢气约占 70%,设造成太阳高温的机制是太阳内部发生质子之间的核聚变,估算太阳的温度。

两个质子要发生反应,必须非常接近,首先要克服其库仑排斥力,

$$\frac{e^2}{4\pi\epsilon_0 r},\quad r=2r_p$$

质子半径 $r_p=1.2\times10^{-15}$ m, 电量 $e=1.6\times10^{-19}$ C, ϵ_0 是真空的绝对介电常数。所以两个质子需要很大的动能相互接近

$$T=2\times\frac{1}{2}mv^2=\frac{e^2}{8\pi\epsilon_0 r_p}$$

由热力学的能量均分定理, 每个质子的平均动能与热力学温度的关系是

$$\frac{1}{2}m\bar{v}^2=\frac{3}{2}kT$$

$k = 1.38 \times 10^{-23}\mathrm{J}\cdot\mathrm{K}^{-1}$ 是玻尔兹曼常数。

$$\frac{e^2}{8\pi\epsilon_0 r_p} = 2 \times \frac{3}{2}kT$$

故从 $\epsilon_0 = 8.85 \times 10^{-12}\,\mathrm{F/m}$ 算出 $T \sim 2.3 \times 10^9\,\mathrm{K}$。这个结果与实际的太阳中心温度相差较大,是非常粗糙的估算。较合理的估算需用量子力学知识。

通感特别强的人,往往是多面手,如麦克斯韦,他既能研究分子物理提出分子的速度分布律,又能研究电磁学,总结出一套方程组来描述电磁现象,尽管这两者没有直接的联系,甚至连间接的关系也很难找。

美国的一次宇航事故原因就是请了费曼这个物理通感很强的人才得以弄清楚。

8.2 物理通感体现通元识微、简要清通

物理通感体现宏观与微观相通,经典思考与量子观点相通,可谓通元识微, 简要清通。

例如,爱因斯坦在处理充斥在体积 V_0 中频率为 ν 能量为 E 的单色辐射波问题时,他的通感是:把全部光能量集中在体积 V 中的概率与理想气体中分子集中在体积 v_0 的部分体积 v 中的概率 $\left(\dfrac{v}{v_0}\right)^N$ (这里 N 是分子总数)相比拟,即为 $\left(\dfrac{V}{V_0}\right)^{E/(h\nu)}$,进而提出光子气的观点:光的能量在空间不是连续分布的,而是由空间各点的不可再分割的能量子组成。

德布罗意的思路打通光与电子,他认为既然光量子的能量 $\hbar\omega$ 与频率有关,所以它就不只是单纯粒子;电子的玻尔轨道只是与正整数有关,在物理中涉及正整数的往往是本征振动,所以对于物质如电子,也要引入波动性。

狄拉克将泊松括号比喻为量子对易括号,范洪义将 IWOP 用于经典正则变换以对应量子力学幺正变换。

如图 8.4 所示,在半径为 R 的球形碗底有一个质量为 m、半径为 r 的均匀实心小球做纯滚动,求微小振动的频率。

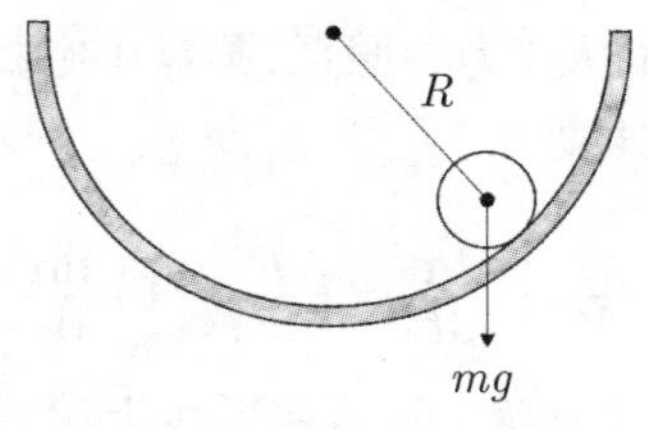

图 8.4

💡 鉴于小球在碗底作微小运动的轨迹是个圆弧，近似可看作圆弦（一个小斜面），在《物理感觉启蒙读本》一书中第 147 页我们已经指出在斜面上做纯滚动的实心小球的加速度是 $\frac{5}{7}g\sin\alpha$，即 $\frac{mg\sin\alpha}{m+I/r^2}$，$\alpha$ 是斜面倾斜角，I 是实心小球的转动惯量，为 $\frac{2}{5}mr^2$，$m+Ir^2$ 是我们引入的广义惯性质量，把 $\frac{5}{7}g$ 看作折合的重力加速度，$(R-r)$ 看作摆长，那么根据单摆的摆动公式立刻可以写下本题微小振动的频率

$$\omega=\sqrt{\frac{5g}{7(R-r)}}$$

把 $\frac{5}{7}g$ 看作折合的重力加速度就是一种豁然贯通。

📘 推广之，把实心小球换成圆环，$I=mr^2$，它在半径为 R 的球形碗底做微小振动的频率是 $\omega=\sqrt{\frac{g}{2(R-r)}}$。再求均匀圆盘在半径为 R 的球形碗底的微小振动的频率。

💡 圆盘转动惯量是 $\frac{1}{2}mr^2$，在斜面上做纯滚动的加速度是 $\frac{mg\sin\alpha}{m+\frac{1}{2}mr^2/r^2}=\frac{2}{3}g\sin\alpha$。所以把 $\frac{2}{3}g$ 看作折合的重力加速度，$(R-r)$ 看作摆长，根据单摆的摆动公式立刻可以写下圆盘微小振动的频率

$$\omega=\sqrt{\frac{2g}{3(R-r)}}$$

旁证：小球的位置有两个标识，一是小球滚动球心对于碗心的偏转角 α，二是小球绕自身转动角 φ，运动约束为

$$Rd\alpha=rd\varphi$$

以地面（或坐在碗中的人）为参照系，圆盘中心的移动速度是 $(R-r)\frac{\mathrm{d}\alpha}{\mathrm{d}t}$，绕中心的转动角速度

$$\frac{\mathrm{d}\varphi}{\mathrm{d}t}-\frac{\mathrm{d}\alpha}{\mathrm{d}t}=\left(\frac{R}{r}-1\right)\frac{\mathrm{d}\alpha}{\mathrm{d}t}$$

这是因为圆盘不是在平地滚，而是在弧线上滚，减缓了角速度。故圆盘总动能（平都能加转动能）是

$$\begin{aligned}T&=\frac{1}{2}m(R-r)^2\left(\frac{\mathrm{d}\alpha}{\mathrm{d}t}\right)^2+\frac{1}{2}I\left(\frac{d\varphi}{\mathrm{d}t}-\frac{d\alpha}{\mathrm{d}t}\right)^2\\&=\frac{1}{2}m(R-r)^2\left(\frac{\mathrm{d}\alpha}{\mathrm{d}t}\right)^2+\frac{1}{4}mr^2\left(\frac{R}{r}-1\right)^2\left(\frac{\mathrm{d}\alpha}{\mathrm{d}t}\right)^2\\&=\frac{3}{4}m(R-r)^2\left(\frac{\mathrm{d}\alpha}{\mathrm{d}t}\right)^2\end{aligned}$$

另一方面，势能为 $mg(R-r)(1-\cos\alpha)$，

$$U=mg(R-r)(1-\cos\alpha)$$

从机械能守恒

$$T+U=\frac{3}{4}m(R-r)^2\left(\frac{\mathrm{d}\alpha}{\mathrm{d}t}\right)^2+mg(R-r)(1-\cos\alpha)=\text{常数}$$

$$\frac{\mathrm{d}}{\mathrm{d}t}(T+U)=0$$

对时间微商给出

$$\left[\frac{3}{2}m(R-r)^2\frac{\mathrm{d}^2\alpha}{\mathrm{d}t^2}+mg(R-r)\right]\frac{\mathrm{d}\alpha}{\mathrm{d}t}=0$$

由于 $\sin\alpha\sim\alpha$，上式为摆动方程

$$\frac{3}{2}(R-r)\frac{\mathrm{d}^2\alpha}{\mathrm{d}t^2}+g\alpha=0$$

同样给出 $\omega=\sqrt{\frac{2g}{3(R-r)}}$。

高速公路上，两车同向运动，后车速度大于前车速度，后车追至离前车 R 远时，其减速度是多少才不至于追尾？

从后车司机的感觉着想，选前车为参照系，关注的是后车速度 v_1 减去前车速度 v_2，有

$$(v_1-v_2)^2=2aR$$

$$a > \frac{(v_1 - v_2)^2}{2R}$$

比重为 ρ 的物体,从深为 h 的液面下沉。液体比重是 ρ',求物体沉到底部的时间。

简要清通的办法:从运动学已经知道,$h = \frac{1}{2}at^2$,$t = \sqrt{\frac{2h}{a}}$,由于浮力,物体似乎轻了,从 mg 变成 $mg\left(1 - \frac{\rho'}{\rho}\right)$,现在的下沉加速度为

$$a = g\left(1 - \frac{\rho'}{\rho}\right)$$

故

$$t = \sqrt{\frac{2h\rho}{(\rho - \rho')\,g}}$$

甲乙两人质量 $m_{甲}$、$m_{乙}$ 不同,坐在一条质量为 M 的船的两头,船长 L,浮于水,当两人交换位置,求船移动的距离。

$$距离 = \frac{m_{甲} - m_{乙}}{M + m_{甲} + m_{乙}}L$$

证明在有心力场中,角动量守恒。

$$角动量L = r \times mv$$

$$\frac{\Delta L}{\Delta t} = r \times m\frac{\Delta v}{\Delta t} = r \times ma = r \times F$$

有心力 F 方向平行于矢径 r,所以 $\frac{\Delta L}{\Delta t} = 0$。

如图 8.5 所示,质量为 m 的小汽车,其左右轮相距 x,重心高地面 h,车轮与地面静摩擦系数为 μ,汽车以速度 v 在弯道半径为 R 的路面上拐弯时,求汽车外轮和内轮的受力 $N_{外}$ 和 $N_{内}$。

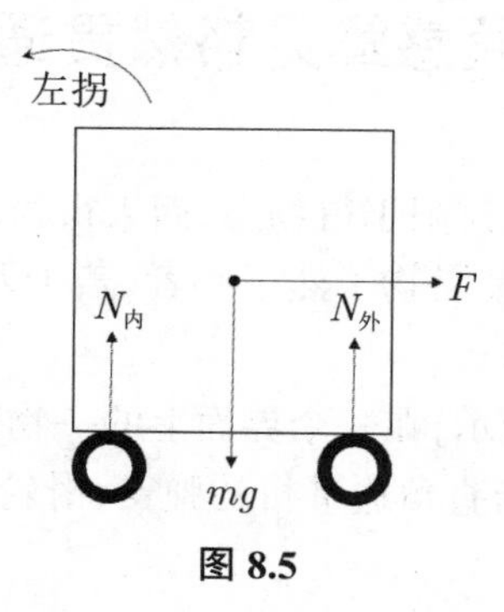

图 8.5

设想笔者本人（质量很小，对车的中心位置无影响）坐在车内，在拐弯时还是感到被向外甩出，可见汽车受到惯性离心力 $F=\frac{mv^2}{R}$，受力点在其中心，以内轮为转轴，有

$$mg\frac{x}{2}+Fh=xN_{外}$$

$$N_{外}=\frac{1}{2}mg+\frac{mv^2h}{Rx}$$

$$N_{内}=\frac{1}{2}mg-\frac{mv^2h}{Rx}$$

要求汽车不翻倒，则

$$\frac{1}{2}mg>\frac{mv^2h}{Rx}$$

要求汽车不向外侧滑移，则

$$mg\mu>\frac{mv^2}{R}$$

在高速公路上常能看到有载重车拉货，拉的货堆得越高，其车身应该越长，对于车轮和地面的滚动摩擦系数为 f 的四轮货车，其结构应该满足

$$l>fh$$

这里 l 是货车前后轮之间距，h 是装载货物后车的重心高度。

8.3 物理通感鲜见豁然贯通、一通百通

不少修物理者，仅仅限于得物态，而未得物理。如苏轼所言："求物之妙，如捕风捉影，能使是物了然于心者，盖千万人而不一遇也。"可见培养物理通感之必须。

如图 8.6 所示，在一个界面上的一物件 m，用线绕过一个滑轮 M 连接上了一个与直角边平行的弹簧，滑轮质量不可忽略，求物件的振动频率。

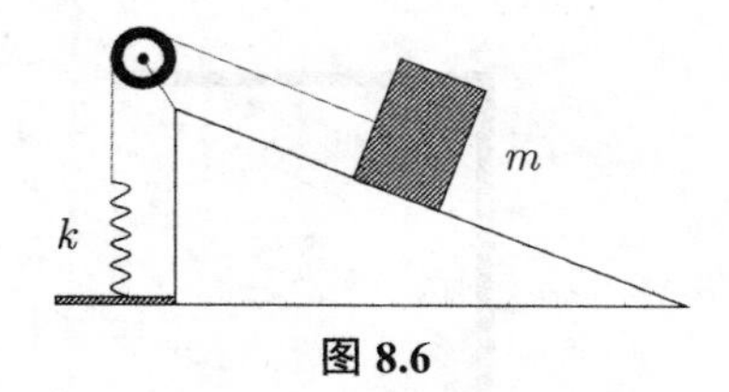

图 8.6

因为滑轮质量不可忽略，被带着无滑滚动，所以此题与 6.1 节中的一例题同法处理：

$$\omega=\sqrt{\frac{k}{m+M/2}}$$

如图 8.7 所示，一个平行四边形架构，其一条边 AB（质量为 m）固定，其邻边 AC 质量为 M，在固定边的平行边 CD 和邻边 AC 的顶点 C 作用一个沿着 CD 方向的冲量 S，AB 与 AC 夹角是 α，求冲击后 C 点的速度（$v=\omega l$）。

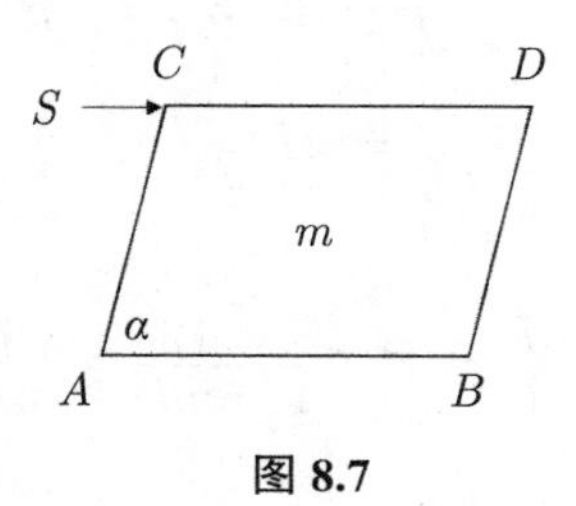

图 8.7

相对于 AB 轴冲量矩是 $Sl\sin\alpha$，CD 瞬时得到动量 mv，$v=l\omega$，动量矩是 $mvl\sin\alpha$，AC 边绕 A 点的转动惯量为 $\frac{1}{3}Ml^2$，则

$$Sl\sin\alpha=mvl+2\times\frac{1}{3}Ml^2\omega$$

即

$$S\sin\alpha=mv+\frac{2}{3}Mv$$

故

$$v=\frac{S\sin\alpha}{\frac{2}{3}M+m}$$

接着想到一题：如图 8.8 所示，在桌面上有个直角钢杆，两条直角边相等，长为 l，各重 m，在 A 点给这个物件一个水平冲量 P，求它获得多少动能？

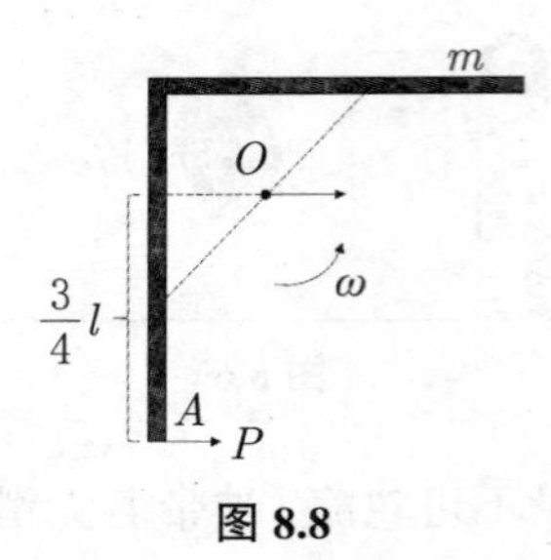

图 8.8

直角钢杆的质心在两条直角边两个中点的连线的中点，绕此点的转动惯量

$$I = 2 \times \left[\frac{1}{12} ml^2 + m \cdot \left(\frac{\sqrt{2}}{4} l \right)^2 \right] = \frac{5}{12} ml^2$$

对质心的冲量矩

$$J = P \cdot \frac{3}{4} l$$
$$J = \omega I$$

故角速度

$$\omega = \frac{J}{I} = P \cdot \frac{3}{4} l \frac{12}{5ml^2} = \frac{9P}{5ml}$$

质心速度

$$P/2m = v$$

所以获得的动能是

$$T = \frac{1}{2} 2mv^2 + \frac{1}{2} I\omega^2 = \frac{37}{40m} P^2$$

类比于傅科摆的例子。如图 8.9 所示，设想一个轻质量摆杆以圆柱铰链与一轴相连，张角 φ 很小，轴以角速度 Ω 绕竖直线转。设在此转动坐标系看此摆的运动周期。即在固定于转动轴上的坐标系，注意静止坐标系上看单摆的频率为 $\sqrt{\frac{g}{l}}$，在此转动坐标系上看是 $\sqrt{\frac{g}{l} - \Omega^2}$，所以

$$T = 2\pi \frac{1}{\sqrt{\frac{g}{l} - \Omega^2}}$$

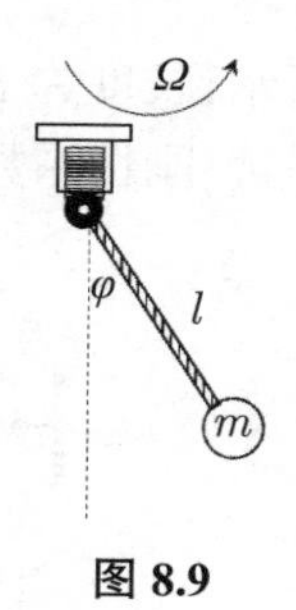

图 8.9

如图 8.10 所示，一根无质量、不弯曲的水平放置的长度为 l 的梁，一端铰链在固定处，另一端焊上质量 m 的球。离开铰链的 b 处连上一个竖直方向的弹簧，回复系数是 k，求此系统的小振动频率。

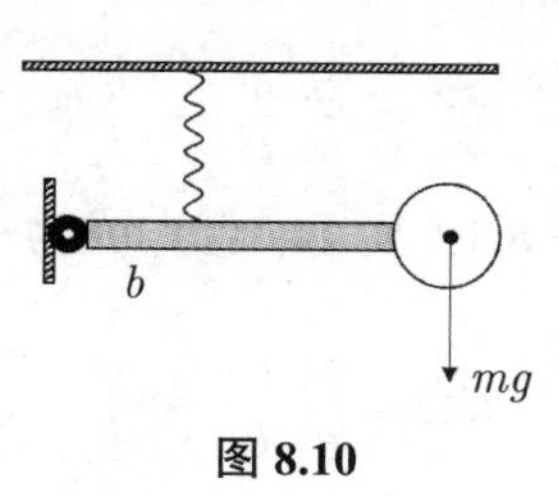

图 8.10

设球在振动时受到的合力是 F，此时弹簧上的张力是 f，由对于铰链的力矩平衡

$$lF = bf$$

又记弹簧伸长为 x，球的相应位移是 y，则 $\dfrac{x}{y} = \dfrac{b}{l}$

$$f = \frac{l}{b}F = kx$$

所以

$$F = \frac{b}{l}f = \frac{b}{l}kx = \left(\frac{b}{l}\right)^2 ky$$

相当于球受恢复力的系数 $k \to \left(\dfrac{b}{l}\right)^2 k$，所以小振动频率是

$$\omega = \frac{b}{l}\sqrt{\frac{k}{m}}$$

当 $b = l$ 时，$\omega = \sqrt{\dfrac{k}{m}}$。

联想:如图 8.11 所示,长度为 l 的轻杆附一个小球 m 组成一个摆,离悬点 b 处有两根弹簧,刚性系数 k。求摆的微振动频率。

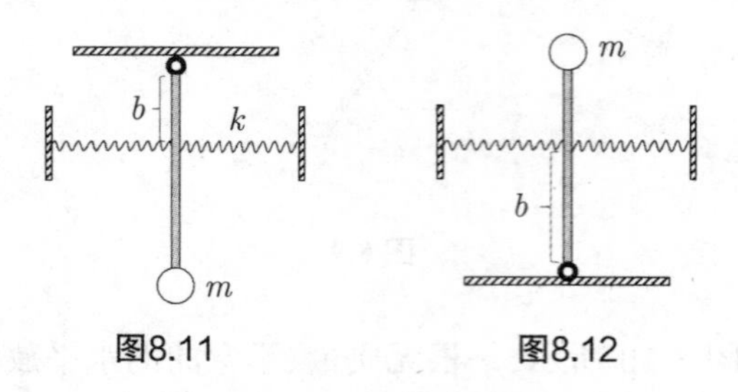

图8.11　　图8.12

结合弹簧与摆的理论,以及第 2 章对频率平方的解读,通而彻之得到

$$\omega^2 = \frac{2k}{m}\frac{b^2}{l^2} + \frac{g}{l}$$

把此装置倒过来, 如图 8.12 所示, 也许成为一个节拍器, 求微振动频率。

$$\omega^2 = \frac{2k}{m}\frac{b^2}{l^2} - \frac{g}{l}$$

引申:在一个平行板电容器中装两个轻弹簧,就可用作麦克风的传感器。

8.4 物理通感重视守恒与对称的关系

通感体现在一眼望到守恒量,直达物理核心。列举如下例子。

大人(质量为 m_2)和小孩(质量为 m_1),在船(质量为 M)的两头交换座位,则船身的位移为

$$x = \frac{(m_2 - m_1)\,l}{M + m_1 + m_2}$$

这里 l 是船的长度。

如图 8.13 所示的直角三角形物体,质量 M,各物之间无摩擦,求证:当系 m_1 的绳下移 h 长度后,该物体的位移是

$$x = \frac{(m_2 \sin\alpha + m_1 \cos\alpha)\,h}{M + m_1 + m_2}$$

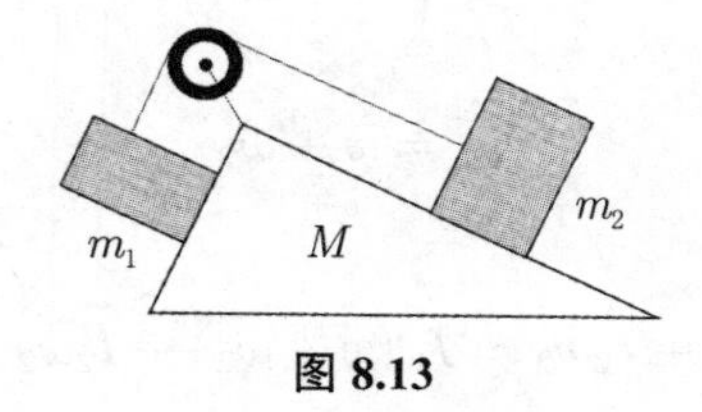

图 8.13

两个齿轮半径分别为 r 和 R,转速分别为 ω_0 和 Ω_0,两者咬合稳定后,转速分别为

$$\omega = \frac{mr\omega_0 - MR\Omega_0}{(m+M)\,r}$$

$$\Omega = \frac{MR\Omega_0 - mr\omega_0}{(m+M)\,R}$$

满足咬合稳定后线速度相等

$$\omega r = -\Omega R$$

如图 8.14 所示,勤秀同学在旋转舞台上沿着边缘边走边唱歌,求她从静止到绕行了舞台一周,此刻舞台(圆盘)转过了多少角度? 设舞台与人的质量相同。

图 8.14

设 ω_1 和 ω_2 分别是人和舞台相对于地面的角速度,角动量守恒

$$I_1\omega_1 + I_2\omega_2 = 0$$

$$I_1 = mR^2, \quad I_2 = \frac{1}{2}mR^2$$

而人相对于舞台的角速度

$$\omega = \omega_1 - \omega_2 = \frac{\mathrm{d}\varphi}{\mathrm{d}t}$$

代入

$$\omega_1 = \omega + \omega_2$$

故

$$I_1\omega_1 + I_2\omega_2 = I_1(\omega + \omega_2) + I_2\omega_2 = 0$$

即为

$$I_1\omega_1 + I_2\omega_2 = mR^2\left(\frac{\mathrm{d}\varphi}{\mathrm{d}t} + \frac{\mathrm{d}\varphi_2}{\mathrm{d}t}\right) + \frac{1}{2}mR^2\frac{\mathrm{d}\varphi_2}{\mathrm{d}t} = 0$$

由此得出

$$\frac{\mathrm{d}\varphi}{\mathrm{d}t} = -\frac{3}{2}\frac{\mathrm{d}\varphi_2}{\mathrm{d}t}$$

她从静止到绕行了舞台一周 $\varphi = 2\pi$

$$\int \mathrm{d}\varphi_2 = -\frac{2}{3}\int_0^{2\pi} d\varphi$$

舞台（圆盘）转过了角度

$$\varphi_2 = -\frac{4\pi}{3}$$

单摆由双线叠成，长为 L，当它摆动到竖直位置时，双线突然放成单线（图 8.15），即摆长突变为 $2L$，求频率和振幅的变化。

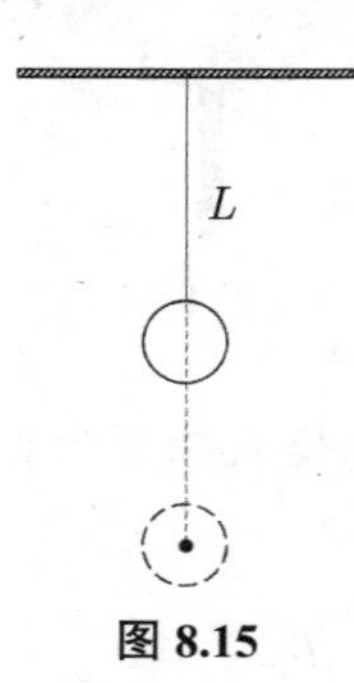

图 8.15

摆长突变为 $2L$，频率变为 $\sqrt{\dfrac{g}{2L}}$。设原来的振幅 $\theta = A\sin\omega t, t = 0, \dot{\theta}|_{0_-} = A\omega\cos\omega t|_{0_-} = A\omega$。摆长突变，但角动量是守恒量，则

$$J|_{0_-} = mL^2\dot{\theta}|_{0_-} = mL^2 A\omega$$

所以

$$J|_{0+} = m4L^2\dot{\theta}|_{0_+} = 4mL^2\omega' A' = 4mL^2\sqrt{\frac{g}{2L}}A' = J|_{0_-}$$

于是

$$\frac{A'}{A} = \frac{mL^2\sqrt{\frac{g}{L}}}{4mL^2\sqrt{\frac{g}{2L}}} = \frac{1}{2\sqrt{2}}$$

说明摆长在竖直位置突变,机械能不守恒。

物理通感从对称性去把握,以不对称来反衬对称,如以万变烘托不变。例如,为了充实爱因斯坦的量子纠缠的思想,范洪义发明了纠缠态表象,其完备性是

$$\int \frac{\mathrm{d}^2\eta}{\pi} |\eta\rangle \langle\eta| = 1$$

这里的 ket-bra 是对称的,$|\eta\rangle$ 是两个粒子的相对坐标和总动量的共同本征态,称为纠缠态,范洪义想到去积分不对称的 $\left|\frac{\eta}{\mu}\right\rangle \langle\eta|$

$$\int \frac{\mathrm{d}^2\eta}{\pi} \left|\frac{\eta}{\mu}\right\rangle \langle\eta|, \quad \mu > 0$$

结果推导出双模压缩算符的具体形式, 而双模压缩态自然便是纠缠态了。

8.5　寓正出奇的物理通感

老子的思想中就有“道之为物, 惟恍惟惚, 惚兮恍兮, 其中有象, 恍兮惚兮, 其中有物”(《老子》第四十二章, 图 8.16 为老子闲居像)。中国的太极图, 就是两条黑白的“鱼”互纠在一起, 俗称阴阳鱼。白鱼表示为阳, 黑鱼表示为阴。白鱼中间一黑斑(可喻为眼珠),黑鱼之中一白斑(可喻为白内障),表示阳中有阴、阴中有阳之理。万物负阴而抱阳, 冲气以为和。

图 8.16

笔者从物理的色的观点看：太极图中的白斑预示了光衍射的泊松斑，当单色光照射在宽度小于或等于光源波长的小圆板或圆珠时，会在之后的光屏上出现环状的互为同心圆的衍射条纹，并且在所有同心圆的圆心处会出现一个极小的亮斑，这个亮斑由数学家泊松根据菲涅尔的理论得以推演出来，就被称为泊松亮斑。泊松亮斑表示光的波动性。而太极图中的黑斑反映光的粒子性，小圆板挡住直线传播的光，在其后面留下阴影。

伽利略生前对一个活塞水泵不能将水提到 10 m 感到困惑，他请助手托里拆利研究原因。托里拆利想：如果空气有重量。那么当活塞向上拉的时候，空气在圆筒外面产生的压力将使得圆筒里面的水也向上升，但此压力只够上升到 10 m 处。1643 年，托里拆利换了一个思路，不去研究水怎样被抽上来，而是改为检验充满水银的玻璃管中的水银柱是否在水银盘子中下降，玻璃管开口端在盘子里，但不是所有水银都从管子中流到盘子中，管子中还有 760 mm 的水银柱，这是靠作用于水银盘的空气压力维持的，因为水银是从充满水银的管中落下。托里拆利还第一次制造了真空。这是一个寓正出奇的物理通感，偶尔做成了真空。

接着，托里拆利还注意到水银柱的高度每天有细微的变化，做成了气压计。可测高度。大约每升高 12 m，水银柱即降低大约 1 mm，因此可测山的高度及飞机在空中飞行时的高度。记得在上海市五四中学读初中时，地理老师蔡文龙让笔者每天早晨去实验室测气压，做预报。

如图 8.17 所示的竖直放置的托里拆利实验装置，托里拆利管长 89 cm，横截面为 $s = 1\,\text{cm}^2$，此时大气压为 75 cmHg。此时有一个体积为 $V = 0.2\,\text{cm}^3$ 的气泡从水银槽挤入到托里拆利管的顶部，问：水银柱高 h 是多少？

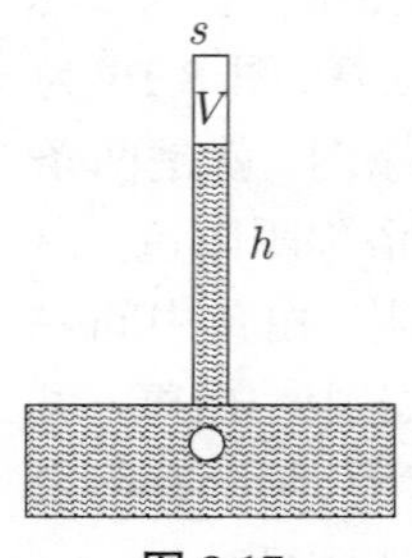

图 8.17

此题的关键是要想到托里拆利管的顶部原来是真空，所以那个气泡挤进来后管的顶部压强为 $(75-h)\,\mathrm{cmHg}$，体积从 V 变为 $s(89-h)$，由气体物态方程

$$75V=(89-h)s\,(75-h)$$

解出来 $h=74\,\mathrm{cmHg}$。

在城市开车过桥，为何桥都是凸起而不是凹下去的？

在第 7.5 节我们首先引入了所谓“广义惯性质量”的概念，这是以往的经典物理书中未曾见到的。有了它，我们意外得到一个新定律——广义动量矩守恒。下面举例说明。

例如，扔出一滚动小球于粗糙地面上，球重 mg，球半径是 r，初始角速度是 ω_0，$v_0=r\omega_0$，滑动摩擦系数是 μ。求其随后的运动状况，何时从连滚带滑到纯滚动。

设小球开始纯滚动时的质心速度为 v，滚动球的初始动量矩为 $I\omega_0$，则我们可以一语道破：$I\omega_0$ 应该等于带广义惯性质量的球的动量矩，即

$$I\omega_0=\mathfrak{M}vr$$

故

$$v=\frac{I\omega_0}{\mathfrak{M}r}$$

事实上可以证明：由动力学方程

$$\frac{\mathrm{d}v}{\mathrm{d}t}=g\mu$$
$$I\beta=-rmg\mu$$

解出

$$v=g\mu t$$
$$\omega=\frac{v}{r}=\omega_0-\frac{mr}{I}g\mu t=\omega_0-\frac{mr}{I}v$$

因此

$$v=\frac{\omega_0 r}{1+mr^2/I}$$

代入 $I=r^2\left(\mathfrak{M}-\mathfrak{m}\right)$，得到

$$v=\frac{I\omega_0 r}{r^2\left(\mathfrak{M}-\mathfrak{m}\right)+mr^2}=\frac{I\omega_0}{\mathfrak{M}r}$$

或

$$I\omega_0 = \mathfrak{M}vr$$

这是一个广义动量矩守恒的例子。可见,审时度势地引入新的合适的物理概念是物理通感强的体现。

下面举一个灵活变通的解题例子(此题在《物理感觉启蒙读本》中的第 106 页有)。

如图 8.18 所示,在仰角为 α 的山坡上以与水平成 30° 的方向发射一子弹,初速度是 v,求子弹落在山坡的地点离开发射点的距离 s(视线在水平线以上时,在视线所在的垂直平面内,视线与水平线所成的角叫作仰角)。

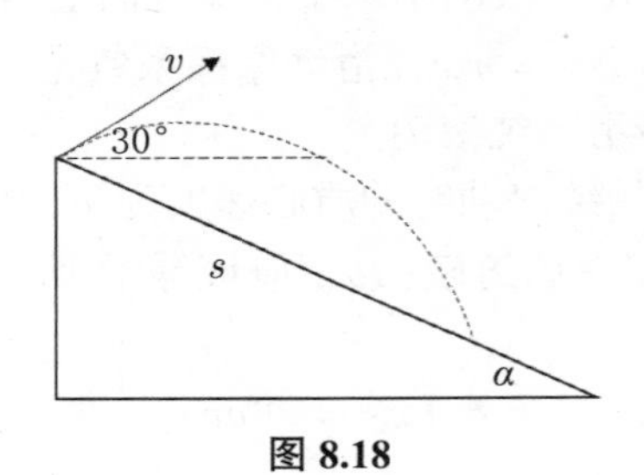

图 8.18

变通的思维模式:我们将仰角为 30° 的山坡看作通常的地面,那么发射子弹就看作在重力加速度 $g\cos 30°$ 的重力场中的斜抛运动,子弹以垂直山坡面向上的初速度 $v\sin 60°$ 做匀减速运动,到达最高点经历时间 t 满足

$$v\sin 60° = g\cos 30° \cdot t, \quad t = \frac{v}{g}$$

子弹再从最高点落在山坡的时间也是 t。因为子弹沿着山坡方向的加速度 $g\sin 30°$,于是马上可以得到

$$s = v\cos 60° \cdot 2t + \frac{1}{2}g\sin 30°\,(2t)^2 = \frac{2v^2}{g}$$

8.6 虚功原理是一种物理通感

虚功原理体现在化静态为虚拟动态,这种想象反映物理通感。不以虚为虚,而以实为虚。把握虚实相生是高手。

如图 8.19 所示，商场的展台上，将一串长度为 l、质量为 m 的链子水平自然放置在一个光滑圆锥体表面上，锥半角是 α，求链的内张力。

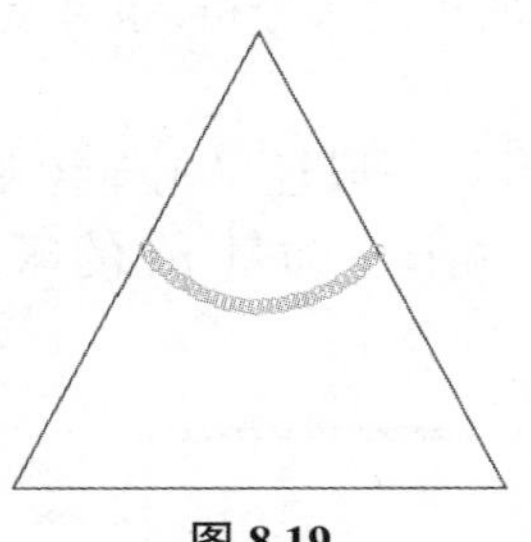

图 8.19

这是一个静态设想。由于此张力 T 做功，链子长度增加 Δl，则链子半径增加 $\Delta l/(2\pi)$，根据三角形两条直角边的关系，相应地，链的水平位置下降，重力势能改变 $\dfrac{\Delta l}{2\pi\tan\alpha}mg$，则

$$T\Delta l=\frac{\Delta l}{2\pi\tan\alpha}mg$$

所以

$$T=\frac{mg}{2\pi\tan\alpha}$$

极板面积为 S 的平行板电容器，间距是 d，电容是 $C=\varepsilon_0 S/d$。在两个极板上加上电压 V，板间电场强度是 $E=V/d$。于是，每一块极板上电量是 $Q=CV$，它受的力 $F=EQ=CV^2/d$。但这样做是不对的，因为每一块极板对板间电场强度 E 都有贡献，在算每一块极板受的力时，不能计入它自身产生的场。所以，正确的做法是根据电容器的储能 $E=\dfrac{1}{2}CV^2$，设想一块板运动 Δd

$$F\Delta d=-\Delta E$$

$$F=CV^2/(2d)=\frac{Q^2}{2Cd}=\frac{Q^2}{2\varepsilon_0 S}$$

在《物理感觉启蒙读本》中特别强调了“惯性力”是一种特殊的物理感觉。非惯性系中，描述物体的运动规律虽仍可使用牛顿运动定律，但作用在物体上的力，除了外力还要附加牵连惯性力与科氏惯性力，这两个力不服从通常的力的定义，可是在非惯性系中能产生力的

效果。牵连惯性力是在直线加速的参照系被感觉到的,而在转动参照系被感觉到的称为科里奥利力。

现在我们结合转动惯性力和虚功原理的观点再次求解下题,因为物理问题常需要从不同的角度去分析,也许真理只有在某一视角的投射方向才能被看到。

如图 8.20 所示,一段轻尼龙绳绕在一个质量为 M 的滑轮上,半径为 R,尼龙绳一端挂一质量 m 的球,球受重力落下,求其加速度。

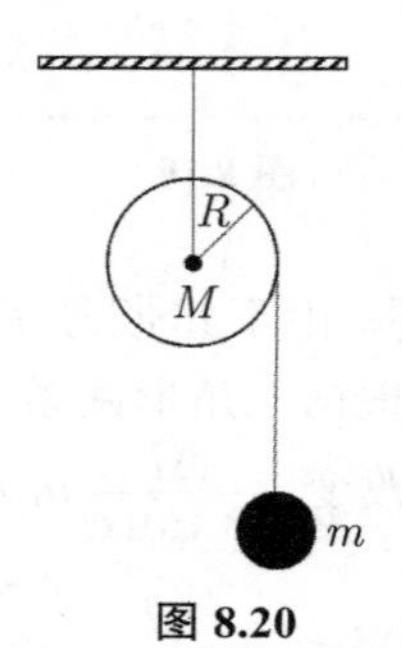

图 8.20

想象此球下落 Δs,骑在 m 球上的观察者看到滑轮转过的角度是 $\Delta s/R=\Delta\varphi$,隔离滑轮上离中心 r 处的元质量块 $\mathrm{d}M$,做虚转动位移是 $r\Delta\varphi=r\Delta s/R$,其线加速度是 $\frac{r}{R}\ddot{s}$,受到牵连惯性力是 $\frac{r}{R}\ddot{s}\mathrm{d}M$,它做虚功 $(r\Delta s/R)\left(\frac{r}{R}\ddot{s}\mathrm{d}\right)M$,对整个滑轮做虚功是

$$\left(\int r^2\mathrm{d}M/R^2\right)\ddot{s}\Delta s=\frac{I}{R^2}\ddot{s}\Delta s$$

这里的 $I=\int r^2\mathrm{d}M$ 是滑轮的转动惯量。重力做功 $mg\Delta s$,质量 m 的球受牵连惯性力 $m\ddot{s}$,此牵连惯性力做功 $m\ddot{s}\Delta s$,故有

$$mg\Delta s=m\ddot{s}\Delta s+\frac{I}{R^2}\ddot{s}\Delta s$$

所以

$$\ddot{s}=\frac{mg}{m+I/R^2}$$

滑轮的转动惯量愈大,球的加速度愈小。如引入广义惯性质量 $\mathfrak{M}=m+I/R^2$,则

$$\ddot{s}=\frac{mg}{\mathfrak{M}}$$

与在斜坡上滚下的圆状物的加速度公式类似。

从此题的能量守恒我们还可以悟到另一方程。

考虑滑轮的动能是 $\frac{1}{2}I\omega^2 = T_1$，$\omega$ 是滑轮的角速度，$\omega R = \dot{s}$，所以

$$T_1 = \frac{1}{2}I\dot{s}^2/R^2$$

球的动能是 $\frac{1}{2}m\dot{s}^2 = T_2$，总动能 T 是

$$T = T_1 + T_2 = \frac{1}{2}\left(m + I/R^2\right)\dot{s}^2 = \frac{1}{2}\mathfrak{M}\dot{s}^2$$

因此

$$\frac{\mathrm{d}T}{\mathrm{d}\dot{s}} = \mathfrak{M}\dot{s}, \quad \frac{\mathrm{d}}{\mathrm{d}t}\frac{\mathrm{d}T}{\mathrm{d}\dot{s}} = \mathfrak{M}\ddot{s}$$

比较上面第 4 式可知

$$\frac{\mathrm{d}}{\mathrm{d}t}\frac{\mathrm{d}T}{\mathrm{d}\dot{s}} = mg = \frac{\mathrm{d}}{\mathrm{d}s}(mgs) = \frac{\mathrm{d}}{\mathrm{d}s}V$$

$mgs = V$ 是势能，这就是用动能和势能求牛顿方程的公式，而那是拉格朗日首先发明的方法。

8.7　在经典相空间中引入系综是一种物理通感

在经典统计力学中，N 个粒子所组成的体系的力学状态是由所有粒子的坐标与动量决定的。运动状态由哈密顿方程决定。按照吉布斯观点，一个给定的体系可以由处在相同的宏观条件下的与给定体系全同的大量体系（在极限情况下的无穷多体系）来代替，即引入“表征”体系宏观状态的统计系综。系综是人们想象许多性质相同的各自独立的力学体系所组成的，但在统计系综中所包含的每个体系在给定时刻各处于某一运动状态。每个体系对应于相空间中的一个点，相点随时间的演化由哈密顿正则方程决定，在相空间中“走出”轨迹。所以问题就变为确定系统在任何给定时刻如何分布于各种可能的运动状态中。系综由相空间的点“云”来描述，即在时刻 t，在一个围绕着某个点的相空间小区域内找到某个点的概率，点“云”的形状会随时间改变，而相体积不变（刘维定理）。类似于不可压缩的流体的运动，亦即在时间的演化过程中，相点的数目不变。

即相空间中，体系在运动中相体积保持不变，体系的密度分布函数遵守刘维定理：如果相体积内的每个点在相空间中沿着由运动方程决定的轨迹运动，那么这段时间内这个相体积在相空间中是不变的。

经典光学（傅里叶光学）的一个重要组成部分是菲涅耳衍射（菲涅耳变换）及关于衍射的柯林斯公式。范洪义等人首先用相干态表象研究了菲涅耳衍射的量子对应，利用有序算符内的积分（IWOP）技术，他们建立了一个量子力学菲涅耳算符，以实现量子光学中的菲涅耳变换，它与经典柯林斯公式相对应。自量子的菲涅耳变换提出以来，它被广泛地应用于讨论经典光学与量子光学理论之间的关系，及与相空间中其他变换的关系。然后，范洪义用量子光学的观点重新审视量子刘维定理，采用的是压缩相干态表象和相干纠缠态表象，其研究的出发点是基于如下的考虑：给出的菲涅耳算符是通过相干态在相空间的一个代表点运动到另一点而导出的，根据相空间的直观分析，一个相干态对应于相面积中的一个小圆。量子菲涅耳算符的性质表明两个菲涅尔算符的乘积仍是一个菲涅尔算符，保证了相空间的一个小圆移动到另一个小圆，该变换是辛变换，这是对量子刘维定理的新理解。这个例子也说明物理通感是与时俱进的，一旦有了新理论，就应该将它与旧知识比较、沟通。

第 9 章　用物理通感解题举例

大多数情形下，物理题所问是在题内明显写出的，但也有从题外写入的；有从虚处写实，也有实处写虚；有从此写彼，也有从彼写此；有从题前摇曳而来，也有题后迤逦而去，变幻不已。故解题人需使出浑身解数也，解题有时也可从题外话锋一转而切入正题。而有物理通感之人，有综合判断能力，常常能走捷径解题，一步到位，亮出物理本质。

解物理题一般都需循定理和套公式，但如何套、套什么、何时套，各有巧妙不同。这使笔者想起，按照兵法所云"置之死地而后生"，为什么汉初的韩信破赵成功，而蜀国的马谡在街亭失败?

笔者的观点:韩信是背水结阵，士兵退回水中便淹死。而马谡的士兵从山上往下冲杀，杀不开一条逃路是可以暂时退回山上的，不是真正的死地。所以马谡枉背兵法"置之死地而后生"，光有理论而无实战经验。

可见对于具体物理问题要具体分析，不能信手套公式。

9.1　能识别匀变过程还是瞬变过程

有物理感觉者首先要识别是状态问题还是过程问题。现举例过程问题。

如图 9.1 所示，将一个正在以 ω_0 角速度滚动的圆柱体（半径为 r）平放在摩擦系数为 μ 的粗糙地面上，分析其随后的运动，何时为纯滚动。

质心运动方程为

$$ma = \mu mg,\quad v = \mu gt$$

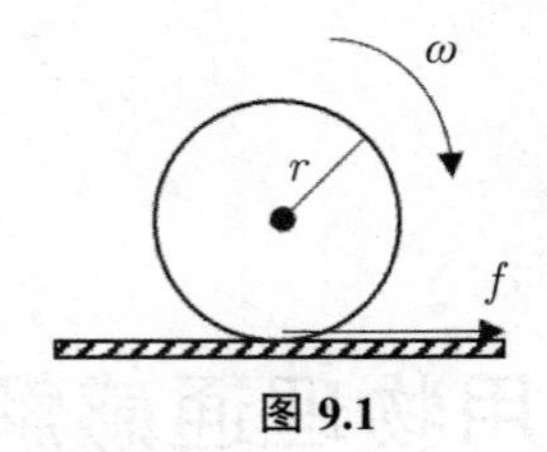

图 9.1

转动方程

$$I\beta=-\mu mgr,\ \ I=\frac{1}{2}mr^2$$

故角加速度为

$$\beta=-2\mu g/r=\frac{d\omega}{dt}$$

故 t 时刻角速度是

$$\omega=\omega_0-2\mu gt/r$$

圆柱体与粗糙地面接触点的速度为

$$v-r\omega=-3\mu gt+r\omega_0$$

当纯滚动时,$v-r\omega=0$,变为纯滚动所需时间为

$$t=\frac{r\omega_0}{3\mu g}$$

如图 9.2 所示,一根长为 l 的均匀杆,其一个端点悬挂在固定点上,从水平位置释放,问:它转到其竖直向下位置,需要多少时间?

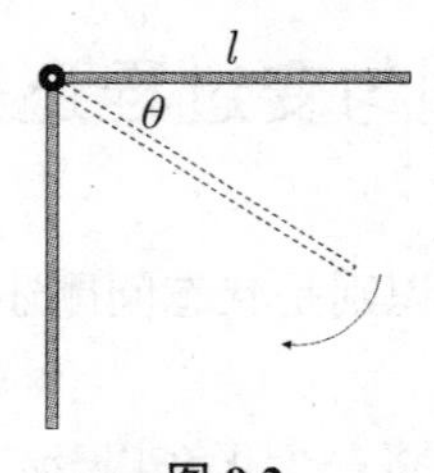

图 9.2

从力矩方程立刻感觉到这是一个瞬变过程,不是匀变过程。以杆水平位置作为零势能位置,动能定理给出

$$\frac{l}{2}mg\sin\theta=\frac{1}{2}I\omega^2,\quad \omega=\frac{\Delta\theta}{\Delta t}$$

I 是均匀杆其一个端点悬挂在固定点上的转动惯量

$$I = \frac{1}{3}ml^2$$

故角速度

$$\frac{\Delta\theta}{\Delta t} = \sqrt{\frac{3g}{l}\sin\theta}$$

需要的时间

$$\Delta t = \Delta\theta / \sqrt{\frac{3g}{l}\sin\theta}$$

既然是一个瞬变过程,就需以下积分

$$\int_{t=0}^{T} \Delta t = \sqrt{\frac{l}{3g}} \int_{0}^{\pi/2} \Delta\theta / \sqrt{\sin\theta} \approx 2.3\sqrt{\frac{l}{3g}}$$

答案略。

联想:一阵风把敞开 90 度的木门关上,假设风给门的恒定加速度是 a,求关上门的时间。

一副旧画卷(图 9.3),挂在墙上的钉子上,解开提绳让它自由滚下,画纸渐渐从画轴展开,设无能量损耗,求质心的速度 v 与下垂距离 s 的函数关系。当画卷完全展开刹那,画轴突然停顿时,受的冲量和力。假设画纸很轻,画卷展开不影响画重 mg、半径 r 和转动惯量 I。

图 9.3

实际上,画卷展开时,画纸的张力 T 和画轴半径 r 一直在变,这是个瞬变过程。为简单计,设它们都不变,建立动力学方程

$$rT = I\beta = \frac{1}{2}mr^2\beta$$

$$mg - T = ma_c$$

和运动约束

$$a_c = r\beta$$

所以张力

$$T = \frac{1}{2}mr\beta = \frac{1}{2}ma_c = \frac{1}{2}(mg - T), \quad T = \frac{1}{3}mg$$

当画卷自由滚下展开后长为 s,根据能量守恒给出

$$\frac{1}{2}mv^2 + \frac{I}{2}\omega^2 = \frac{1}{2}mv^2 + \frac{I}{2}\left(\frac{v}{r}\right)^2 = mgs$$

故

$$v = \sqrt{\frac{2gs}{1 + I/(mr^2)}} = \sqrt{\frac{2gs}{1 + \frac{1}{2}/(mr^2)}} = \sqrt{\frac{4gs}{3}}$$

由此可继续讨论画轴突然停顿时,受的冲量和力。如力大、旧纸脆,则画卷容易断裂。

如图 9.4 所示,考虑一个铅直倒置的摆,摆锤重 mg,长 l,在绕转动 O 点距离的 b 处有一刚度为 k 的弹簧系住它,求铅直倒置是稳定平衡的条件。

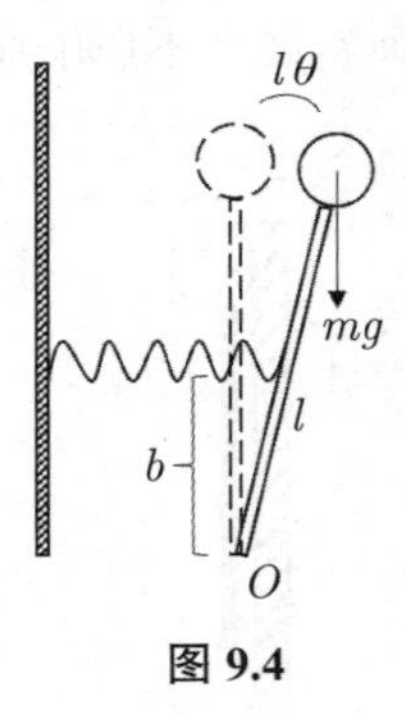

图 9.4

设想摆动小角度 θ,锤重力矩 $mgl\sin\theta$,弹簧拉长 $\frac{b}{l}l\theta = b\theta$,弹簧力矩是 $kb\theta \cdot b$,相互抗衡条件为

$$mgl\sin\theta \sim kb^2\theta$$

故当 $b > \sqrt{\frac{mgl}{k}}$ 时,铅直倒置是稳定平衡的。

再考虑一个热力学过程的题。

如图 9.5 所示,圆柱形气缸筒长为 $2l$,截面积为 S,缸内活塞可以沿缸壁无摩擦不漏气的滑动,气缸置于水平面上,缸筒内有压强为 p_0、温度为 T_0 的理想气体。开始时,气体体积 V_0 恰好占缸筒容积的一半,$V_0 = lS$,此刻大气压也是 p_0。弹簧的劲度系数为 k,气缸与地面的最大静摩擦力为 f。求:

(1)当 $kl < f$,对气缸缓慢加热到活塞移至缸筒口沿时,气缸内气体温度 T_1 是多少?

(2)当 $kl > f$,对气缸缓慢加热到活塞移至缸筒口沿时,气缸内气体的温度 T_1' 又是多少?

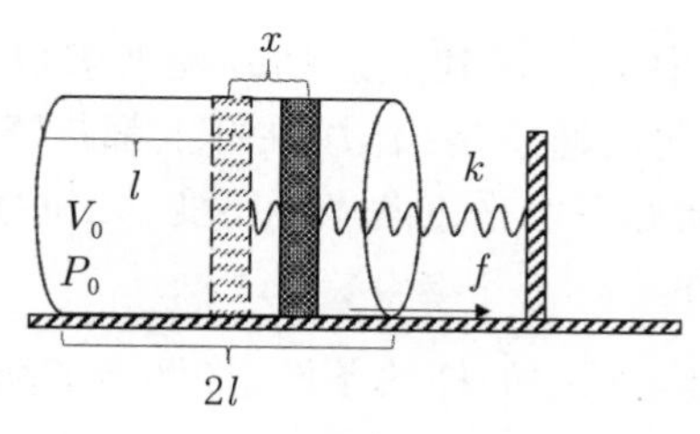

图 9.5

(1)当 $kl < f$ 时,缓慢加热过程中活塞可移至缸口沿(此时弹簧弹力为 kl),缸筒保持静止。由活塞平衡条件可知:

$$p_1 S = p_0 S + kl$$

由理想气体状态方程,气缸内气体温度 T_1 是

$$T_1 = \frac{p_1 V_1}{p_0 V_0} T_0 = 2\frac{(p_0 + kl/S)}{p_0} T_0$$

(2)当 $kl > f$ 时,就意味着弹簧压缩到一定程度,气缸筒要滑动,设此刻弹簧压缩量为 x,$x < l$,即在 $kx = f$ 处,弹簧就不继续压缩,这之后,气缸开始滑动,而气体则做等压升温膨胀。

应用气态方程解得当活塞至缸筒口沿时,气缸内气体的温度

$$T_1' = \frac{p_1' V_1'}{p_0 V_0} T_0 = 2\frac{(p_0 + f/S)}{p_0} T_0$$

9.2　能抓住本质的东西展开讨论

抓住本质的东西——不变量,就能从不知所措中纲举目张。

如图 9.6 所示，一根长为 l 的均匀细长杆，其重心在 $l/2$ 处，其一端静止在光滑平面上，使杆与平面成 α 角度，然后释放此杆，求杆滑落下触到地面后，杆的左端移动了多远？

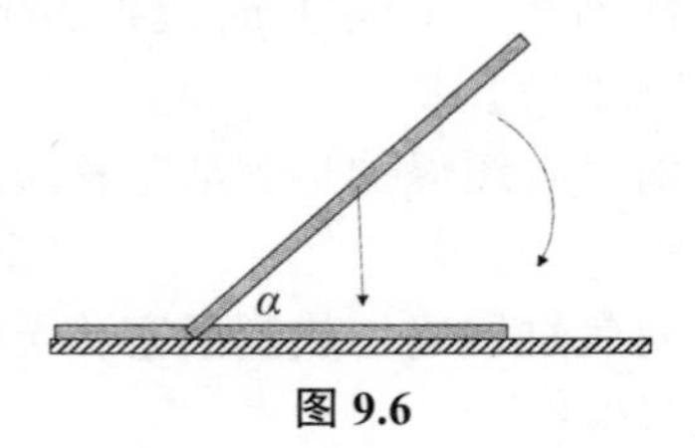

图 9.6

有的学生往往诉求建立运动方程来求解，这不是直截了当的。实际上对此问题的通感是：作用在杆上都是竖直方向上的力，杆的质心垂直落下，质心在水平方向坐标不变，无位移，所以杆的左端移动了 $\dfrac{l}{2}(1-\cos\alpha)$。

延伸：接上题中的杆的条件，如图 9.7 所示，其右端碰到地面的速度是多少？

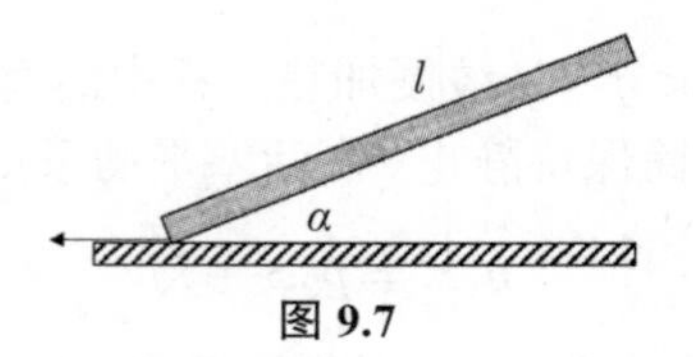

图 9.7

杆在光滑平面滑动落下，机械能守恒，势能转化为质心平动能和绕质心转动能

$$mg\frac{l}{2}\sin\alpha=\frac{m}{2}v_c^2+\frac{I}{2}\omega^2$$

杆右端碰到地面时，相当于绕左端纯转动（关键），这时转动惯量 $I=\dfrac{m}{12}l^2$，质心的 $v_c=\dfrac{l}{2}\omega$，故上式变为

$$mg\frac{l}{2}\sin\alpha=\frac{m}{6}l^2\omega^2$$

解出

$$\omega=\sqrt{\frac{3g}{l}\sin\alpha}$$

所以杆的右端触到地面的速度

$$v = l\omega = \sqrt{3gl}\sin\alpha$$

以上两题的分析表明，分解物理过程，抓住每个物态采用不同公式，才是“以意役法、以法溶一”。

一人在加速上升的电梯上，手竖直向上抛出一物，其初速度对于电梯而言是 v，经过 t 时后回到手中，求电梯的加速度 a。

在第 4.2 节中我们曾讨论了一个挂在以加速度 a 上升的电梯内的单摆，其摆球质量是 m，摆长为 l，我们算得它的单摆周期是 $2\pi\sqrt{\dfrac{l}{g+a}}$。说明在电梯中人的感觉是超重，加速度为 $g+a$。再者，以电梯为参考系，物从人手抛出又回到人手，位移是零，根据运动学的上抛公式

$$0 = vt - \frac{1}{2}t^2\left(a+g\right)t^2$$

故

$$a = \frac{2v}{t} - g$$

解此题的关键是抓住了题面：在电梯中的人手抛出物又回到手，位移是零。

联想：人说动量守恒只能在惯性系中成立，你认为对吗？

再举一个电磁学的问题。

有两个相同的电流超导线圈同轴平行放置，电流流向和大小也相同，开始时距离较远，当两者趋近并在一起，求这时的电流。

设超导线圈的自感为 L，当两者趋近并在一起，互感 M 基本等于自感，这里要抓住的本质是通过超导线圈的磁通量不能变。

原因：若磁通量变了，则按照楞次定理会产生感生电动势，超导线圈电阻为零，于是电流变为无穷大，而这是不可能的。故而磁通量不能变。当两个相同的电流超导线圈并在一起时，互感基本等于自感，所以通过每个线圈的磁通量电流

$$\phi_{1终} = LI_{1终} + MI_{2终} = 2LI_{1终} = 2LI_{2终} = \phi_{1初} = LI_{1初}$$

故而电流为

$$I_{1终} = I_{2终} = I_{初}/2$$

注意两个同轴平行放置且流向相同的电流线圈是相互吸引的。

9.3 能融会贯通相似的物理公式

我们试图融会理解弹簧振子周期公式和单摆周期公式。

如图 9.8 所示,从弹簧振子能量公式知

$$能量=\frac{1}{2}kx^2+\frac{1}{2}mv^2$$

和弹簧振动频率公式

$$\omega=\sqrt{\frac{k}{m}}$$

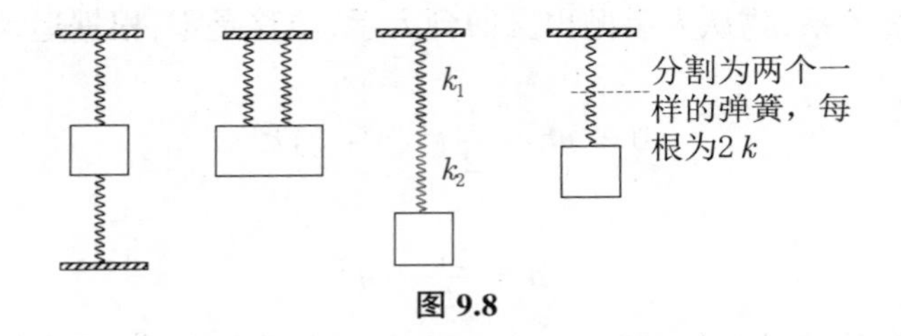

图 9.8

可见,分子 k 和分母 m 之比体现了势能与动能的较量。直观理解:倔强系数 k 越大,振动越快;质量 m 越大,不容易拖动,振动越慢。这里产生的通感是:如果在一个弹性系统中可以把弹簧力分成两部分,$k=k_1+k_2$,那么总的势能就是两部分势能的和,即从

$$\omega^2=\frac{k_1+k_2}{m}=\omega_1^2+\omega_2^2$$

可推想到当两根相同弹簧并联,相当于弹簧变粗,倔强系数 k 变成 $2k$,则

$$\omega=\sqrt{\frac{2k}{m}}$$

另一方面,当两根相同弹簧串联,原弹簧伸 x 长,被每根弹簧均分,每根只是拉开 $x/2$,势能 $2\times\frac{1}{2}k\left(\frac{x}{2}\right)^2=\frac{1}{2}\left(\frac{k}{2}\right)x^2$,故

$$\omega=\sqrt{\frac{k}{2m}}$$

相当于弹簧变细,倔强系数 k 变成 $k/2$。

对单摆频率公式

$$\omega_{bai} \sim \sqrt{\frac{g}{l}}$$

直观理解：重力加速度 g 越大，摆动越快；摆线越长，摆得越慢。

通感：当我们把单摆想象为摆球运动到两端回返是因为受了弹簧控制，可以写下比例

$$\sqrt{\frac{k}{m}\frac{l}{g}} = \text{（无量纲数）}$$

其中，分子 kl 体现弹簧力，分母 mg 体现摆球受到的重力，进一步把 $\sqrt{\frac{kl}{mg}}$ 拆成 $\sqrt{\frac{k}{m}}$ 与 $\sqrt{\frac{l}{g}}$，就看到弹簧振动频率和单摆摆动周期的表式。这是一种新的理解。

引申 1：如图 9.9 所示，我们立刻可得圆柱式气缸活塞 (面积是 S) 的振动频率，气缸中的气体长度是 h，将弹簧振动频率公式引申为 $\omega = \frac{1}{2\pi}\sqrt{\frac{kx}{mx}}$，$kx$ 是力的量纲，现在对应圆柱式气缸活塞的重量加上大气压力 $mg + P_0S$，还有一个已知条件是气缸中的气体长度是 h，在公式中一定处于分母的位置，所以有

$$\omega = \sqrt{\frac{mg + P_0S}{mh}}$$

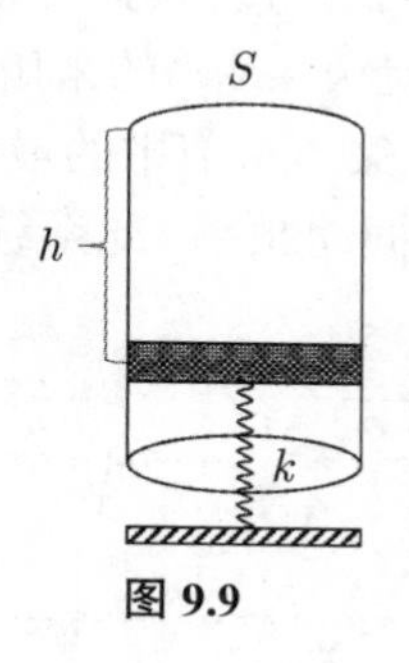

图 9.9

评论：如果用一般的解法，还要用到气体在等温过程中的波义耳定律。

引申 2：在以 ω 转动的参照系中，质量 m 受到惯性离心力

$$f = m\omega^2 R$$

若把它看成弹性力 $f=kx$，则 $m\omega^2 \Leftrightarrow k$，将其代入

$$\sqrt{\frac{m}{k}}=\sqrt{\frac{m}{\omega^2 m}}=\frac{1}{\omega}$$

也可得到弹簧振子频率公式。

引申 3：两个弹簧 k 相同，所系小球质量 m 相同，两者中间再用第三根弹簧 k' 连接，如图 9.10 所示，都在竖直方向振动。

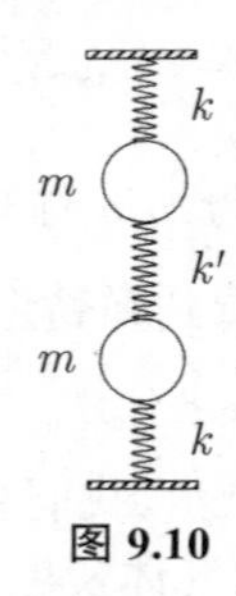

图 9.10

根据物理通感，立刻可知振动频率有两个模式：

$$\omega_1^2=\frac{k}{m},\quad \omega_2^2=\frac{k+2k'}{m}$$

第一个模式表示两个小球同相位振动，中间再用第三根弹簧（并不形变）。第二个模式表示两个小球反相位振动，压挤中间弹簧，但此弹簧的中点没有位移，似乎是当中这点是被夹住的，于是它可以被看作切割为两个独立的一半长弹簧，其弹性系数是 $2k'$。于是，每一质量是用两根弹簧所系，这就是 $k+2k'$ 的来历。

现在我们结合此题和第 6.6 节中的最后一题，就可以马上给出如图 9.11 所示系统的固有振动频率，此系统由两个相同单摆及一根弹簧组成，有两个振动模式

$$\omega_1=\sqrt{\frac{g}{l}},\quad \omega_2=\sqrt{\frac{g}{l}+2\frac{k}{m}\frac{b^2}{l^2}}$$

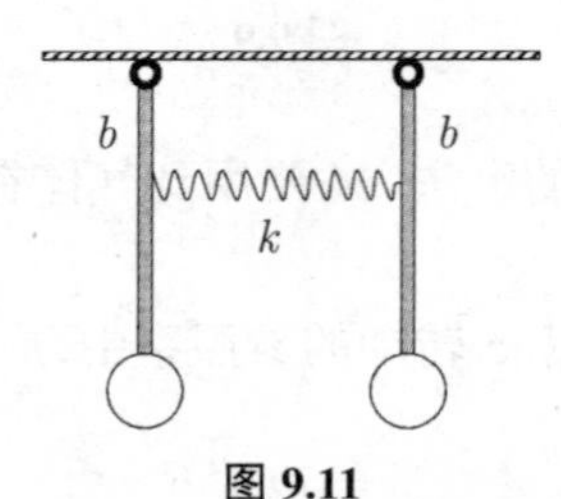

图 9.11

两根相同杆,如图 9.12 所示系上两根弹簧,弹性系数分别为 k 和 $1.5k$,求振动模式。

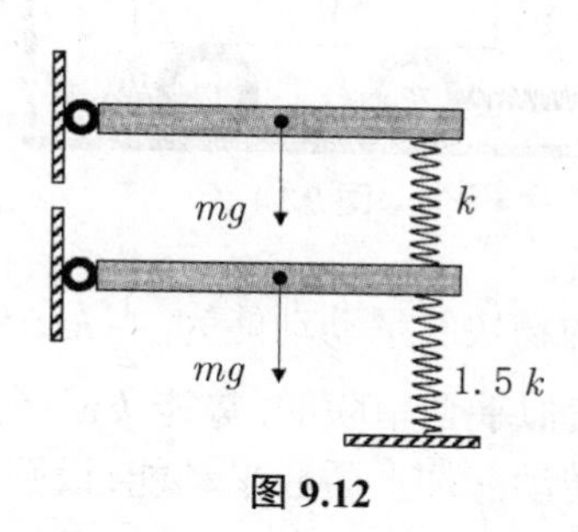

图 9.12

$\left(\text{答案：}\omega_1=\frac{1}{2}\sqrt{6\frac{k}{m}},\omega_2=3\sqrt{\frac{k}{m}}\text{。}\right)$

9.4 通感体现在化繁就简、举一反三

一个摆,长为 L,一端系一质量为 m 的小球,另一端系于一质量为 M 的滑块上,滑块可在导轨上自由移动(图 9.13)。求此摆的周期。

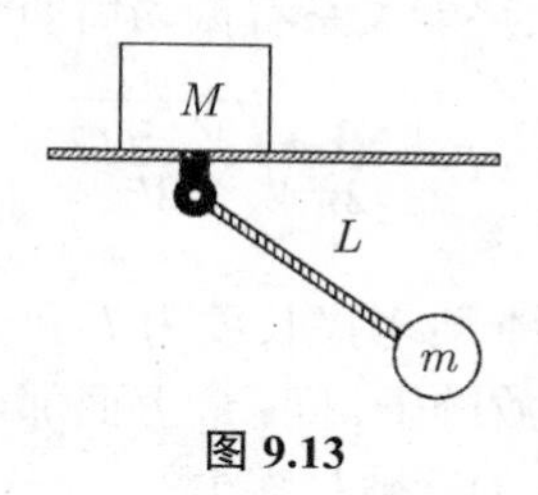

图 9.13

小球与滑块连接的质心位于距小球 $\frac{ML}{M+m}$ 处,质心在竖直方向有上下运动,但它相对于摆长是微小的,故此系统可看作摆长为 $\frac{ML}{M+m}$ 的摆,所以

$$T=\frac{1}{2\pi}\sqrt{\frac{ML}{g(M+m)}}$$

如图 9.14 所示,质量为 M 的物块置于两个薄圆筒(每个质量是 m)上做纯滚动,两筒两侧各系一弹簧,弹簧的另一端固定,弹

性系数为 k,求系统的振动周期。

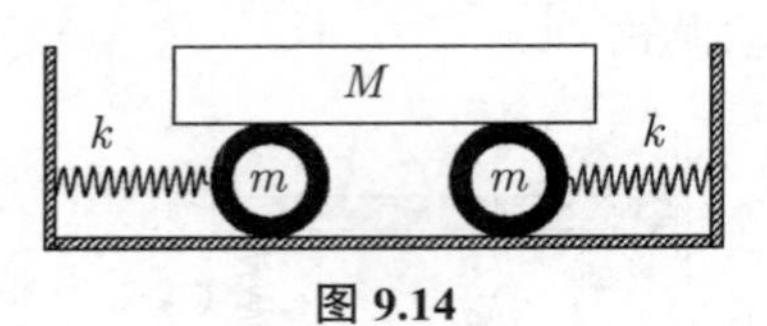

图 9.14

质量为 M 的物块的平动动能为 $\frac{1}{2}M\dot{x}^2$,缠着两个薄圆筒一起纯滚动,故两个弹簧似乎是串联的,势能 kx^2;每个薄圆筒转动惯量是 $I=mr^2$,能量为转动能加上质心平动能,设圆筒质心速度是 v,M 物块的平动速度是

$$\dot{x}=v+r\frac{v}{r}=2v$$

圆筒能量

$$2\frac{1}{2}I\omega^2+2\frac{1}{2}mv^2=mr^2\left(\frac{v}{r}\right)^2+mv^2=2mv^2$$

系统总能量

$$E=\frac{1}{2}M\dot{x}^2+kx^2+2mv^2=kx^2+2\left(m+M\right)v^2$$

所以从振子系统的动能、势能关系看振动周期,得到

$$T=\frac{1}{2\pi}\sqrt{\frac{M+m}{2k}}$$

举一反三之例子:考虑长度为 l、重为 m 的悬链,它的下端刚刚触及一个台秤。释放链子,问:最上面那个链圈掉在秤上的一刹那(如图 9.15 所示),秤的读数是多少?

图 9.15

💡 为了解决此问题，先考虑一个简单的似乎不相干的问题，求速率为 v 的水流向水泥墙冲击分散（图 9.16），对墙的压强是多少。

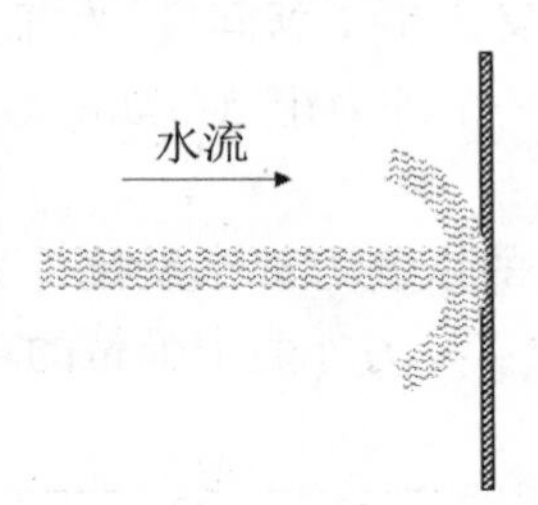

图 9.16

单位时间内的流量 (ρv) 乘上速度 v，即冲量 ρv^2 为产生的压强。

然后再来考虑：最上面那个链圈的质量是 m/l，触及台秤的速度是 $\sqrt{2gl}$，把掉下的链看作上题中的水流的压强 ρv^2，那个链圈的压强是

$$\frac{m}{l}\left(\sqrt{2gl}\right)^2 = 2mg$$

再加上链的质量，所以秤的读数是 $3mg$。

解此题就是从题外话锋一转而切入正题的例子，笔者称此法是空翻题意法。

🎓 联想：气体分子对容器壁的压强比例于 $\bar{v}^2$（平均速度）。

📘 如图 9.17 所示，一根钢杆 AB 放在三个弹簧上，若要使得杆只有竖直位移而没有转动，问：施力应该作用在哪一点（C）上？

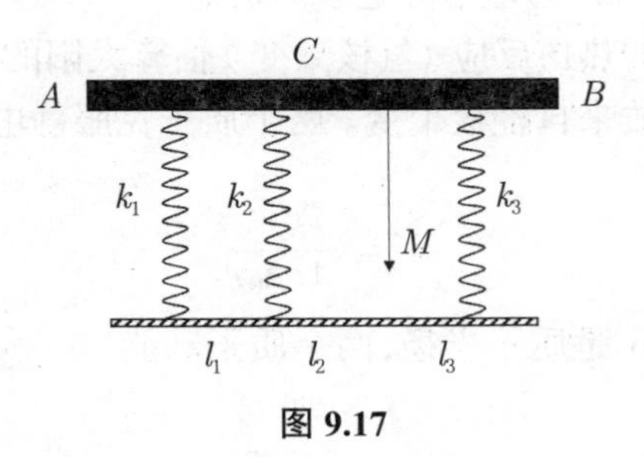

图 9.17

💡 如图 9.17 所示，设竖直位移是 x，满足力矩方程

$$x\left(k_1 l_1 + k_2 l_2 - k_3 l_3\right) = 0$$

可见此题类比于找重心,C 点应取在三个弹簧力的重心上 (称为三个弹簧的刚度中心)。

延伸:于是,又产生了新问题,对于这根放在三个弹簧上的钢杆 AB,在 C 点作用一个外力矩 M,如图 9.17 所示,求此杆件的转角 α。

这三个弹簧上的恢复力都是反抗外力矩的,$k_1l_1\alpha$ 是第一个弹簧力,产生力矩 $k_1l_1\alpha\cdot l_1$,另外两个弹簧的功能亦然故

$$\alpha=\frac{M}{k_1l_1^2+k_2l_2^2+k_3l_3^2}$$

9.5 通感体现在灵活使用量纲分析问题和贯通物理各个分支

普朗克研究热辐射发现常数 $\hbar$ 以后,进一步发现 $\hbar$ 和光速 c,电荷 e 可以构成一个无量纲常数(采用 CGS· 高斯制),库仑势公式暗示 $[e^2]=[\text{能量}]\cdot[\text{长度}]\Leftrightarrow[\hbar c]=[\text{角动量}]\cdot[\text{速度}]$,所以可以引入一个常数

$$\alpha=\frac{e^2}{\hbar c}\sim\frac{1}{137}$$

称为精细结构常数,物理意义是表示电子在第一玻尔轨道上的运动速度和真空中光速的比值。

例如: 热力学、核物理与静电学的贯通。

根据质子间的热核反应 (氢核聚变)估算太阳的温度。

太阳能的释放来自轻核聚变。两个质子克服静电排斥力 W 才能发生热核反应,有

$$W=\frac{e^2}{4\pi\varepsilon_0 r}$$

$r\sim1.2\times10^{-15}\,\mathrm{m}$ 是质子半径,两个质子动能 mv^2 必须大于排斥能,那么

$$mv^2\approx\frac{e^2}{4\pi\varepsilon_0\cdot2r}$$

另一方面,由热力学

$$\frac{1}{2}m\bar{v}^2=\frac{3}{2}kT$$

k=1.38×10^{-23}J·K^{-1} 是玻尔兹曼常数，所以要求

$$\frac{3}{2}kT\times2=\frac{e^2}{8\pi\varepsilon_0 r}$$

故而太阳的温度估计为

$$T=\frac{e^2}{24\pi\varepsilon_0 rk}\sim2.3\times10^9\,\mathrm{K}$$

这个计算结果与现实还是差一些。

9.6　物理通感落实在解决工程问题

先看一个摇摆问题。

如图 9.18 所示，质量为 m 的一个转子，绕对称轴的转动惯量是 I。它的轴颈（半径是 r）安放在一个曲率半径为 R 的导轨上，求轴颈在导轨上做微小无滑滚动的振动频率。

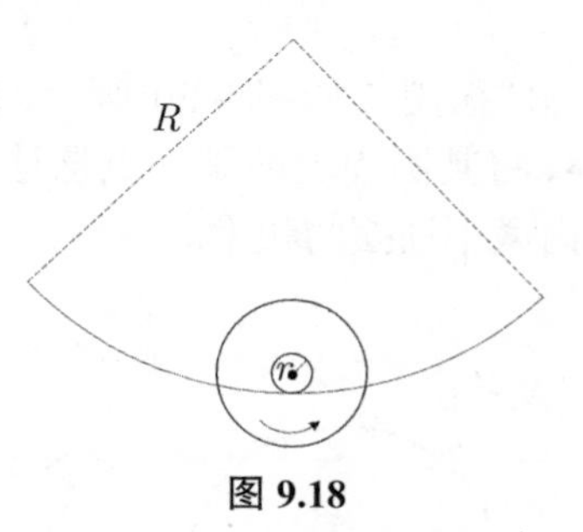

图 9.18

根据以上我们讲述的物理知识可以立刻从复摆的频率公式 $\omega=\sqrt{\dfrac{M}{I}}$ 写出此题的答案：

$$\omega^2=\frac{r^2}{R-r}\cdot\frac{mg}{I+mr^2}$$

这里 $I+mr^2$ 表示微小滚动是绕着轴颈与导轨的接触点，而力矩是 $mgr\cdot\dfrac{r}{R-r}$。

推广到工程上。如图 9.19 所示，船舶重 P，受浮力 f 平衡，遇到海浪船舶“摇摆”，若有一个外力偶的作用使得船略微倾斜，这时的浮

力的作用线发生偏离 (φ角) 而与船的中心线相较于某点 M, 它与质心 G 的距离是 h,但船有恢复到平衡位置的趋势,成为一个振动系统,恢复力矩是 $-Ph\sin\varphi \approx -Ph\varphi = I\ddot{\varphi}$, 这里 I 是船体绕某一纵轴返摆的转动惯量,那么船轻度"摇摆"的频率是

$$\omega = \sqrt{\frac{Ph\varphi}{I}}$$

工程师就要想办法减少振动,例如在船体下部装上"龙骨"。

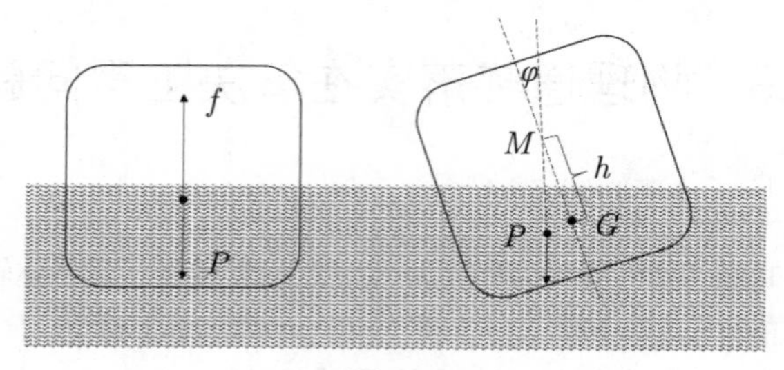

图 9.19

类比于船舶"摇摆",如图 9.20 所示,我们设想一个半径为 r, 质量为 m 的圆环, 将其圆周上的某一点悬挂在一个墙上, 不计摩擦,求圆环在竖直面内微小摇摆的频率。

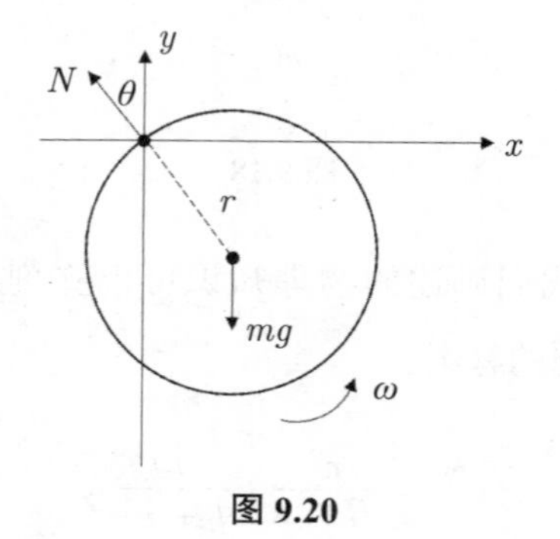

图 9.20

以悬挂点为坐标原点,作 x 和 y 轴,记悬挂点与圆心的连线半径和竖直线的夹角为 θ

$$x = r\sin\theta, \quad y = -r\cos\theta$$

记悬挂点对圆环的反作用力为 N,有

$$m\ddot{x} = -N\sin\theta,\quad m\ddot{y} = N\cos\theta - mg$$

由简单微分得到

$$\dot{x} = r\dot{\theta}\cos\theta,\quad \dot{y} = r\dot{\theta}\sin\theta$$

在微小振动情形下,$\dot{\theta}^2$ 和 $\ddot{\theta}\sin\theta$ 都是小量, 略去后得到

$$\ddot{x} = r\left(\ddot{\theta}\cos\theta - \dot{\theta}^2\sin\theta\right) \approx r\ddot{\theta},\quad \ddot{y} = r\left(\ddot{\theta}\sin\theta\right) + r\dot{\theta}^2\cos\theta \approx 0$$

$$mr\ddot{\theta} = -N\theta,\quad N - mg \approx 0$$

故

$$mr\ddot{\theta} = -mg\theta,\quad \ddot{\theta} = -\frac{g}{r}\theta$$

由此方程读出圆环在竖直面内微小摇摆的频率为

$$\omega = \sqrt{\frac{g}{r}}$$

相当于摆长为 r 的单摆。

又如在汽车厂,为了测量一个车轮的转动惯量,将它悬挂在一根长为 l 的钢杆 (半径为r) 的下端。车轮被外力转到一个角度 θ 后被释放,观察它振动 10 次所经历的时间是 t 秒,求车轮的转动惯量J。

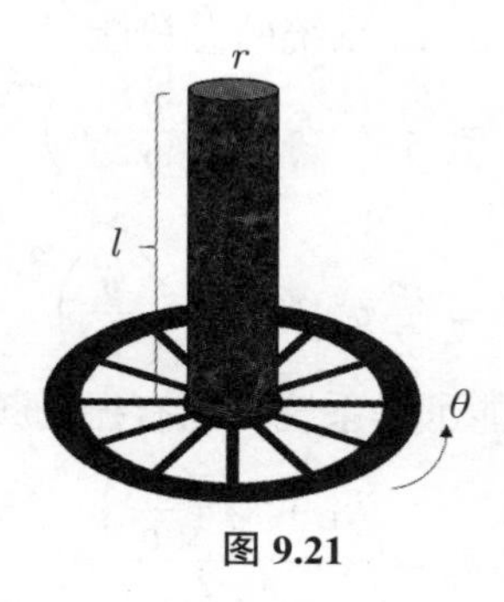

图 9.21

钢杆的扭转刚度定义为 k, 它正比于钢的剪切弹性模量（单位是 $\mathrm{N/m^2}$）和钢杆截面的转动惯矩, 反比于钢杆长度。类比于弹簧振动方程 $m\ddot{x} + kx = 0$,可得扭转振动方程

$$J\ddot{\theta} + k\theta = 0$$

根据 $\omega^2 = \frac{k}{J}$，可得

$$J = \frac{k}{\omega^2} = \frac{k}{(2\pi f)^2} = \frac{k}{(2\pi \times 10/t)^2}$$

又如，为了监视地动情形，设计一个地震仪，竖直方向（y 方向）弹簧振子的质量是 m，刚性系数为 k_1，感受地震波后，连接振子的连杆可绕 O 点转动，连杆长为 a，连杆上离开 O 点 b 处（x 方向）接一根水平方向刚性系数为 k_2 的弹簧，将记录笔与外壳连接。记录笔对 O 点的转动惯量为 I，$OA = a$，$OB = b$，求此系统的固有振动频率。

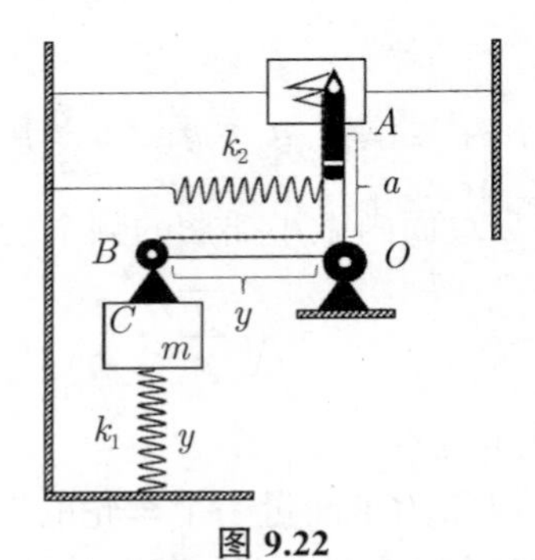

图 9.22

设地震引起弹簧振子 k_1 伸缩，通过连杆带动弹簧 k_2 伸缩 x，则由几何关系 $y \cdot a = b \cdot x$，系统的总势能

$$U = \frac{k_1}{2}y^2 + \frac{k_2}{2}\left(\frac{y}{b} \cdot a\right)^2$$

动能

$$T = \frac{m}{2}\dot{y}^2 + \frac{1}{2}I\left(\frac{\dot{y}}{b}\right)^2$$

比较最大势能和最大动能可得系统的固有振动频率是

$$\omega^2 = \frac{k_1 + k_2\left(\frac{a}{b}\right)^2}{m + I\left(\frac{1}{b}\right)^2}$$

又如，弹簧振子可以作为大机座的吸振器，当大机座受到一定频率的恒定交变力时，会发生有害共振，此时装一个小型的弹簧振子系统吸收外扰动，就可保护大机座的安稳。大城市中的高楼建筑内装一个摆钟也有消振的功能。

后　记

本书付梓前，突然想到要话说一下理论物理渐悟与顿悟的区别。顾名思义，渐悟是渐渐明白了，而顿悟是顿时就慧光闪现，茅塞顿开，一通百通。顿悟有从平凡中见奇崛之功效，理论物理学的进步关键之处一般以顿悟的形式出现，然后以渐悟的形式得以理解、补充、扩展。例如，普朗克引入量子概念是迫于无奈的顿悟，但自己又质疑之，不得不花 15 年去渐悟它。海森伯扬弃玻尔电子轨道论代之以跃迁频率和辐射强度作为可观察量去研究原子辐射也是一种顿悟，以后与玻恩一起用矩阵去理解就是渐悟了。麦克斯韦电磁方程组中的位移电流项的出现也是他顿悟的产物，为神来之笔。笔者发明的量子力学有序算符内的积分方法是一种顿悟，因为在这以前无其他理论可参考，而笔者把某些基本的不可对易的算符在特定的排序下视为可对易，宛如外星生物与生俱有这样的特异功能，于是积分就可以顺畅进行了。这个顿悟受地球人眼有将物成倒置的像自动矫正为正立的能力的启发。

对于初学物理者，大都是处于渐悟过程，从悟到通，偶有顿悟。唤醒顿悟有两条途径：一是教师善于引而不发，跃如也；二是借助于数学推导，从式子的演化中悟出物理意义。普朗克就是勉为其难地修饰瑞利公式而顿悟能量量子化的。由此我们就可以想到，顿悟的途径有两种：一是物理悟，如爱因斯坦悟出广义相对论中引力与几何的关系，二是以狄拉克为代表的从数学形式悟。顿悟最易在物理基本理论中显现，所谓洞彻本原也。

诚如笔者在本书前言中所说，物理通感是将“观物取象”和“化意为象”契合起来,“观物取象”又可解释为“直致所得”和“思与境偕”,而“化意为象”则包含“离形得似”和“返虚为实”,这也是一个优秀物理学家的素质所在。

一般人对物理知识的掌握,多守滞义,鲜见圆义,犹如在浅水上摇橹,但觉辛劳,向前行进艰涩。此刻,若有从上面放些水来,便自然舟轻易划,若是春水或夏雨来助,更使舟行滔滔然也。物理师生若能有意识地培养物理感觉,则可逐渐臻至忘荃取鱼的境界。言以诠理,入理则言息。笔者和吴泽写《物理感觉启蒙读本》的初衷就是想对浅水区添些水,使人的物理水平提高些。故而适合所有对物理有兴趣或想开阔视野、提高思维情趣的人,尤其适合 15 至 18 岁人读。为什么如此说呢?用明末学者陆世仪之说来回答:

凡人有记性,有悟性。自十五以前,物欲未染,知识未开,则多记性,少悟性。十五以后,知识既开,物欲渐染,则多悟性,少记性。故凡有所当读之书,皆当自十五以前使之读熟。

“学而时习之”是从悟到通的必要途径。“习”泛指预习、温习、做习题等。那么大学生如何高效做习题呢?

做物理题与看书不同,在自己用心领会的基础上“攻城拓地”,在做题过程中汲取与扩充知识范围,不要小看做物理习题这件事,以为很平凡,要知道“提得笔起,放得笔倒,才是书家”的道理。当我们解完多题,那就有更上一层楼、尽收眼底的视野了。

要知道物理题无常形,故做题人以常理(物理定律)去规摹之,不可不谨慎也。常形之失察,止于失察而不能病其全(只是审题不到位还不是最糟糕的),但若常理用之不当,则举废之矣 (但若乱用胡塞定理,则一无所取)。

即是说,套用物理公式忌以意从法,当以意运法,赋意成式,承接转换,起伏照应,未有泥定,行所不得不行,止所不得不止,此所谓“笔补造化天无功”(语出李贺,图后 1 为此句篆刻)也。

图后 1

要取对常理,笔者的经验是:

(1)先消化课堂或课本相关内容,品物必图,写物图貌,得其大意。具体的做法是:摘其重点,察其要义,从容玩味此段物理何处源起,又如何结煞之深意,脑中并演其推导之势和法,如过电影场景一般。势者,思源之高屋建瓴者是也。

(2)入“电影之境”后,方可下笔计算,心游神会,泛澜容与原有知识,不离不弃。

(3)解题毕,再玩味所得结果之物理意义和量纲,并与估算比较,以肯定结果合理。

(4)尝试从别的角度解题,也许能看到新的物理。

(5)如遇到不知如何下手的题,即不知以何常理(物理定律)去规募之,此刻则可尝试从题中的蛛丝马迹出发进行数学推导,此举偶尔会妙笔生花,能于不急煞处转出别意来,突然一个念头袭来,一个移项、一个配方、两个公式一比较等小技,都可能有意想不到的效果,化境顿生。

在本书快完稿时,突然想到爱因斯坦的一段语录:“一切理论的最高目标是让这些不可通约的基本原理尽可能地简单,同时又不必放弃任何凡是有经验内容的充分表示。”也就是说,除了基本原理外,人们所用的、所想的物理是可以通约的,是应该尽可能地简单的,可见他实际上是强调物理通感的。在他晚年,甚至还想把基本原理通约、搞一个大统一理论,"以接前人未了之绪,开后人未启之端"。

爱因斯坦还说:"我深知物质的力量,所以我深爱物理学。但是在研究物理学的过程中我越来越觉得,在物质的尽头,屹立的是精神。"如此说来,本书所叙之物理通感也反映了人与自然的相互和谐,物性与人性的交融。古人曰:"霜露既降,君子履之,必有凄怆之心,非其寒之谓也。春,雨露既濡,君子履之,必有怵惕之心,如将见之。"人的物理通感越强,就越趋向天人合一的境界。

《聊斋》中蒲松龄编了一个故事,大意是书生朱尔丹文思不敏,他的酒友——阴司的陆判官为其易慧心,笑云:"汝作文不快,知君之毛窍塞耳……适在冥间,于千万心中,拣得佳者一枚,为君易之,留此以补阙数。"自是文思大进,过眼不忘。祈望,四方读者耕读《物理感觉从悟到通》能开窍一二。

借用古人一副楹联作本书的结语:"宫墙数仞不得其门终外望,砥平直矢能由是路即中行。"这是笔者和菏泽学院的徐兴磊教授及徐世明教授偶尔路过永城市境内的芒砀群山中的一个文庙看到的门联(图后2)。这段话对应了爱因斯坦所指出的:"从特殊到一般的道路是直觉性的,而从一般到特殊的道路则是逻辑性的。"缺乏物理直觉和通感,不得物理之门,只能在外观望;而有物理通感之人,有砥平直矢之能,借用逻辑推理可畅通无阻也。

本书的作者之一、中国科学技术大学校友范悦觉得应该让这本书享誉海内外,特意将本书前言中的部分内容翻译成英文如下:

This book advocates the cultivation of the coherent senses of physics, combining "observing objects and capturing appearances" and "turning senses into appearances". It is emphasized to go from enlightenment to coherency when solving physics problems: choose the appearance that fits the mind from the feeling of the problem in the moment and realize the stereotyped physical concept in a trance, brew hazy and translucent object appearances and seemingly stable mathematical symbols, and then come up with the problem solution through deduction.

图后 2

注:在芒砀山主峰西南方向不远处的夫子山南坡,有一天然悬崖,相传被誉为"至圣先师"的孔子,当年率众弟子周游列国,自宋返鲁途径芒砀山,曾在这崖洞下避雨,天晴后又在崖前平台的石板上晒书,夫子山、夫子崖、晒书台便由此得名。为了纪念这位至圣先贤,明初在夫子崖前修建的文庙。文庙大殿门前的楹联:"宫墙数仞不得其门终外望,砥平直矢能由是路即中行"。令游客驻足肃然深思。

If readers works like this diligently for a long period of time, you will be able to master the sense of physics as if you express axis in your chest forming the longitude and latitude by yourselves. It is manifested as agile thinking in problem-solving. The idea of judging and intensive examination naturally escapes with concise quotation. This allows you to fully enjoy the fun of deduction. Then follow the rules to be ingenious, not to be stagnant and not clingy, and use the magic of perfection while expecting the constant of changes. Changes lead to coherency, which is long lasting. You will become a person conscious of physics.

This book is a follow-up to the "The Senses of Physics Enlightenment" book. The purpose of the writing is to emphasize how to go from enlightenment to coherency. When coherency is implemented in problem selection, then the relevant types are endless and can be further extended; when coherency is demonstrated in problem-solving, then its reflections include the simplicity and directness, multiple solutions to a problem, inference from one another, analogy and circumstantial evidence. You can use coherency to penetrate multiple physics fields. The sample questions are purposely selected to interpret the thoughts around coherency, which is a different approach to physics and seems to have been ignored by some people.

The book is characterized by tracing back to the original by performing physics analysis. Returning to simplicity, it is linguistically to the point, insightful, associative, with the goal to teach people how to "fish". Moreover,in this book the author also introduces a new way to solve normal mode of vibration. It's suitable for those who like to ponder, especially for beginners in physics, this book will have the effect of igniting the mind.

This book can be used as a reference book for middle school students and undergraduate students or as a textbook. Many of the sample questions have concise answers, but only a thoughtful person can realize the difficulty to come up with them, in this sense this book can also be benificial to graduate students, even senior teachers.

对此笔者表示由衷的感谢!

范洪义

2022 年 1 月